A Student's Guide to Numerical Methods

大学生理工专题导读
——数值方法

[美] 伊恩·H. 哈钦森（Ian H. Hutchinson） 著
安亚俊 译

机 械 工 业 出 版 社

本书以培养读者的洞察力和实验技巧为目标，以平实的语言，对数值方法进行了全面而简洁的介绍. 内容不但涵盖曲线拟合、常微分方程和偏微分方程的数值解等经典的数值方法，还包括了前沿的质点网格法和蒙特卡罗法等，使得读者可以在短时间内对数值分析的若干种方法有所了解. 其中大部分章节提供了例子的详解和有针对性的习题，以供读者巩固理论知识.

本书适用于对数学、物理或者工程感兴趣的高年级本科生和低年级研究生，是自学或者补充阅读的良好选择.

导 读

本书可供高年级本科生和低年级研究生阅读使用，作者以简洁平实的语言来讲解内容，其目的在于培养读者的理性直觉、实践技巧并从宏观上理解物理科学和工程领域中用到的数学方法. 它给读者提供了简单易懂且比较完善的数学理论解释，避免了一些使人望而生畏的证明过程. 书中的例子详解和有针对性的习题使读者能够掌握常用的数值方法和技巧，比如，常微分方程和偏微分方程的数值解，实验数据拟合和用质点网格或者蒙特卡罗方法进行模拟等.

为了方便读者加深理解本书在内容上经过了认真的选择，并且在结构上也进行了适当的安排. 使得读者能够掌握包括精确度、稳定性、收敛阶、迭代细化和计算成本估算在内的重点概念. 在书中的拓展部分和页下注为读者提供了额外的背景材料. 不管是用作自学，还是用作培训课程教材，本书为读者提供了一个关于计算物理和工程领域的全面介绍.

伊恩 · H. 哈钦森教授是麻省理工学院等离子体物理学家，他坚持用计算机数值方法求解物理问题已有40余年的经验. 他是美国物理学会和美国物理联合会的会士，曾多次获得麻省理工学院杰出教师的荣誉，并且是等离子体物理权威书籍 *Principles of Plasma Diagnostics* 的作者.

译者序

本书从数据拟合开始，阐述了几类微分方程和它们初边值条件问题的若干种数值解法，然后向读者介绍了几种在等离子体物理学中用到的、非常前沿的数值算法.

数值分析是一门严谨的学科，但是过早强调其严谨性会使刚刚接触到数值方法的同学和研究者迷失在几页长的证明中；数值分析也是一门涉及广泛的学科，如果初始时只学习某种具体的方法，读者就很难掌握该学科全局的思想；数值分析还是一门基于实验和应用的学科，只注重理论将很难令读者找到学习的理由和动机.

本书考虑到了数值分析的这些特点，因此它注重对数学洞察力的培养，而不过早或过分强调严谨性；它是对数值分析这门学科的综述，在广泛地介绍数值方法的同时，也在拓展内容中给读者提供了关于具体内容的额外阅读材料；它以等离子体物理作为背景，并且在大部分章节之后附加了灵活的编程练习，使读者在理论和实践之间来回切换，更加巩固了所学的内容.

我自己擅长的算法是有限差分法，所以在翻译这本书的过程中，由于接触了很多以前并不熟悉的方法而对数值分析这门学科有了新的认识. 等有时间，我也想自己试一试编程练习，或者把它们当作挑战题目给我的学生练习.

翻译工作是我第一次做，它的完成离不开我的丈夫 Alan 的支持和鼓励. 我还要感谢我的家人和朋友们的支持和帮助，特别要感谢路一丁，他们总是让我感到被关爱.

虽然我在翻译过程中已经尽力，但纰漏还是不可避免. 用数值分析的语言来说，我尽量减小误差，但不可能完全消除误差. 如果读者发现问题，请不要犹豫，及时给我反馈.

安亚俊

2019 年 11 月 13 日

前　言

本书涵盖了每个物理和工程专业研究生用计算机辅助求解物理问题所需要的知识.

不论是哪个领域的工程师或者科学家，他们大都需要具备基本的计算能力和掌握常用数值方法知识. 从宏观上掌握计算技巧尤其有益. 本书涵盖了大量这方面的内容，且不过分纠结细节，恰好达到了介绍基本知识的目的. 它来源于为麻省理工学院核科学与工程系的新研究生开设的培训课程，这也正是书中很多数值计算的例子来源于核科学与工程的原因. 读者并不需要有核物理知识背景，书中介绍的数学和计算技巧可以应用于广泛的工程和物理科学领域，这是因为其中的数值方法从根本上是相通的.

对于这么短的一门课，我们需要假设读者已经掌握了很多的背景知识，同时也必须略过很多相关的内容. 不过简略不是缺点，它是选择的结果. 尽管很多内容可以添加进来，但我却认为这种选择有它的好处，因为这种方法允许学生按顺序阅读，经历快速阅读的过程，然后尽快精通内容. 当然，这看似与详细的教科书和简略的手册都有矛盾. 厚重的教科书不仅给出了非常详细的证明过程，还涵盖了标准的矩阵求逆或者分解，以及基本的矩阵正交的内容. 现在来说，对于广泛的数学计算系统，我认为它们可以看作是必备的背景知识. 教科书对某个知识点的介绍往往通过若干例子，从基本知识开始，逐渐引出背后的数学原理. 毫无疑问，这种方法大有益处，但是，达到学科的要求需要很多时间. 已经做好充分准备的学生更喜欢快速的方法，而不是慢慢读过几百页教科书. 尤其是这样的教科书，往往在写到刚对科学和工程有用的部分（也就是偏微分方程）就停住了. 本书在全书的三分之一处就讲到偏微分方程，然后继续介绍蒙特卡罗模拟等在现代计算科学和工程中常用的方法，而这些方法在一般的数值方法教科书中是很少见的. 市场上有很多很棒的数值方法手册，我也常常用到它们. 不过，它们涵盖的内容太广泛了，读者只能也只应该浅尝辄止，把它们当作参考书来用. 为了从这样内容广泛的书中得到益处，我们必须要从宏观上对学科有所了解．本书的目的正是在最简洁的情况下，为读者提供这种宏观的认识．

尽管我有目的地使本书尽量简短，但是，有些地方用一些篇幅解释或者加上一些细节还是很有价值的．为了保证正文的连贯性和简洁性，额外的内容放在了拓展部分．读者可以放心地略过拓展部分（我讲这门半学期课的时候也在讲座中略过），不过拓展部分除提供额外的背景知识外，还给感兴趣的读者提供了文献的出处．除了最后一章外，每章正文（除了页下注、拓展、例子详解和习题）按照一个半小时的讲座设计．不过，绝大多数学生需要花额外的时间复习课上的内容，包括例子详解．

本书包括了数学计算和需要编程实现的计算练习，虽然不是一本编程教材，但是想要精通本书材料的学生必须攻克这些练习．这样，学生必须已经掌握或者在学习过程中熟悉某种编程语言或者计算软件．这些习题已经在 Octave 语言中测试实现．Octave 是一个开源软件，它的语法和功能与 MATLAB 几乎一样．很多学生会发现使用这些软件很合适，因为它们自带可视化工具、矩阵变量类型和子程序，当然，使用其他语言也可以．我们假设读者熟悉矩阵和线性代数的内容．这些背景知识在附录中会简单地总结．我们的主旨是将标准的线性代数程序和子程序直接使用，对于标准的矩阵算法不加解释或者编程解决．不过，用来求解微分方程的迭代矩阵技巧是从物理直觉的角度，作为主要部分介绍．现代的迭代稀疏矩阵解题技巧在最后一章给出．

很多或者绝大多数物理科学和工程中的问题可由常微分方程或者偏微分方程描述．因此，熟悉向量微积分是绝对的前提要求．我们在本书中尽可能多地介绍偏微分方程的一般理论，但这仅仅是概述而已．尽管我们尽力使表达和数学计算连贯和准确，但是我们却没有对数学的严谨性有任何要求．本书中没有定理，我的目的不是教会读者数学证明，而是用能够灵活运用计算技巧的数学洞察力和工具武装学生．这样的主旨允许我对各个主题按照直观介绍，而避免迷失在对数学严谨性的追求中．

要理解常见的物理现象方程的解法，有时候要求知道它们从何而来．它们有的从第一性原理推导得来，绝大部分学生已经在之前的课上见过类似的推导．所以，这里的推导往往很简单．这样，尽管本书的内容相对独立，但对没有扩散、流体、碰撞，或者空气动力学背景的学生，刚开始学习起来还是会比较吃力的. 建议这些学生可以同时阅读相关的书籍.

阅读完本书和完成练习题的学生会有如下收获:

- 对计算工程和它的数学基础有基本的理解;
- 对描述物理现象的基本方程有更深入的认识;
- 掌握用计算机求解问题的方法;
- 对物理问题的数值解得到经验、自信和批判性判断;
- 提高在理论物理中通过计算解释实验数据的能力.

这些目标背后的想法是，对不是计算工程或者科学专业的学生，这可能是他们选的最后一门数值方法课.

尽管我的目的是为每一位将来的物理学家和工程师提供通过计算解决问题所需的知识，但却不可能为他们提供所有的知识. 不过，对他们来说，这仍然应该是一次有用的初次接触，因为本书介绍了很多不同的算法，从而可以快速提供广泛的科学计算技巧.

致谢　首先要感谢选择数值方法基础这门课的学生们，是他们的学习兴趣、提出问题、纠正方法和偶尔的疑惑，帮助我发现和解释学习计算物理和工程时的主要概念难点. 同时，要感谢麻省理工学院对完成这本书的支持，当然，我还要感谢我妻子 Fran 无尽的爱和关怀，没有她，这本书是不可能完成的.

伊恩 · H. 哈钦森

目　录

第1章 数据的曲线拟合

1.1 精确拟合

1.1.1 引言

假设有一组实数数据对 x_i, y_i，$i=1,2,\cdots,N$. 将它们想象成是 $x-y$ 平面上的一组点，也可以将它们想象成一组对应于 x 值的函数值 y，如图 1.1 所示. 一个常见的问题是找到某个函数来对这些数据进行某种意义下的“最佳描述”. 如果数据刚好完美地拟合，那么函数 f 要满足

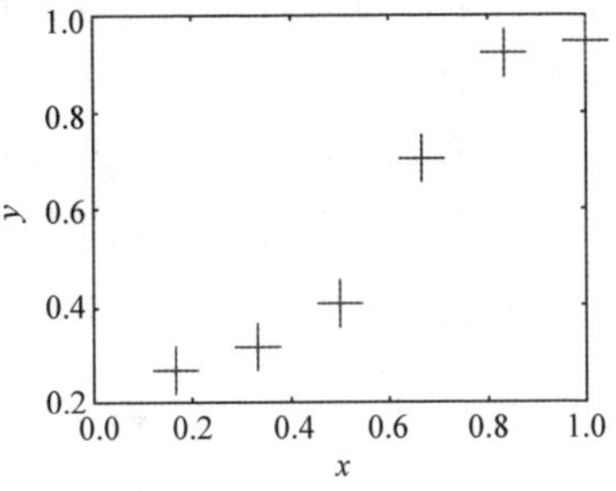

图 1.1　数据由曲线拟合的例子

$$f(x_i)=y_i,\ i=1,2,\cdots,N. \tag{1.1}$$

当数据对的数量不多，而且在 x 的方向上间距合理时，我们有理由相信，可以做一个满足这些等式的精确拟合.

1.1.2 精确拟合的线性表示

对拟合函数，我们有无穷种选择. 这些函数都必须含有一些可以调整的参数，而我们可以通过调整参数使得数据拟合. 以多项式为例

$$f(x)=c_1+c_2x+c_3x^2+\cdots+c_Nx^{N-1}. \tag{1.2}$$

其中 c_j 是系数，而我们必须调整它们使函数拟合给定的数据. 系数为可调参数的多项式有一个很重要的性质，那就是它对系数的依赖是线性的.

为了用形如式（1.1）的函数拟合式（1.2）. 我们需要同时满足 N 个等式. 这些等式可以写成以下这个 $N\times N$ 矩阵方程

$$\begin{pmatrix} 1 & x_1 & x_1^2 & \cdots & x_1^{N-1} \\ 1 & x_2 & x_2^2 & \cdots & x_2^{N-1} \\ \vdots & \vdots & \vdots & & \vdots \\ 1 & x_N & x_N^2 & \cdots & x_N^{N-1} \end{pmatrix}\begin{pmatrix} c_1 \\ c_2 \\ \vdots \\ c_N \end{pmatrix}=\begin{pmatrix} y_1 \\ y_2 \\ \vdots \\ y_N \end{pmatrix}. \tag{1.3}$$

这里我们注意到，为了使矩阵方程是方阵（行与列数目相等），则系数的个数需等于数据的个数 N.

我们也注意到，其实可以选择任意 N 个函数 f_i 作为拟合函数单元，并且记

$$f(x)=c_1f_1(x)+c_2f_2(x)+c_3f_3(x)+\cdots+c_Nf_N(x). \tag{1.4}$$

那么，与以上过程类似，我们可以写出一个矩阵方程

$$\begin{pmatrix} f_1(x_1) & f_2(x_1) & f_3(x_1) & \cdots & f_N(x_1) \\ f_1(x_2) & f_2(x_2) & f_3(x_2) & \cdots & f_N(x_2) \\ \vdots & \vdots & \vdots & & \vdots \\ f_1(x_N) & f_2(x_N) & f_3(x_N) & \cdots & f_N(x_N) \end{pmatrix}\begin{pmatrix} c_1 \\ c_2 \\ \vdots \\ c_N \end{pmatrix}=\begin{pmatrix} y_1 \\ y_2 \\ \vdots \\ y_N \end{pmatrix}. \tag{1.5}$$

这是线性地依赖未知系数的拟合函数最一般的表达式. 该矩阵[㊀]用 $\boldsymbol{S}$ 表示，其元素为 $S_{ij}=f_j(x_i)$.

1.1.3 系数求解

考虑矩阵等式 $\boldsymbol{Sc}=y$，其中，$\boldsymbol{S}$ 是一个方阵. 当矩阵非奇异——

㊀ 在本书中，用黑斜体字母表示抽象多维矩阵和向量，三维物理学中的向量用黑斜体表示.

也就是它的行列式非零，即 $|S| \neq 0$ 时，它有逆矩阵 S^{-1}. 在等式两边同时左乘逆矩阵，可得

$$S^{-1}Sc = c = S^{-1}y. \tag{1.6}$$

也就是说，通过对函数矩阵求逆，然后用需要拟合的数值与之相乘而解出未知系数 c.

一旦求出了 c 的值，就可以用任何 x 值来计算 $f(x)$ [见式(1.2)]. 图 1.2 显示了用一个五阶多项式（包括 1 总共有六项）拟合六个数据的结果，曲线刚好穿过每一个点. 但注意到，曲线的结尾处弯曲得实在不合理[㊀]，所以看来这并不是一个非常好的拟合.

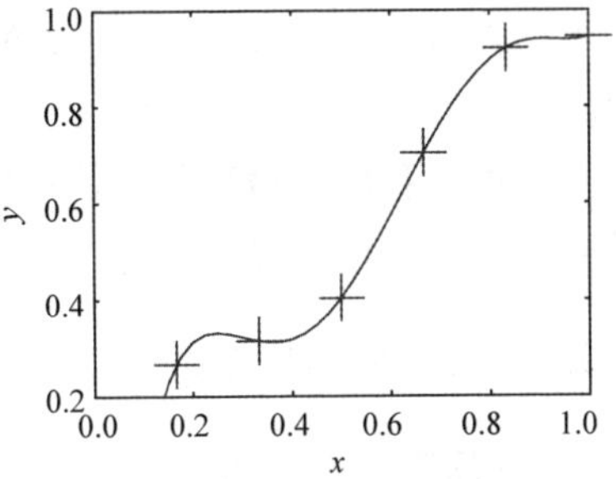

图 1.2　多项式拟合的结果

1.2 近似拟合

如果数据中有很多——来自不确定性或者噪声的散点，那么，我们几乎可以肯定不想让我们的拟合曲线穿过数据中的每一个点，如图 1.3 所示. 那现在该怎么办呢? 原来我们可以使用与之前基本相同的方法，只是在线性拟合中使用不同数目的点（N）和项数（M）. 换句话说，即采用以下的拟合函数

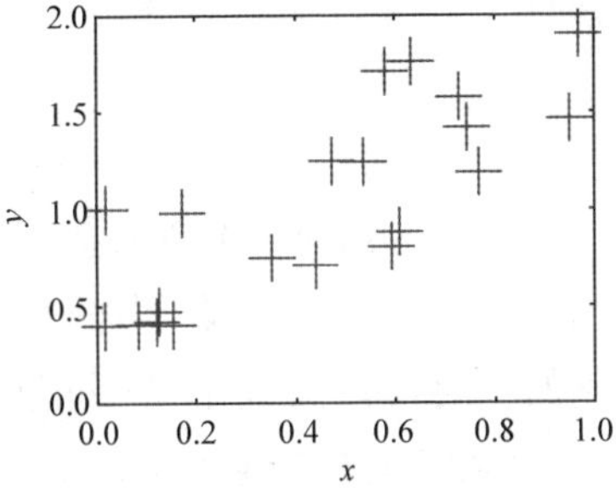

图 1.3　待用函数拟合的含有不确定性和噪声的点集

$$f(x) = c_1f_1(x) + c_2f_2(x) + c_3f_3(x) + \cdots + c_Mf_M(x). \tag{1.7}$$

其中 $M < N$. 我们知道这样的拟合函数不可能精确拟合每一个数据点. 因为这样需要满足的等式是

㊀ 这个多项式拟合的问题有时被称为龙格（Runge）现象.

$$\begin{pmatrix} f_1(x_1) & f_2(x_1) & f_3(x_1) & \cdots & f_M(x_1) \\ f_1(x_2) & f_2(x_2) & f_3(x_2) & \cdots & f_M(x_2) \\ \vdots & \vdots & \vdots & & \vdots \\ f_1(x_N) & f_2(x_N) & f_3(x_N) & \cdots & f_M(x_N) \end{pmatrix} \begin{pmatrix} c_1 \\ c_2 \\ \vdots \\ c_M \end{pmatrix} = \begin{pmatrix} y_1 \\ y_2 \\ \vdots \\ y_N \end{pmatrix} \tag{1.8}$$

这个函数 $N \times M$ 矩阵 $\boldsymbol{S}$ 不是方阵. 我们没有足够多的系数 c_j 来精确地满足这些等式，这是过拟合的情况. 另外，不是方阵的矩阵没有逆矩阵.

这里，我们的目标并不是找到精确的拟合，而是想要找到一条直线来得到对数据的最佳拟合.

1.2.1 线性最小二乘

“最佳”拟合是什么意思呢？尤其是拟合类似式（1.7）的线性函数，我们通常希望直线与数据点之间的垂直距离最小. 如果拟合函数是$f(x)$，那么对每一个数据点(x_i, y_i)，直线与该数据点之间垂直距离的平方是$[y_i - f(x_i)]^2$. 于是对所有点加和，那么全部的距离平方和是

$$\chi^2 = \sum_{i=1}^{N} [y_i - f(x_i)]^2 \tag{1.9}$$

我们考虑平方和的一个原因是，它总是非负的. 我们不希望把正的距离和负的距离相加，因为负的距离和正的距离一样，都是我们不希望看到的. 而且我们也不希望正负距离相互抵消. 通常称 χ^2 为“残差”，或者更直接的 χ 平方. 它与拟合效果呈反向关系：它越小，拟合效果越好. 一个线性最小二乘问题是找到函数 f 的系数，使得 χ^2 最小.

1.2.2 奇异值分解（SVD）和 Moore – Penrose 广义逆

我们似乎离原本通过对方阵 $\boldsymbol{S}$ 求逆而求解拟合系数的目标越来越远了. 这一切与过拟合问题（1.8）的最小二乘解又有什么关系呢？

这个问题可以通过一个关于矩阵的小魔法来回答！原来我们是可

以对非方阵或奇异矩阵定义逆矩阵的（这与在初级矩阵论课里学的可不一样）．这样的逆矩阵叫作（Moore－Penrose）广义逆矩阵．当把它算出来之后，广义逆矩阵基本上可以被当作非奇异方阵的逆矩阵一样来用．也就是说，用 $\boldsymbol{c}=\boldsymbol{S}^{-1}\boldsymbol{y}$ 来算系数，只不过 $\boldsymbol{S}^{-1}$ 是广义逆矩阵．

学习广义逆矩阵最好的方法是通过对学习矩阵的奇异值分解（SVD）．这里我们用到矩阵论里面的一个定理，也就是每一个 $N\times M$ 矩阵都可以写成另外三个有特殊性质矩阵的乘积．对于 $N\times M$ 矩阵 $\boldsymbol{S}$，这个乘积是

$$\boldsymbol{S}=\boldsymbol{U}\boldsymbol{D}\boldsymbol{V}^{\mathrm{T}}. \tag{1.10}$$

其中 T 表示转置，而且

- $\boldsymbol{U}$ 是一个 $N\times N$ 单位正交矩阵；
- $\boldsymbol{V}$ 是一个 $M\times M$ 单位正交矩阵；
- $\boldsymbol{D}$ 是一个 $N\times M$ 对角矩阵．

单位正交矩阵[注]是不同列（把一列看作一个向量）之间内积为零，列与它本身内积为一的矩阵．单位正交矩阵的逆是它的转置．于是

$$\underbrace{\boldsymbol{U}^{\mathrm{T}}}_{N\times N}\underbrace{\boldsymbol{U}}_{N\times N}=\underbrace{\boldsymbol{I}}_{N\times N},\ \underbrace{\boldsymbol{V}^{\mathrm{T}}}_{M\times M}\underbrace{\boldsymbol{V}}_{M\times M}=\underbrace{\boldsymbol{I}}_{M\times M}. \tag{1.11}$$

对角矩阵除了对角线上，其他所有的元素都是零．如果对角阵不是方阵，比如说 $M<N$，那么它额外的行就由零填满（如果 $N<M$，额外的列由零填满）：

$$\boldsymbol{D}=\begin{pmatrix} d_1 & 0 & 0 & \cdots & 0 \\ 0 & d_2 & 0 & \cdots & 0 \\ 0 & 0 & 0 & \cdots & 0 \\ \vdots & \vdots & \vdots & & \vdots \\ 0 & 0 & 0 & 0 & d_M \\ 0 & 0 & 0 & 0 & 0 \end{pmatrix}. \tag{1.12}$$

[注] 有时简称为正交矩阵，是酉矩阵的实数版本．

对 SVD 的理解可以通过对矩阵 $\boldsymbol{S}^{\mathrm{T}}\boldsymbol{S}$ 的特征分析来加深[⊖]，它的特征值是 d_i^2.

广义逆可以设想成是

$$\boldsymbol{S}^{-1}=\boldsymbol{V}\boldsymbol{D}^{-1}\boldsymbol{U}^{\mathrm{T}} \tag{1.13}$$

其中，$\boldsymbol{D}^{-1}$是一个 $M\times N$ 阶对角矩阵，它的单位元素是 $\boldsymbol{D}$ 元素的逆，也就是 $1/d_i$.

$$\boldsymbol{D}^{-1}=\begin{pmatrix} 1/d_1 & 0 & 0 & \cdots & 0 & 0 \\ 0 & 1/d_2 & 0 & \cdots & 0 & 0 \\ 0 & 0 & 0 & \cdots & 0 & 0 \\ \vdots & \vdots & \vdots & & \vdots & \vdots \\ 0 & 0 & 0 & \cdots & 1/d_M & 0 \end{pmatrix}. \tag{1.14}$$

我们清楚地看到，式（1.13）是 $\boldsymbol{S}$ 的某种逆，因为从形式上看来，

$$\boldsymbol{S}^{-1}\boldsymbol{S}=(\boldsymbol{V}\boldsymbol{D}^{-1}\boldsymbol{U}^{\mathrm{T}})(\boldsymbol{U}\boldsymbol{D}\boldsymbol{V}^{\mathrm{T}})=\boldsymbol{V}\boldsymbol{D}^{-1}\boldsymbol{D}\boldsymbol{V}^{\mathrm{T}}=\boldsymbol{V}\boldsymbol{V}^{\mathbf{T}}=\boldsymbol{I} \tag{1.15}$$

如果 $M\leqslant N$ 而且全部 d_i 非零，那么这个矩阵乘积的所有运算都是有意义的，因为

$$\underbrace{\boldsymbol{D}^{-1}}_{M\times N}\underbrace{\boldsymbol{D}}_{N\times M}=\underbrace{\boldsymbol{I}}_{M\times M}. \tag{1.16}$$

⊖ **拓展**：对 SVD 的极简介绍如下．$M\times M$ 阶矩阵 $\boldsymbol{S}^{\mathrm{T}}\boldsymbol{S}$ 是一个对称矩阵．于是，它的特征值是非负实数 d_i^2．它的特征向量$\boldsymbol{v}_i$ 满足 $\boldsymbol{S}^{\mathrm{T}}\boldsymbol{S}\boldsymbol{v}_i=d_i^2\boldsymbol{v}_i$，并且可以根据 d_i^2 绝对值递减的顺序排成一个单位正交集．那么这 M 个特征向量可以看作是一个单位正交矩阵 $\boldsymbol{V}$ 的列．矩阵 $\boldsymbol{V}$ 可以将 $\boldsymbol{S}^{\mathrm{T}}\boldsymbol{S}$ 对角化，于是 $\boldsymbol{V}^{\mathrm{T}}\boldsymbol{S}^{\mathrm{T}}\boldsymbol{S}\boldsymbol{V}=D^2$ 是一个 $M\times M$ 阶的非负对角矩阵，而且它的对角元素是 d_i^2．由于 $(\boldsymbol{S}\boldsymbol{V})^{\mathrm{T}}\boldsymbol{S}\boldsymbol{V}$ 是对角矩阵，$M\times M$ 阶矩阵 $\boldsymbol{S}\boldsymbol{V}$ 的列是正交的．与 $d_i=0$ 对应的那些列都由 0 组成，对我们没什么用处．我们通过除以非零 d_i 来单位化那些与它们对应的列（$i=1,2,\cdots,L,L\leqslant M$）．然后，附加 $N-L$ 个长为 N 并与前面向量都正交的单位列向量．这样，我们就得到了一个完整的 N 阶单位正交矩阵 $\boldsymbol{U}=(\boldsymbol{S}\boldsymbol{V}\boldsymbol{D}_L^{-1},\boldsymbol{U}_{N-L})$．这里，$\boldsymbol{D}_L^{-1}$ 表示元素为 $1/d_i$ 的$M\times L$阶对角阵，$\boldsymbol{U}_{N-L}$表示附加上的列．现在考虑 $\boldsymbol{U}\boldsymbol{D}\boldsymbol{V}^{\mathrm{T}}$，附加上的 $\boldsymbol{U}_{N-L}$对矩阵乘积没有任何作用，因为它们相乘的 $\boldsymbol{D}$ 下面部分的行总是零．剩下的乘积是 $\boldsymbol{S}\boldsymbol{V}\boldsymbol{D}_L^{-1}\boldsymbol{D}^L\boldsymbol{V}^{\mathrm{T}}=\boldsymbol{S}$，于是我们构造了 $\boldsymbol{S}$ 的奇异值分解 $\boldsymbol{S}=\boldsymbol{U}\boldsymbol{D}\boldsymbol{V}^{\mathrm{T}}$.

其他的情况请看拓展部分㊀.

我们目前最关心的是，当 $M \leqslant N$ 时，可以通过广义逆，对过度拟合问题 $\boldsymbol{Sc}=\boldsymbol{y}$ 得到形如 $\boldsymbol{c}=\boldsymbol{S}^{-1}\boldsymbol{y}$ 的解（长方阵）. 系数 $\boldsymbol{c}$ 可能对应若干组 y_i 的值，但这不是问题.

另外，还可以看到㊁，用这个矩阵乘积方法算出的 $\boldsymbol{c}$ 确实是最小二乘解，也就是说，这个解确实可以使得 χ^2 最小. 如果若干系数 $\boldsymbol{c}$ 都使残差最小，那么我们还有选择 $\boldsymbol{c}$ 的余地，而找到的解是使 $|\boldsymbol{c}|^2$ 最小的那个.

这个结果的好处在于我们可以通过使用函数 pinv，用一个非常简单的代码计算广义逆，而且就算 $\boldsymbol{S}$ 是奇异矩阵或者长方阵也适用.

从计算效率的角度考虑，我们注意到 Octave 里面的反斜线算子（\）和以广义逆相乘等价（也就是说 pinv(S) * y = S\y），但是该算法要高效很多㊂. 所以，在计算成本高昂的代码里，我们通常选择反斜线算子，毕竟它大概快五倍. 不过，对小于几百阶的矩阵你大概感觉不到什么时间差.

㊀ **拓展**：如果 $M>N$，那么来自于 $\boldsymbol{SS}^{-1}$ 的 $\boldsymbol{DD}^{-1}$ 就不是 $M\times M$ 阶单位阵了. 事实上，它最多在对角线的前 N 个位置有 1，而之后全部是零. 它是一个 $N\times N$ 单位矩阵，然后加上额外的只有零的行和列，组成一个 $M\times M$ 矩阵. 所以广义逆是一个比较有趣的逆，它只能在一种情况下使用.

如果 $\boldsymbol{S}$ 是一个非奇异方阵，那么它的广义逆就是它的（通常意义下的）逆.

如果 $\boldsymbol{S}$ 是一个奇异方阵（当然有可能是其他情况），那么至少一个 d_j 会是零. 我们通常把奇异值按照从大到小顺序排列，所以这些零值排在 $\boldsymbol{D}$ 的最后. 这样 $\boldsymbol{D}^{-1}$ 就有一个无穷大的元素 $1/d_j$，而形式上的矩阵运算就没什么道理了. 广义逆在这些情况下以 0（而不是无穷）来代替 $1/d_j$ 的值. 这样，我们又一次得到一个不完整的单位矩阵，它的对角元素以零结尾. 事实上，这样的矩阵在两边都不能作为正确的逆矩阵.

对有线性代数基础的读者，可知广义逆是把原矩阵值域里的向量投射到零空间的补空间.

㊁ 请看 Press、Flannery、Teukolsky 和 Vettering 的《Numerical Recipes》第一版（1989），剑桥大学出版社，剑桥，第 2.9 节.

㊂ 用 QR 分解.

1.2.3 光滑化和正规化

如图 1.4 所示，通过选择拟合函数的自由度，拟合的光滑度可以调整到与数据相符. 然而，基函数的选择会对它有预先决定的限制. 所以，对数据进行光滑化使它们拟合直线或者抛物线也许并不是最好的方法.

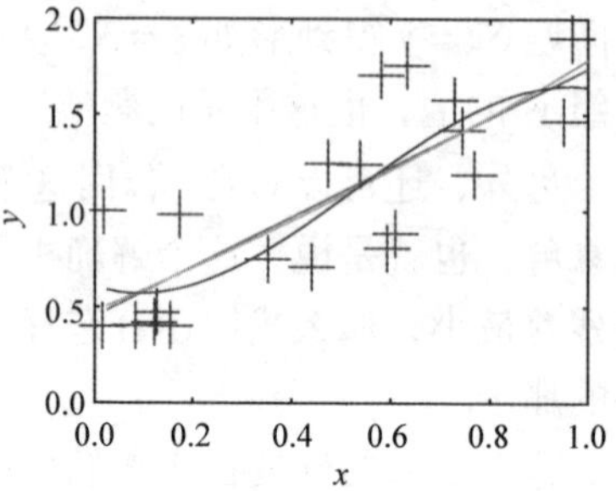

图 1.4 由线性函数、二次多项式和三次多项式拟合的点集

一个更好的光滑化的方法是“正规化”：我们增加一些对所考虑残差粗糙程度的测量. 粗糙程度（光滑程度的反面）测量拟合曲线的弯动程度㊀. 从本质上来说，它可以是任何矩阵和拟合系数相乘的积. 下面立刻给出一个例子，假设粗糙程度的测量是同质的，也就是说，我们希望它尽可能地接近零，那么我们的目标是 $\boldsymbol{Rc}=0$，其中 $\boldsymbol{R}$ 是一个 $N_R \times M$ 阶矩阵，N_R 是相异粗糙程度条件的个数. 一般情况下，我们不期望完全满足该式，这是因为完全光滑的函数没有变化的余地，所以不能完全拟合给定的数据. 但是，我们想要使粗糙程度的平方 $(\boldsymbol{Rc})^2\boldsymbol{c}$ 最小化. 可以用最小二乘法满足拟合数据的条件，并且使粗糙程度最小化：构造一个包含了原方程和正规条件的矩阵方程，于是㊁

$$\begin{pmatrix} \boldsymbol{S} \\ \lambda \boldsymbol{R} \end{pmatrix} \boldsymbol{c} = \begin{pmatrix} \boldsymbol{y} \\ 0 \end{pmatrix}. \tag{1.17}$$

如果用$\begin{pmatrix} \boldsymbol{S} \\ \lambda \boldsymbol{R} \end{pmatrix}$的广义逆，在最小二乘的意义下解以上矩阵方程，那么就能得到使粗糙程度最小，且拟合数据最佳的系数. 这里，我们是指总残差

㊀ 原文是 wiggly，读者可以想象成蠕动的毛毛虫的样子. ——译者注

㊁ 前 N 行包含 $\boldsymbol{S}$，接下来的 N_R 行是 $\lambda\boldsymbol{R}$.

$$\chi^2 = \sum_{i=1}^{N} (y_i - f(x_i))^2 + \lambda^2 \sum_{k=1}^{R_N} \left(\sum_j R_{kj} c_j \right)^2 \tag{1.18}$$

最小. λ 的取值决定光滑化的程度，如果它的值比较大，就表示我们想要更光滑的解，如果它的值很小或为零，那么所做的光滑化可以忽略不计.

考虑一个一维的例子，其中最小化的粗糙程度由函数的二阶导数表示：$\mathrm{d}^2f/\mathrm{d}x^2$. 若令它的平均值小，就会使函数的弯曲程度最小化，所以这是一个合理的粗糙程度的测量准则. 因此可以选择 $\boldsymbol{R}$ 来表示该导数在一些给定的点 x_k 的值，其中 $k=1$，2，…，N_R（与数据点 x_i 不同)，于是

$$R_{kj} = \left| \frac{\mathrm{d}^2 f_j}{\mathrm{d}x^2} \right|_{x_k}. \tag{1.19}$$

这些 x_k 的取值可以均匀分布在某个区间，那么[⊖]粗糙程度的平方可以考虑成对的（$\mathrm{d}^2f/\mathrm{d}x^2$)^2 在该区间上积分的离散近似.

1.3 断层图像还原

下面研究 X 光成像问题. 考虑一个我们想了解内部结构的物体，沿横截面的弦线，对它的密度进行多次的测量. 通常我们测量的是 X 射线沿各条弦线的衰减程度，不过这里涉及的数学技巧和物理无关. 我们寻找物体密度形如

$$\rho(x,y) = \sum_{j=1}^{M} c_j \rho_j(x,y) \tag{1.20}$$

的表达式，其中 $\rho_j(x,y)$ 是平面上的基函数，它们可以简单得到网格 x_k 和 y_l 处的像素，也就是当 $x_k < x < x_{k+1}$ 且 $y_l < y < y_{l+1}$ 时，$\rho_j(x,y) \to \rho_{kl}(x,y) = 1$，其他各处为零（见图 1.5). 不过，为 A. M. Cormack 赢得诺贝尔医学奖的 CT 扫描法中，对基函数的选择聪明多了，它们提

⊖ 这个正规化与“光滑样条”等价. 对光滑参数 λ 在增大的方向取极限，那么函数 f 就是一条直线（二阶导数处处为零). 对 λ 在减小的方向取极限，那么得到一个在各点（x_i, y_i）处的三次样条插值.

前加入了光滑化. 在考虑高维拟合时我们要小心，同时构造拟合矩阵时，应该把基函数用一个下标参数 j 从 1 到 M 排，这样系数就是一个列向量. 但是描述基函数时，用两个下标参数 k，l 分别对应两个空间变量才更自然. 这样需要找到一个合理的映射把它们与一个列向量对应.

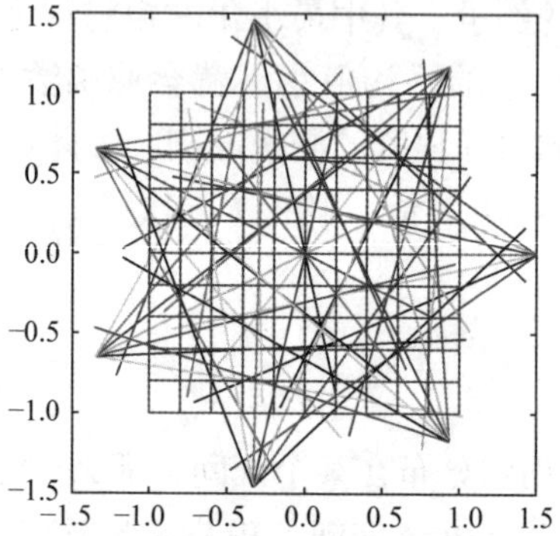

图 1.5 用若干弦线观察得到的某个平面密度的断层还原图

每一条做过测量的弦线都会经过这些基函数（例如像素）. 于是，对某一组系数 c_j，我们有弦线测量值

$$v_i = \int_{l_i} \rho \mathrm{d}l = \int_{l_i} \sum_{j=1}^{M} c_j \rho_j(x,y) \mathrm{d}l = \sum_{j=1}^{M} \int_{l_i} \rho_j(x,y) \mathrm{d}l c_j = \boldsymbol{S}\boldsymbol{c}. \quad (1.21)$$

其中 $N \times M$ 矩阵 $\boldsymbol{S}$ 来自于对 N 条视线 l_i 的积分，所以 $S_{ij} = \int_{l_i} \rho_j(x,y) \mathrm{d}l$. 它表示第 j 个基函数对第 i 个测量产生的作用. 那么拟合问题就变成了以下的标准形式：

$$\boldsymbol{S}\boldsymbol{c} = \boldsymbol{v}, \quad (1.22)$$

其中基函数的数目 M 可能很大. 我们用广义逆解这个系统 $\boldsymbol{c} = \boldsymbol{S}^{-1}\boldsymbol{v}$，而且如果系统过拟合，也就是有效弦线的数目大于基函数的数目，则最终所得解十有八九没什么问题.

可惜，这个问题常常是欠定的，也就是说，我们没有足够的独立弦线测量结果以确定每个像素（也可以是其他基函数）的密度. 就算测量数据的数目超过像素的数目，也可能是不够的. 这是因为通常弦线测量会有一些噪声或者不确定性带来的误差，而这些误差又在反演的过程中被放大. 这种现象可以由图 1.6 中的简单测试演示.

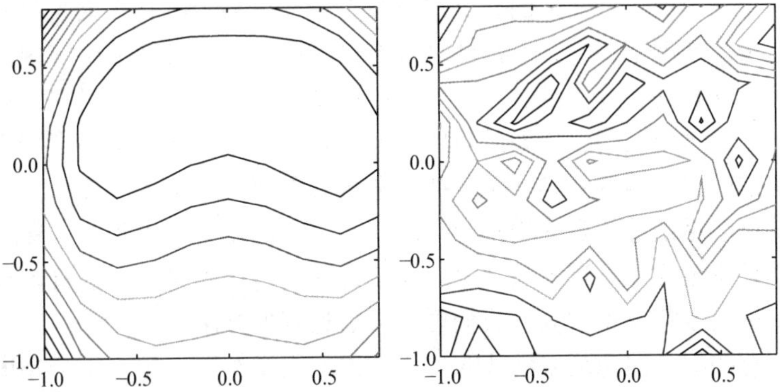

图 1.6　用来计算弦线积分的初始测试 ρ 函数（左侧）的等高线图，以及它基于弦线数据求逆的还原（右侧）. 像素的数目（100）超出观察的数目（49），而广义逆中用到的奇异值局限在 30 个. 由于各种误差现象，这仍然不能保证它们能有效地对应. 局限奇异值的数目并没有什么帮助

所以，我们基本可以确定需要对表达式（1.20）进行光滑化，否则，还原的图像就会包括各种本来并不应该存在的噪声. 如果使用广义逆，这里只保留一些奇异值，将其他位置补零，那么我们不能保证一定能去掉噪声，图 1.6 给出了一个例子.

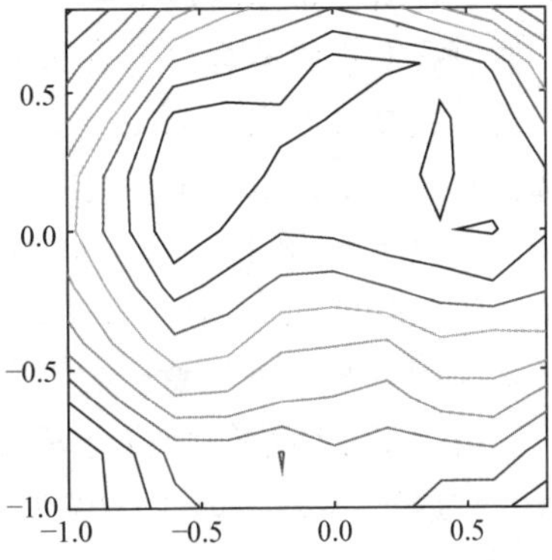

图 1.7　用基于 $\nabla^2\rho$ 的正规光滑得到的重建，等高线图与现实情况接近多了

如果我们换一种方法，用正规化方法对还原图像进行光滑化，以每个像素处的离散（二维）拉普拉斯算子（$\nabla^2\rho$）作为粗糙程度的测量，则结果要好很多，如图 1.7 所示. 原来这个结果对 λ^2 的值在两三个数量级之内都不敏感.

1.4 效率和非线性

用求逆或求广义逆的方法求解拟合函数的系数既直观又直接. 然而，很多情况下，它并不是计算效率最高的方法. 对一个中等规模的问题，现在的计算机足够克服计算中的低效率. 但是，如果我们处理的是一个多维问题，比如说断层图像，那么需要求逆的矩阵可能会变得非常巨大，因为矩阵的行/列数是全部像素或者拟合元素的总数，而这可能是图像长宽的积 $nx \times ny$. 这个巨大的矩阵可能非常“稀疏”，也就是说矩阵中只有少量元素非零. 这样，直接求逆的方法对内存和 CPU 的要求都变得很高，我们之后会讨论其他方法.

有些拟合问题是非线性的. 比方说，假设有一个具有特定光谱线的光子光谱，我们希望用符合特定中心、宽度和高度的高斯函数来拟合它，这个问题就没办法用线性函数相加求解. 这种情况下，拟合需要更加缜密的分析㊀，但却更不一定可靠. 市场上也有一些不太牢靠的拟合程序，不过，我们还是尽量避开它们比较好.

例子详解：正弦函数拟合

假设我们想要拟合一组数据 x_i，y_i，以 x 为自变量，且 $a \leqslant x \leqslant b$. 又假设函数在边界点 $x = a$，$x = b$ 处值为零. 这样利用已知条件，从而选择在 $x = a$，$x = b$ 处值为零的拟合函数 f_n. 我们熟悉的函数中有很多满足在两个不同的点处为零的性质. 当然，一般的函数没办法总是满足在任意两点 a，b 处为零，但我们总可以缩放自变量 x，进而把 a，b 映射到对所取的任意函数组合理的点.

假设用正弦函数作为拟合函数㊁：$f_n = \sin(n\theta)$，它们都在 $\theta = 0$，$\theta = \pi$ 处为零. 我们可以通过缩放

$$\theta = \pi(x - a)/(b - a). \tag{1.23}$$

㊀ 这个问题，连同其他若干数据拟合的问题，请读者参考 S. Brandt 的《数据分析：写给科学家和工程师的统计与数值方法》(2014)，第四版.

㊁ 当然，傅里叶分析我们一般用不同的方法研究，请读者阅读最后一章. 这里我们只是用正弦函数作为一个例子，原因之一是读者对这些函数很熟悉.

使这组函数落在自变量 x 的取值范围内，也就是说当 θ 在 0 到 π 之间取值时，x 在 a 到 b 之间取值. 现在，我们寻找如下形式的最佳数据拟合

$$f(x)=c_1\sin(\theta)+c_2\sin(2\theta)+c_3\sin(3\theta)+\cdots+c_M\sin(M\theta). \tag{1.24}$$

于是，我们寻找 c_i 的最小二乘解：

$$\boldsymbol{Sc}=\begin{pmatrix}\sin(1\theta_1) & \sin(2\theta_1) & \cdots & \sin(M\theta_1)\\ \sin(1\theta_2) & \sin(2\theta_2) & \cdots & \sin(M\theta_2)\\ \vdots & \vdots & & \vdots\\ \sin(1\theta_N) & \sin(2\theta_N) & \cdots & \sin(M\theta_N)\end{pmatrix}\begin{pmatrix}c_1\\ c_2\\ \vdots\\ c_M\end{pmatrix}=\begin{pmatrix}y_1\\ y_2\\ \vdots\\ y_N\end{pmatrix}=\boldsymbol{y}. \tag{1.25}$$

我们按照以下的步骤来求解这个问题：

1. 如果必要，由数据构造列向量 $\boldsymbol{x}$，$\boldsymbol{y}$.
2. 由 $\boldsymbol{x}$ 计算缩放向量 $\boldsymbol{\theta}$.
3. 构造 ij 元素为 $\sin(j\theta)$ 的矩阵 $\boldsymbol{S}$.
4. 用广义逆矩阵，从 $\boldsymbol{Sc}=\boldsymbol{y}$ 求 $\boldsymbol{c}$ 的最小二乘解.
5. 将式（1.23）中的 θ 代入式（1.24），评估任意点 x 处拟合的精确程度.

这个过程可以由类似 MATLAB 或者 Octave 的数学软件编程实现. 这些软件有自带的矩阵乘积算法，我们可以简单地写成以下的形式（% 之后是代码的注释）.

```
%假设 x 和 y 是长为 N 的向量（N×1 矩阵）
j=[1:M];                        %建立包含 1 到 M 的 1×M 矩阵
theta=pi* (x-a)/(x-b);          %缩放 x 得到列矩阵 theta
S=sin(theta* j);                %用外积构造矩阵 S
Sinv=pinv(S);                   %求它的广义逆
C=Sinv* y;                      %矩阵乘以 y 得到系数 c
```

然后，我们可以用 xfit 在任何点（或点集）x 评估得到的拟合，其实就是计算 $\sin(\theta j)$ 和 $\boldsymbol{c}$ 的内积. 代码简单到惊人，不过，还是需要仔细想想才能明白它到底在做什么（尤其是认真看完矩阵的维度之

后).

yfit = sin(pi * (xfit - a)/(b - a) * j) * c;　%在任意 xfit 处算 yfit.

图 1.8 给出了一个例子.

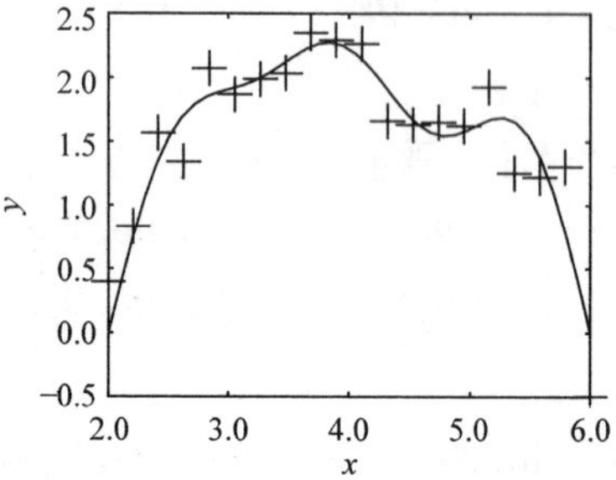

图 1.8　用三角函数对 $N=20$, $M=5$ 的噪声数据拟合. 点表示输入数据, 曲线由 x 的取值范围内的 xfit 数据和 yfit 表达生成, 然后我们对 yfit 和 xfit 画图

1.5　习题 1　数据拟合

1. 给定函数 $y(x)$ 在 x_i 处的 N 个值 y_i, 编写一个小程序, 用 $N-1$ 阶多项式 (所以多项式有 N 个系数) 拟合数据.

从 http://silas.psfc.mit.edu/22.15/15numbers.html 取 $N=6$ 个数字 (如果链接无效, 用 $y_i=[0.892, 1.44, 1.31, 1.66, 1.10, 1.19]$). 令 y_i 在 $x_i=[0.0, 0.2, 0.4, 0.6, 0.8, 1.0]$ 处取得, 运行程序算出系数 c_j.

在同一个图上, 在区间 $0 \leqslant x \leqslant 1$ 内作出表示 $y(x)$ 的拟合函数 (如果分辨率足够高, 得到的曲线就是光滑的) 和原来的数据点.

所得的解应该包括以下内容:

(1) 可运行的计算机程序.

(2) 系数 c_j 的数值, 其中 $j=1, 2, \cdots, N$.

(3) 用程序画的图.

(4) 简单地描述 (少于 300 个字) 在求解过程中遇到的问题, 以及解决问题的方法.

2. 保存上一个问题中编写的程序，然后复制并且把复制的程序重新命名. 改写复制的程序，使得它可以（在最小二乘意义下）用低于 $N-1$ 阶多项式拟合数据 x_i，y_i（数据点没有特定的顺序).

在以上 URL 地址，修改"Number of Numbers"框里的数字，取 $(N=)20$ 对数据点 x_i，y_i.（如果网站不能用，请读者自行生成数据点对.）运行编写的程序，生成拟合系数 c_j，对应的系数个数（$M=$）分别是①1，②2，③3. 也就是：常数多项式、线性多项式、二次多项式.

把三条拟合曲线和原本的数据点画在同一个图上.

所得的解应该包括以下内容：

（1）可执行的计算机程序；

（2）三种情况①②③对应的系数 c_j，其中 $j=1, 2, \cdots, M$；

（3）根据程序生成图像；

（4）对三种情况下系数的相似程度做简单的评论；

（5）用这部分的程序是否可以求解第一个题目呢？

第 2 章

常微分方程

2.1 降为一阶方程

常微分方程是关于某个自变量 x 和某个因变量 y 的方程，自然地，它还包括了因变量形如$\frac{dy}{dx}$的导数．导数的最高阶，也就是 N 最大的项$\frac{d^N y}{dx^N}$决定了常微分方程的阶是 N．于是，我们通常把 N 阶常微分方程写成自变量 N 阶导数等于各个低阶导数和自变量 x 的某个函数，即

$$\frac{d^N y}{dx^N}=f\left(\frac{d^{N-1}y}{dx^{N-1}},\frac{d^{N-2}y}{dx^{N-2}},\cdots,\frac{dy}{dx},y,x\right). \tag{2.1}$$

这样只关于一个因变量 y 的 N 阶常微分方程总可以改写成一组关于 N 个因变量的常微方程组．最直接的方法就是把 i 阶导数记为 $y^{(i)}$，则有

$$\frac{d^i y}{dx^i}=y^{(i)}\quad i=1,2,\cdots,N-1. \tag{2.2}$$

和原本的常微分方程合起来，就得到包含如下方程的方程组（其中 $y^{(0)}=y$）．

$$\frac{d}{dx}y^{(i)}=f_i(y^{(N-1)},y^{(N-2)},\cdots,y^{(1)},y^{(0)},x),i=0,1,\cdots,N-1. \tag{2.3}$$

写成矩阵等式则有

$$\frac{\mathrm{d}}{\mathrm{d}x}\begin{pmatrix} y^{(0)} \\ y^{(1)} \\ \vdots \\ y^{(N-1)} \end{pmatrix} = \begin{pmatrix} f_0 \\ f_1 \\ \vdots \\ f_{N-1} \end{pmatrix} = \begin{pmatrix} y^{(1)} \\ y^{(2)} \\ \vdots \\ f(y^{(N-1)}, y^{(N-2)}, \cdots, y^{(1)}, y^{(0)}, x) \end{pmatrix}. \tag{2.4}$$

由于得到的关于一阶导数的 N 维向量组与之前的 N 阶标量方程等价，常常称方程组的阶也是 N（抱歉这可能有点复杂，但是通过练习你会慢慢习惯的）.

这些抽象的数学公式其实可以应用在所有的方程上，不过这些耦合的一阶方程确实会常常直接在我们要解决的实际应用问题中出现. 假设我们要考虑三维定常流体中一个流体元的位置. 如果流体的速率 $\boldsymbol{v}$（作为位置 $\boldsymbol{x}$ 的函数$\boldsymbol{v}(\boldsymbol{x})$），那么流体元素轨迹的方程，即元素随时间 t 移动所遵循的路径就是

$$\frac{\mathrm{d}}{\mathrm{d}t}\boldsymbol{x} = \boldsymbol{v}. \tag{2.5}$$

我们需要通过解这个方程来得到流体的流线. 它和降阶得到的方程形式一样，这种把移动过程表达为时间的函数统称为轨迹[㊀]. 其中，自变量是 t，因变量是 $\boldsymbol{x}$，这里向量$\boldsymbol{v}$相当于之前的函数 f_i.

轨迹并不一定只存在（我们通常所说的）空间里，它们也可能存在在更高维的相位空间里. 例如（见图 2.1），考虑一个质量为 m_p，带电荷量为 e 的带电粒子（也就是质子），它以速度$\boldsymbol{v}$在均匀磁场 $\boldsymbol{B}$ 中运动，而我们想找到它的轨迹. 注意到，作用在质子上的磁力是 $e\boldsymbol{v}\times\boldsymbol{B}$. 在没有任何外力作用的情况下，它的运动方程是

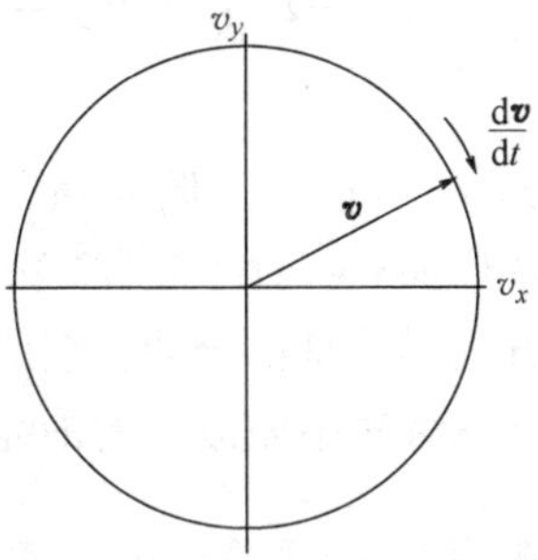

图 2.1　在均匀磁场中运动的粒子速度轨迹是一个速度空间中的圆，它与场的方向垂直（其中 $B = B\hat{z}$）

㊀ 原文为 orbit. ——译者注

$$\frac{\mathrm{d}}{\mathrm{d}t}\boldsymbol{v}=\frac{e}{m_p}\boldsymbol{v}\times\boldsymbol{B}=\boldsymbol{f}(\boldsymbol{v}). \tag{2.6}$$

而这里，它的加速度取决于它的速度．这是一个一阶三维向量微分方程，t 是自变量，速度向量$\boldsymbol{v}$是因变量．向量加速度 $\boldsymbol{f}$ 是向量形式的导数，它由$\boldsymbol{v}$的每个元素决定．

如果对质子来说，磁场 $\boldsymbol{B}$ 不均匀，而是随着位置的变化而变化，那么要求解方程组，我们既需要知道所有时刻沿轨迹的位置 $\boldsymbol{x}$ 也需要知道所有时刻沿轨迹的速度$\boldsymbol{v}$．于是得到以下包含 $\boldsymbol{x}$ 和$\boldsymbol{v}$的六阶向量方程组

$$\frac{\mathrm{d}}{\mathrm{d}t}\begin{pmatrix}x_1\\x_2\\x_3\\v_1\\v_2\\v_3\end{pmatrix}=\begin{pmatrix}v_1\\v_2\\v_3\\(v_2B_3-v_3B_2)e/m_p\\(v_3B_1-v_1B_3)e/m_p\\(v_1B_2-v_2B_1)e/m_p\end{pmatrix}. \tag{2.7}$$

通常，要求其解析解，更自然的做法是消去一些因变量而升高常微分方程的阶数．于是，以均匀磁场中的 3 方向为例，与它垂直的方向可以分解为

$$\frac{\mathrm{d}}{\mathrm{d}t}v_1=\Omega v_2,\frac{\mathrm{d}}{\mathrm{d}t}v_2=-\Omega v_1\Rightarrow\frac{\mathrm{d}^2v_1}{\mathrm{d}t^2}=-\Omega^2v_1,\frac{\mathrm{d}^2v_2}{\mathrm{d}t^2}=-\Omega^2v_2. \tag{2.8}$$

（记 $\Omega=eB/m_p$）．二阶非耦合方程是我们熟悉的简单谐振子方程，它们的解形如 $\cos(\Omega t)\sin(\Omega t)$，所以很容易求得解析解．不过，原来的一阶方程尽管是耦合的，它的数值解却仍然好解多了．所以我们一般不在计算解法中做以上的消元．

2.2 初值问题的数值积分

2.2.1 显式积分

现在我们考察如何在实际应用中求解一个一阶常微分方程，其

中，所有边值条件都加在自变量的同一点处．这样的边值问题构成了所谓的“初值问题”．我们从规定了初值的某处开始对自变量（比如时间或者空间）向前积分．为了简化讨论，考虑一个（纯量）因变量 y，但是注意到以下的讨论对向量形式的因变量的推广通常是立竿见影的．所以对简化为一阶向量形式的高阶方程，以下的解法同样适用．

一般来说，微分方程的数值解要求我们离散地表达原方程的解．通常，原方程的解是连续的，而离散的表达是指用一系列的点来表达方程的解．如图 2.2 所示．水到渠成的方法是把导数离散化，即

$$\frac{\mathrm{d}y}{\mathrm{d}x} \approx \frac{y_{n+1} - y_n}{x_{n+1} - x_n} = f(y, x), \tag{2.9}$$

其中，指数 n 表示第 n 步离散步骤的值，于是

$$y_{n+1} = y_n + f(y, x)(x_{n+1} - x_n). \tag{2.10}$$

式（2.10）告诉我们 y 如何从一步变到下一步．从初始步开始，选好自变量的步长 $x_{n+1} - x_n$，我们就可以离散地一步步迭代下去，想走多远都可以．

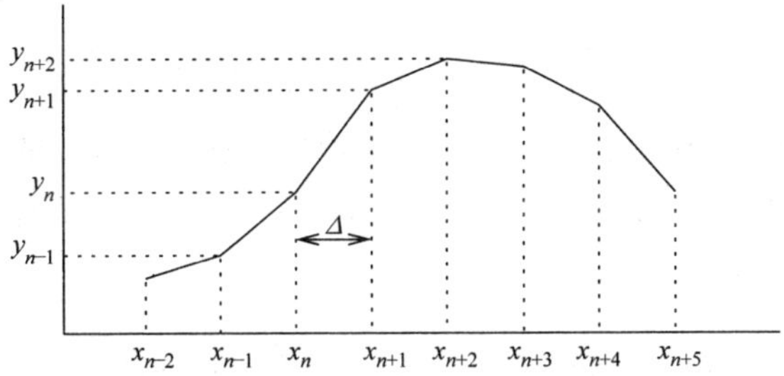

图 2.2　有限差分法对连续函数的表示

这时候有一个问题出现了：我们要怎样选择 $f(y, x)$ 中 y 和 x 的值．对 x 的选择基本上随我们的愿意㊀，但是我们在实际中走出一步

㊀ 如果 f 与 y 无关，那么我们应该用 $f(x_{n+1/2})$，其中 $x_{n+1/2} = (x_n + x_{n+1})/2$．这样，我们就有了一个计算积分时精确到二阶的公式 $\int_0^{x_n} f(x)\mathrm{d}x = y_n - y_0 = \sum_{k=0}^{n-1} f(x_{k+1/2})(x_{k+1} - x_k)$．此外还有更高级、更高阶的积分方法，不过我们这里介绍的方法算是最直接的了．

之前，并不知道这一步结束的 y 的值，所以我们不能轻易地决定在算 f 时用什么 y 值. 最简单的答案（虽然一般来说不是最好的答案）是注意到任意从 n 到第 $n+1$ 步沿着轨迹前进时，我们已经有了 y_n 的值. 所以，我们可以简单地用 $f(y_n,x_n)$. 这种选择称为“显式”，有时也称为欧拉算法. 这种算法不是最好的原因在于它往往精确性和稳定性都不是太好.

2.2.2 精确性和龙格－库塔算法

为了解释精确性的问题，考虑导数函数 f 在 x_n，y_n 处的泰勒展开，记 $x-x_n=\delta x$，$y-y_n=\delta y$，导数 f 是 x 和 y 的函数. 不过，轨迹的解可以写作 $y=y(x)$. 于是，函数在轨迹上的取值 $f(y(x),x)$ 就只是 x 的函数了，我们可以写出（全）微分 $\frac{\mathrm{d}f}{\mathrm{d}x}$. 这个函数的泰勒展开则是[⊖]

$$f(y(x),x)=f(y_n,x_n)+\frac{\mathrm{d}f_n}{\mathrm{d}x}\delta x+\frac{\mathrm{d}^2f_n}{\mathrm{d}x^2}\frac{\delta x^2}{2!}+O(\delta x^3). \quad (2.11)$$

我们用 $\mathrm{d}f_n/\mathrm{d}x$ 等记号表示 n 处的取值. 如果把以上的泰勒展开式代入要求解的微分方程 $\mathrm{d}y/\mathrm{d}x=\mathrm{d}\delta y/\mathrm{d}\delta x=f$ 中，然后逐项积分，就得到了微分方程的精确解

$$\delta y=f_n\delta x+\frac{\mathrm{d}f_n}{\mathrm{d}x}\frac{\delta x^2}{2!}+\frac{\mathrm{d}^2f_n}{\mathrm{d}x^2}\frac{\delta x^3}{3!}+O(\delta x^4). \quad (2.12)$$

我们把所使用的有限差分近似方程从它里面减去. 以式（2.10）为例，有 $\delta y^{(1)}=f_n\delta x$，然后得到 y_{n+1} 的误差项是

$$\delta y-\delta y^{(1)}=\varepsilon=\frac{\mathrm{d}f_n}{\mathrm{d}x}\frac{\delta x^2}{2!}+\frac{\mathrm{d}^2f_n}{\mathrm{d}x^2}\frac{\delta x^3}{3!}+O(\delta x^4). \quad (2.13)$$

这表明显式欧拉差分算法解的精度是差分步长 δx 的一阶精度（当 f 的一阶导数非零时），因为在等式中仍然能见到阶为 δx^2 的误差项. 这

⊖ 记号 $O(\varepsilon^n)$ 表示额外的项，这些项的数量级与 ε^n 或者更高次成正比（ε 通常很小）.

表明我们把差分步长缩小为原来的 1/2 时，沿一段距离积分的累计误差也会（大概）缩小为原来的 1/2.（因为每一步的误差变小为原来的 1/4，但是这个过程的步数变多了两倍.）这个情况不是很好，我们可以使用很小的步长 δx 来得到好的精确度.

我们可以做得更好. 误差的产生源于计算微分时只用了 x_n 处的值，但是一旦到了下一个位置，并且知道（有些误差）y_{n+1}的值，进而知道f_{n+1}的值，我们可以更好地计算我们应该使用的f值，这个过程如图 2.3 所示. 事实上，通过代入式（2.11）很容易看到，如果我们使用递推方程

$$\delta y = \frac{1}{2}(f_n + f_{n+1}^{(1)})\delta x, \tag{2.14}$$

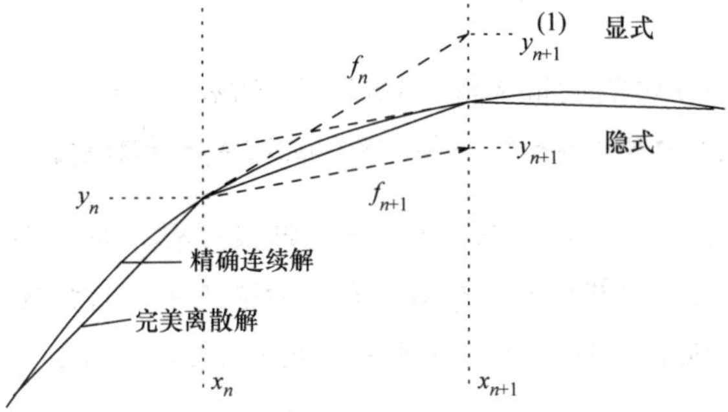

图 2.3　可选的步骤，用导函数在 n 或者 $n+1$ 处的值

其中，$f_{n+1}^{(1)} = f(y_{n+1}^{(1)}, x_{n+1})$代表$f$在第一步（显式欧拉）结束之后由 $y^{(1)} = y_n + f_n\delta x$ 算出的值，于是得到近似递推算法

$$\delta y = f_n\delta x + \frac{\mathrm{d}f_n}{\mathrm{d}x}\frac{\delta x^2}{2!} + O(\delta x^3). \tag{2.15}$$

这与精确解（2.12）的前两项相匹配，这样新的误差就是三阶的，而不是二阶的了. 这个二阶精确算法的累积误差与 δx^2 成正比，所以我们减小步长时收敛起来也相应地要快很多.

我们之所以能得到更精确的结果，是因为用了一个导函数的（在这一步）更精确的平均表达式. 它直接改进了对平均值的近似，故而

提高了算法的精确度. 但是要满足这样的要求，我们必须在计算的过程中和计算完之后都得到微分的估值. 这是因为我们需要同时用到 f 的第一阶导数和第二阶导数.

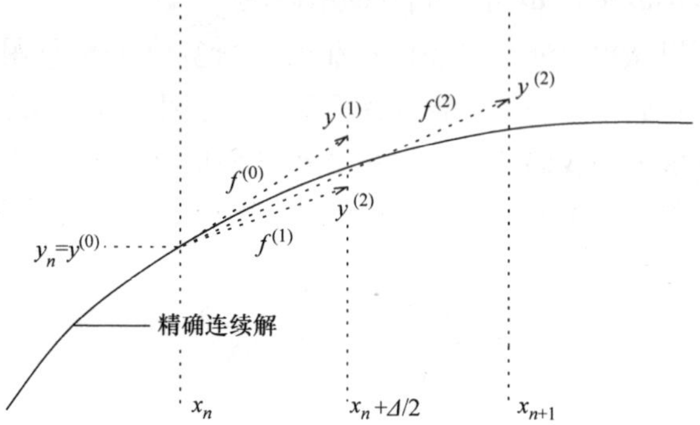

图 2.4　用了四步的四阶龙格 - 库塔算法，在 (x_k, y_k) 处，$k=0,1,2,3$ 时计算导函数 $f^{(k)}$ 的值，每个值沿之前的导数插值

一个龙格 - 库塔算法包含若干步的递推过程，每一步要用到从前一步得到的对导数的估计，然后计算某种这些导数的加权平均. 特别地，四阶（精确）的龙格 - 库塔算法是目前最流行的，如图 2.4 所示，其中

$$
\begin{aligned}
f^{(0)} &= f(y_n, x_n), \\
f^{(1)} &= f\left(y_n + f^{(0)}\frac{\Delta}{2}, x_n + \frac{\Delta}{2}\right), \\
f^{(2)} &= f\left(y_n + f^{(1)}\frac{\Delta}{2}, x_n + \frac{\Delta}{2}\right), \\
f^{(3)} &= f(y_n + f^{(2)}\Delta, x_n + \Delta),
\end{aligned}
\tag{2.16}
$$

其中两步是在中点 $\frac{\Delta}{2}$ 处. 那么以下的组合

$$
y_{n+1} = y_n + \left(\frac{f^{(0)}}{6} + \frac{f^{(1)}}{3} + \frac{f^{(2)}}{3} + \frac{f^{(3)}}{6}\right)\Delta + O(\Delta^5). \tag{2.17}
$$

给出一个四阶近似.㊀

龙格 - 库塔算法的每一步计算量更大，因为它们要求对 $f(y,x)$ 算四次值，而不仅仅是一次. 但这往往由选择大步长的自由来补偿. 即选择大步长时，我们仍然可以得到和欧拉算法一样的精确度.

2.2.3　稳定性

显式积分算法的第二个弱点——也许是更致命的弱点——是关于稳定性的. 考虑一个线性微分方程

$$\frac{\mathrm{d}y}{\mathrm{d}x}=-ky. \tag{2.18}$$

其中 k 是一个正常数. 显然，其解为 $y=y_0\exp(-kx)$. 不过现在假设用以下的显式算法对它进行数值积分：

㊀ **拓展**：对这个结果的证明还是需要花点力气的，这里我们只给出大框架. 用记号 $F(\delta x)=f(y(x_n+\delta x),\delta x)$ 记导函数沿精确轨迹的值. 假设有 $\Delta y=\left(\frac{1}{6}F(0)+\frac{1}{3}F\left(\frac{\Delta}{2}\right)+\frac{1}{3}F\left(\frac{\Delta}{2}\right)+\frac{1}{6}F(\Delta)\right)\Delta$. 该式与式（2.16）、式（2.17）对应，只是现在用 f 在轨迹上的精确值，而不是前面刚刚算好的对 $f^{(n)}$ 的近似. 通过代入式（2.11）和直接而冗长的计算，可以得到 Δy 等于 $y(x_n+\Delta)-y_n+O(\Delta^5)$；也就是说，它是对 y 的四阶精确表达. 事实上，注意到 δx 位置的对称性，0，$\frac{\Delta}{2}$，Δ，它们保证所有 Δy 的偶数阶误差为零，而一阶误差为零则是因为系数之和为 1. 正是中间项和最后项的系数的不同导致第三阶误差为零. 它本身并不能保证算法是四阶精确的，这是因为 f 值和 F 值之间有与 $\frac{\partial f}{\partial y}$ 成比例的误差：$f^{(1)}-F\left(\frac{\Delta}{2}\right)=\frac{\partial f}{\partial y}\left(y^{(1)}-y\left(\frac{\Delta}{2}\right)\right)$，$f^{(2)}-F\left(\frac{\Delta}{2}\right)=\frac{\partial f}{\partial y}\left(y^{(2)}-y\left(\frac{\Delta}{2}\right)\right)$，还有 $f^{(3)}-F(\Delta)=\frac{\partial f}{\partial y}(y^{(3)}-y(\Delta))$.（因为 y 差分的阶，我们很快意识到不需要保留 $\frac{\partial^2}{\partial y^2}$.）连续的差分可以由泰勒展开式（2.17）表示，例如 $\left(y^{(1)}-y\left(\frac{\Delta}{2}\right)\right)$，然后式（2.17）中的 f 差分合并起来：$\frac{1}{6}$，$\frac{1}{3}$，$\frac{1}{3}$，$\frac{1}{6}$. 然后计算 $\frac{\partial f}{\partial y}$ 项，并且证明第四阶可以消去.

$$y_{n+1}=y_n+f(y_n,x_n)(x_{n+1}-x_n)=y_n(1-k\Delta),\qquad(2.19)$$

有限差分方程的解为

$$y_n=y_0(1-k\Delta)^n.\qquad(2.20)$$

只要注意到 $y_{n+1}/y_n=(1-k\Delta)$ 读者就可以容易地验证.（该比值叫作放大因子）如果 $k\Delta$ 的值很小，那就没什么问题，而且算法也会给出差不多正确的解. 然而，当 $k\Delta>2$ 时，不仅精确性会受到损害，稳定性也会受到损害. 这样得到的解正负交替，它会振荡；它的模随 n 的增大而增大而且对 x 很大时趋于无穷. 它变得不再稳定了，如图 2.5 所示.

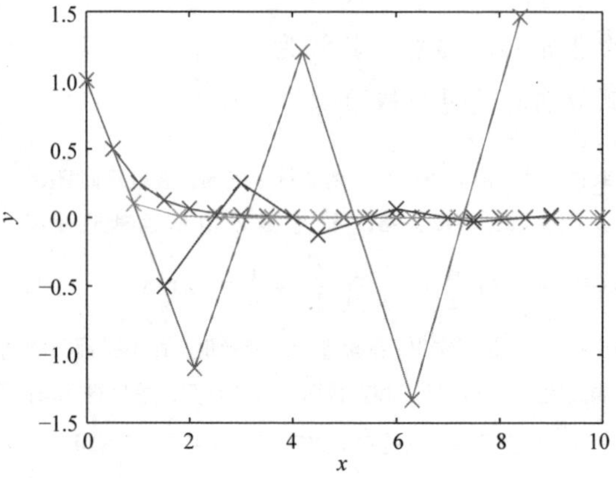

图 2.5　式（2.18）是使用式（2.19）时的显式数值积分，由于步长太长会引起振荡的不稳定性. 四个步长如图所示 $\Delta/k=0.5$，0.9，1.5，2.1

一般来说，为了使一个显式离散递推算法稳定，我们要求自变量的步长小于某些值（这里的值是 $2/k$）.

相反地，隐式递推算法中用到的导数值在一步完成之后算出而不是一步之前算出. 对我们例子中的方程，这样的隐式算法有如下形式：

$$y_{n+1}=y_n+f(y_{n+1},x_{n+1})(x_{n+1}-x_n)=y_n-ky_{n+1}\Delta.\qquad(2.21)$$

整理上述式子得到

$$y_{n+1}(1+k\Delta)=y_n.\qquad(2.22)$$

它的解是

$$y_n = y_0(1 + k\Delta)^{-n}. \tag{2.23}$$

对任何正的 $k\Delta$（这是我们感兴趣的情况），不管 $k\Delta$ 取多大的值，有限差分方程从不会变得不稳定，因为这个解包含了放大因子 $1/(1+k\Delta)$（模小于 1）连续的次方. 这是隐式算法的特点之一，它们通常是稳定的，就算我们取大的步长.

2.3 多维刚性方程：隐式算法

通常一阶系统（标量方程）的稳定性问题并不十分有趣，因为显式算法的不稳定性只有在步长大于问题的特征空间尺度 $1/k$ 时才会出现. 如果选的步长非常大，那么已经不可能得到一个精确的解了. 不过，多维（也就是更高阶）的（向量）方程组可能有若干在自变量中具有非常不同比例长度的解. 一个典型的例子就是二阶常系数齐次线性方程组

$$\frac{\mathrm{d}\boldsymbol{y}}{\mathrm{d}x} = \boldsymbol{A}\boldsymbol{y}, \text{ 其中 } \boldsymbol{A} = \begin{pmatrix} 0 & -1 \\ 100 & -101 \end{pmatrix}. \tag{2.24}$$

这类线性系统的解都可以由考虑 $\boldsymbol{A}$ 的特征值构造出来. 特征值是这样的数 $\boldsymbol{\lambda}$：系统 $\boldsymbol{A}\boldsymbol{y} = \boldsymbol{\lambda}\boldsymbol{y}$ 有非零解. 如果记这些数为 $\boldsymbol{\lambda}_i$，它们对应的特征向量是 $\boldsymbol{y}_i$，那么 $\boldsymbol{y} = \boldsymbol{y}_j\exp(\boldsymbol{\lambda}_j x)$ 就是系统的解. 系统解可以由这些特征解加权相加而得出，权重的选择由初始条件决定. 该例矩阵的重点在于，它的特征值是 -100 和 -1。于是，我们既要保证数值积分的结果保存第二个对应于 $\boldsymbol{\lambda}_2 = -1$，缓慢变化的解，也必须保证第一个对应于 $\boldsymbol{\lambda}_1 = -100$，急剧变化的解. 否则，如果第一个解不稳定，那么不管初值多么小，它都会成倍地增长，最后由误差错误地主导我们的解. 如果我们使用显式递推算法，稳定性同时要求 $|\boldsymbol{\lambda}_1|\boldsymbol{\Delta} < 2$，$|\boldsymbol{\lambda}_2|\boldsymbol{\Delta} < 2$，其中对 $\boldsymbol{\lambda}_1$ 的限制要严格得多. 这样，我们感兴趣的（$\boldsymbol{\lambda}_2$）解至少要衰变减小约 $|\boldsymbol{\lambda}_1/\boldsymbol{\lambda}_2|$ 步. 因为这个比例很大，显式算法要求很多步，因而在计算成本上很高. 一般来说，微分方程系统的刚性由其特征值最大和最小的模比例度量. 如果比例很大，我们就称

这个系统是刚性的，这表明该系统很难由显式积分解出.

使用隐式积分可以避免对小步长的要求，不过我们需要解矩阵方程$(\boldsymbol{I}-\Delta.\boldsymbol{A})\boldsymbol{y}_{n+1}=\boldsymbol{y}_n$. 这要求我们对矩阵求逆

$$\boldsymbol{y}_{n+1}=(\boldsymbol{I}-\Delta.\boldsymbol{A})^{-1}\boldsymbol{y}_n. \tag{2.25}$$

类似我们考虑的这类线性问题，对矩阵的求逆只需要一次. 这个求逆很划算，因为与可以取相对比较大的步长相比，这点计算并不算什么.

这些分析看起来可能有点杀鸡用牛刀，因为对线性常系数系统，我们其实是可以先算出特征值、特征向量，然后直接求出解析解的. 不过，要知道对非线性系统，或者变量系数系统（系数是 x 或者 y 的函数）来说，数值积分是不可或缺的，而这些系统的稳定性通常可以由一个线性系统对它们在局部的线性近似来分析——我们往往只需要分析线性近似系统的稳定性. 由导函数$\boldsymbol{f}(\boldsymbol{y},x)$线性化得到的矩阵 ij 元素为 $A_{ij}=\partial f_i/\partial y_j$. 隐式算法于是要求每一步都对（$\boldsymbol{I}-\Delta.\boldsymbol{A}$）求逆，因为它的取值会随位置不同而变化（如果导函数非线性）.

简而言之，隐式算法会带来更好的稳定性，这对刚性系统非常重要，但是缺点在于要对矩阵求逆.

2.4 蛙跳算法

用质点网格算法（Particle - In - Cell，PIC）来模拟等离子、原子运动的程序，或者任何需要做大量轨迹积分的程序，都希望算法的计算成本越低越好，这样它们的速度才能保持. 步长大小通常由沿轨迹积分的精确性之外的问题决定. 这样，龙格 - 库塔算法或者隐式算法就很少会用到了. 换一下思路，我们仍然可以得到沿轨迹的精确积分. 注意到，牛顿第二定律（加速度和受力成正比）是一个二阶向量方程，而且它可以非常方便地分成两个包含了位置、速度和加速度的一阶方程. 在位置演变方程 $\mathrm{d}x/\mathrm{d}t=\boldsymbol{v}$中，速度是运动过程中两个位置之间的平均速度. 对速度的无偏估计可以取位置中点处的速度. 所以，如果估算 t_n 处的位置$\boldsymbol{x}_n$，则需要时间$(t_{n+1}+t_n)/2$ 处的速度. 称

这个时间为 $t_{n+1/2}$，所以速度是$\boldsymbol{v}_{n+1/2}$. 在速度演变方程 $\mathrm{d}\boldsymbol{v}/\mathrm{d}t=\boldsymbol{a}$ 中，加速度是运动过程中两个速度之间的平均加速度. 如果要计算在 $t_{n-1/2}$和 $t_{n+1/2}$处的速度，则需要 t_n 处的加速度，记它为 $\boldsymbol{a}_n$.

现在我们可以合理地构造 n 处中心差分算法了.

（1）粒子以速度$\boldsymbol{v}_{n+1/2}$移动并找到下一个位置 $\boldsymbol{x}_{n+1}=\boldsymbol{x}_n+\boldsymbol{v}_{n+1/2}(t_{n+1}-t_n)$. 这一步称为漂移步；

（2）用新位置 $\boldsymbol{x}_{n+1}$处的加速度 $\boldsymbol{a}_n$ 得到下一步的新速度$\boldsymbol{v}_{n+3/2}=\boldsymbol{v}_{n+1/2}+\boldsymbol{a}_{n+1}(t_{n+3/2}-t_{n+1/2})$. 这一步称为蹬腿步；

（3）在下一步 $n+1$ 处重复以上两步，等等.

这当中的每一步漂移和蹬腿都可以是简单的显式递推. 但是因为速度是在与加速度和位置不同的时间点算的，我们得到的解自然是二阶精确的. 这样的算法叫作蛙跳（Leap - frog）算法，它的名字来源于两个小朋友轮着从对方的背上跳过去往前走的游戏[㊀]. 速度和位置交替变换，随时间往前走；它们从来不会在同一个时间点出现，如图 2.6 所示.

不过，我们要是粗心大意，就可能会掉到蛙跳算法初始条件的陷阱里. 如果要计算一个在 $t=t_0$ 处给定初始位置 $\boldsymbol{x}_0$ 和初始速度$\boldsymbol{v}_0$ 的轨迹，那么仅考虑给定的初始速度$\boldsymbol{v}_0$ 就不够了. 这是因为第一个把位置从 t_0 时间点推动到 t_1 时间点的速度不是$\boldsymbol{v}_0$，而是$\boldsymbol{v}_{1/2}$. 所以，要想正确地开始积分过程，就需要用半步时的速度，需先计算$\boldsymbol{v}_{1/2}=\boldsymbol{v}_0+\boldsymbol{a}_0(t_1-t_0)/2$，然后才开始标准的积分过程.

蛙跳算法通常可以保留重要的守恒性质. 以动量守恒为例，它对粒子群运动的高保真模拟非常重要.

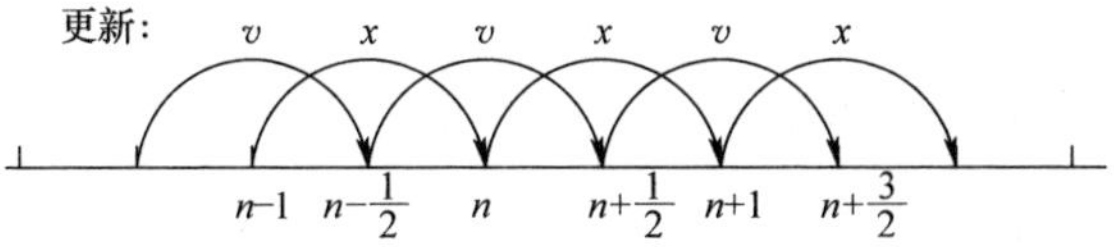

图 2.6 交错的 x 和 v 值以蛙跳式更新

㊀ 我们称这个游戏为“跳马”. ——译者注.

例子详解：有限差分的稳定性

讨论问题的稳定性. 这里用步长为 Δ，显式或者隐式的有限差分方法求解以下微分方程和初值问题

$$\frac{\mathrm{d}^2 y}{\mathrm{d}x^2}+2\alpha\frac{\mathrm{d}y}{\mathrm{d}x}+k^2 y=g(x). \tag{2.26}$$

其中 α 是一个正的常数且 $\alpha<|k|$.

首先，把方程降阶为标准的一阶方程组

$$\begin{aligned}\frac{\mathrm{d}}{\mathrm{d}x}\begin{pmatrix}y^{(0)}\\ y^{(1)}\end{pmatrix}&=\begin{pmatrix}y^{(1)}\\ g(x)-2\alpha y^{(1)}-k^2y^{(0)}\end{pmatrix}\\ &=\begin{pmatrix}0&1\\ -k^2&-2\alpha\end{pmatrix}\begin{pmatrix}y^{(0)}\\ y^{(1)}\end{pmatrix}+\begin{pmatrix}0\\ g(x)\end{pmatrix}.\end{aligned} \tag{2.27}$$

注意到，不管是以上哪种形式，方程都有一个与 y 无关的推动项 $g(x)$. 做稳定性分析时，可以通过引入变量 z 忽略这一项：其中 z 是有限差分的数值解与微分方程的精确解的差. 于是令 $z_n=y_n-y(x_n)$. 变量 z 满足式（2.26）离散化之后对应的齐次方程，也就是除去 $g(x)$ 的方程. 于是，分析齐次方程可知精确解和数值解的差别 z 是否稳定，而这正是我们感兴趣的问题. 为分析稳定性，我们不关注 $g(x)$. 从而得到的齐次方程与式（2.24）一样：$\frac{\mathrm{d}}{\mathrm{d}x}z=\boldsymbol{A}z$. 所以每个线性独立的解 z 都是矩阵 $\boldsymbol{A}$ 的，满足 $\frac{\mathrm{d}}{\mathrm{d}x}z=\lambda z$ 的特征向量. 特征值 λ 决定了系统的稳定性. 步长为 Δ 的显式（欧拉）算法的每一步都会有一个扩大因子，这个扩大因子满足 $z_{n+1}=Fz_n$，其中 $F=1+\lambda\Delta$，而且 $|F|>1$ 时不稳定.

矩阵 $\boldsymbol{A}$ 的特征值满足

$$0=\begin{vmatrix}-\lambda & 1\\ -k^2 & -\lambda-2\alpha\end{vmatrix}=\lambda^2+2\alpha\lambda+k^2. \tag{2.28}$$

它的解是

$$\lambda=-\alpha\pm\sqrt{\alpha^2-k^2}. \tag{2.29}$$

当 $k^2>\alpha^2$ 时，这些解是复数，那么

$$|F|^2=(1-\alpha\Delta)^2+(k^2-\alpha^2)\Delta^2=1-2\alpha\Delta+k^2\Delta^2. \tag{2.30}$$

除非 $\Delta<2\alpha/k^2$，$|F|$ 的模总大于 1，这正是欧拉算法的稳定条件. 如果 $\alpha=0$，那么齐次方程是一个无阻尼谐振子，显式算法对任何步长 Δ 都不稳定. 不过，一个完全隐式的算法有 $F=z_{n+1}/z_n=1/(1-\lambda\Delta)$，于是 $|F|^2=1/(1+2\alpha\Delta+k^2\Delta^2)$ 就总是小于 1 的. 所以隐式算法总是稳定的.

2.5 习题 2　对常微分方程求积分

1. 把以下高阶常微分方程改写为一阶向量微分方程，用向量形式表示结果：

（1）$\dfrac{d^2y}{dt^2}=-1$；

（2）$Ay+B\dfrac{dy}{dx}+C\dfrac{d^2y}{dx^2}+D\dfrac{d^3y}{dx^2}=E$；

（3）$\dfrac{d^2y}{dx^2}=2\left(\dfrac{dy}{dx}\right)^2-y^3$.

2. 常微分方程（ODE）算法的精度. 为了记号方便，从 $x=y=0$ 开始，考虑 ODE $dy/dx=f(y,x)$

在 x 和 y 方向的一小步. 沿轨迹，导函数的泰勒展开是

$$f(y(x),x)=f_0+\frac{df_0}{dx}x+\frac{d^2f_0}{dx^2}\frac{x^2}{2!}+\cdots \tag{2.31}$$

（1）对 $dy/dx=f(y(x),x)$ 逐项积分，求对 x 为三阶的解 y；

（2）假设 $y_1=f_0x$. 求对 x 为二阶的 $y_1-y(x)$；

（3）考虑 $y_2=f(y_1,x)x$，证明它等于 $f(y,x)x$ 加 x 的某个三次方项；

（4）然后求解 x 二次项的 y_2-y；

（5）最后，证明 $y_3=\dfrac{1}{2}(y_1+y_2)$ 在 x 的二阶精度下等于 y.

[备注：(1) 中的三次项用到了轨迹上的偏微分项 $\partial f/\partial y$，而不是微分. 严格证明龙格 - 库塔算法的四阶精确性很困难，这是因为需要

求解这些偏导数.]

3. 编程练习. 编写一个程序，从 $t=0$ 到 $t=4/\omega$ 对以下 ODE 进行数值积分：

$$\frac{\mathrm{d}y}{\mathrm{d}t}=-\omega y,$$

其中 ω 是正的常数，从 $y(0)=1$ 开始，具体进行如下.

（1）用显式欧拉算法

$$y_{n+1}=y_n-\Delta t\omega y_n.$$

（2）用隐式算法

$$y_{n+1}=y_n-\Delta t\omega y_{n+1}.$$

对每种算法，用以下时间步长，数值地求解 $t=4/\omega$ 处的分数值误差：①$\omega\Delta t=0.1$，②$\omega\Delta t=0.01$ 和③$\omega\Delta t=1$.

（3）通过数值试验，找到使显式算法变得不稳定的时间步长. 验证隐式算法永远是稳定的.

第 3 章 两点边值条件

通常决定常微分方程解的边值条件不仅是加在自变量 x 的一个值处，而是加在两点 x_1，x_2 处. 这种问题从本质上和之前讨论的“初值问题”不同. 初值问题是一点边值问题，如果系统的阶高于一，条件的个数要多于一个，但是初值问题中，所有的条件都在同一处位置（或者时间）. 在两点边值问题中，条件被加在至少两处位置（自变量的值有至少两个），而我们想要解因变量在区间 $x_1 \leqslant x \leqslant x_2$ 之间的值.

3.1 两点问题的例子

很多两点问题的例子来自于有源的稳定通量守恒问题. 在静电学中，电势 ϕ 与电荷密度 ρ 通过麦克斯韦方程组中的泊松方程相关联：

$$\nabla . \boldsymbol{E} = -\nabla^2 \phi = \rho / \varepsilon_0. \tag{3.1}$$

其中，$\boldsymbol{E}$ 是电场，ε_0 是自由空间的介电常数. 在一个平板内，ρ 只在一个方向 x（坐标）变化，而不随 y 或者 z 变化，从而得到一个常微分方程

$$\frac{\mathrm{d}^2 \phi}{\mathrm{d}x^2} = -\frac{\rho(x)}{\varepsilon_0}. \tag{3.2}$$

如果假设（见图 3.1）电势在两个平面 x_1 和 x_2 处为零 – 我们在这两处放置两个接地导体，那么平面之间电势的变化取决于电荷密度 $\rho(x)$ 的分布，求解 $\phi(x)$ 是一个两点问题. 实际上，这就是一个电通量 $\boldsymbol{E}$ 的守恒方程. 它的散度等于源密度，也就是电荷密度.

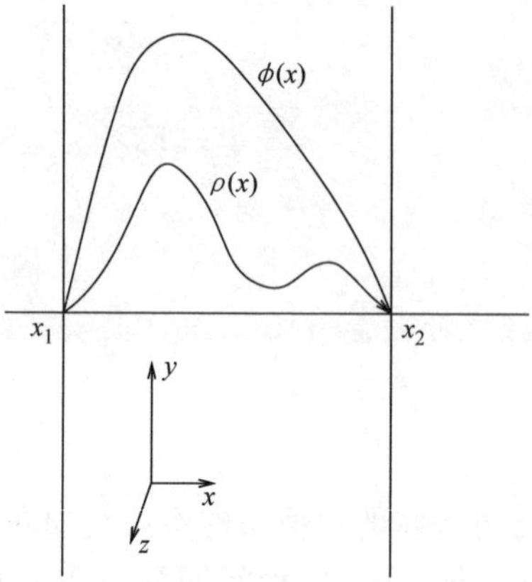

图 3.1　静电装置与 y 和 z 无关，边界 x_1 和 x_2 导电，且边界处 $\phi=0$. 这是一个二阶两点边值问题

二阶两点问题还可能来自于稳态热传导问题，如图 3.2 所示. 假设功率密度为 $p(r)$（单位：W/m^3）的圆柱形反应堆燃料棒从其内部的核反应中经历体积加热，这里功率密度随圆柱径向变化.

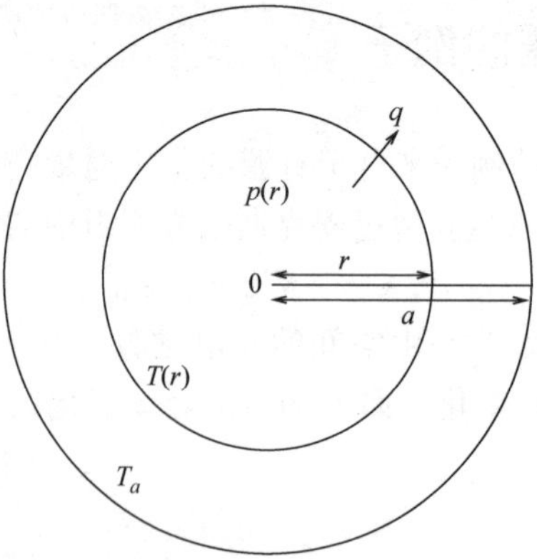

图 3.2　柱状几何的热平衡方程给出一个两点问题，边界条件为边界 $r=a$ 处温度不变，中心 $r=0$ 处梯度为零

我们规定它边界 $r=a$ 处的温度为常数 T_a. 如果燃料棒的导热系数是 $\kappa(r)$，那么热通量密度（单位：W/m^2）是

$$q = -\kappa \frac{\mathrm{d}T}{\mathrm{d}r}. \tag{3.3}$$

在稳态时，在半径 r 处（每单位长度）通过表面的总热通量要等于内部的总热量：

$$2\pi rq = -2\pi r\kappa(r)\frac{\mathrm{d}T}{\mathrm{d}r} = \int_0^r p(r')2\pi r'\mathrm{d}r' \tag{3.4}$$

对式（3.4）求导得

$$\frac{\mathrm{d}}{\mathrm{d}r}\left(r\kappa\frac{\mathrm{d}T}{\mathrm{d}r}\right) = -rp(r). \tag{3.5}$$

要求解这个二阶微分方程需要两个边值条件. 一个是 $T(a) = T_a$，另外一个没这么明显. 这个条件是因为解在 $r=0$ 处必须满足非奇异条件，要求 T 的导数在此处是零：

$$\left.\frac{\mathrm{d}T}{\mathrm{d}r}\right|_{r=0} = 0. \tag{3.6}$$

3.2 打靶法

3.2.1 两点问题的初值迭代法

解两点问题的方法之一是之前用来解初值问题的方法. 把 x_1 看作是某个初值问题的起始位置. 在这里选择解出整个解的边值条件. 如果是一个类似式（3.2）或式（3.5）的二阶方程，则需要选择两个条件，例如 $y(x_1) = y_1$ 和 $\mathrm{d}y/\mathrm{d}x\,|_{x_1} = s$，其中 y_1 和 s 是选定的值. 它们两个其实只有一个是真的在初值 x_1 处的边界条件，假定是 y_1. 另外那个值 s，是在解方程开始时随机猜的.

给定这些初始条件，就可以在整个区间 $x_1 \leqslant x \leqslant x_2$ 上解出 y 的值. 这时，就可以解出 y 在 x_2 处的值（或 y' 的值，如果原问题的边界条件是导数）. 一般来说，这样得到的第一个解往往不会满足在 x_2 处加上的条件，记其值为 $y(x_2) = y_2$. 这是因为我们对 s 的猜测不准确，这个过程好像是我们在（x_1, y_1）处对着（x_2, y_2）处的靶子发射炮弹（见图 3.3）. 首先向上倾斜炮口的角度，使炮弹的初始角度为 $\mathrm{d}y/\mathrm{d}x\,|_{x_1} = s$，

其中 s 是刚才猜测的值，然后发射. 炮弹发射出去（这是比喻，相当于我们之前找到了第一个初值问题的解）后，但是炮弹飞到了 x_2 却没有达到正确的高度，这是因为我们的第一个猜测并不完美. 这该怎么办呢？观察炮弹打中的位置，是高于还是低于假想的高度. 然后通过调整炮口的高度 s_2 来调整目标的高度，其中 $\mathrm{d}y/\mathrm{d}x\,|_{x_1}=s_2$，然后再发射一遍. 之后按需要通过多次射击一次次改进目标，直到刚好打中为止，这就是求解两点问题的“打靶法”. 炮弹的轨迹由假设得到的初始条件和初值积分法得到. 还有一个没有解决的问题，那就是究竟要怎样改进目标. 也就是说，究竟要怎样改变初始斜率 s 才能使得到的解一次次更加接近正确解 $y(x_2)$ 呢？一个最简单而且鲁棒的方法是对分法.

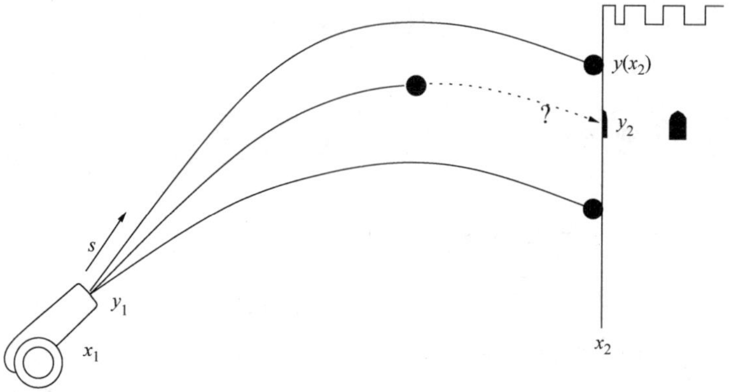

图 3.3　多次连续射击可以利用对之前撞击位置的观察，然后每次调整瞄准标高度 s，直到击中目标为止

3.2.2　对分法

考虑在区间 $[s_l, s_u]$（即 $s_l \leqslant s \leqslant s_u$）上的连续函数 $f(s)$，我们的目标是在给定的区间上找到 $f(s)=0$ 的解. 如果 $f(s_l)$ 和 $f(s_u)$ 正负相反，那么可知在 s_l 和 s_u 之间必有一个解（也就是方程的“根”). 为方便讨论，不妨设 $f(s_l) \leqslant 0$，$f(s_u) \geqslant 0$. 为了对 $f=0$ 的值得到一个更好的估计，我们把区间对分，然后计算 f 在 $s=(s_l+s_u)/2$ 处的值. 如

果 $f(s)<0$，那么可知半区间 $[s,s_u]$ 之内必然有一个解；而如果 $f(s)>0$，那么可知另一个半区间 $[s_l,s]$ 之内必然有一个解. 我们选择有解的半区间，然后更新所选区间一端的 s 值. 换句话说，令 $s_l=s$，或 $s_u=s$. 新的区间 $[s_l,s_u]$ 总是前一步区间的一半长，于是也就得到了解更精确的位置.

现在重复以上过程，如图 3.4 所示，每一步都得到一个长度为之前区间一半长的区间，而且可知解一定在新的区间里. 最后，由于区间足够短，从而可以忽略它的长度；我们对解位置的了解足够精确，于是可以停止迭代.

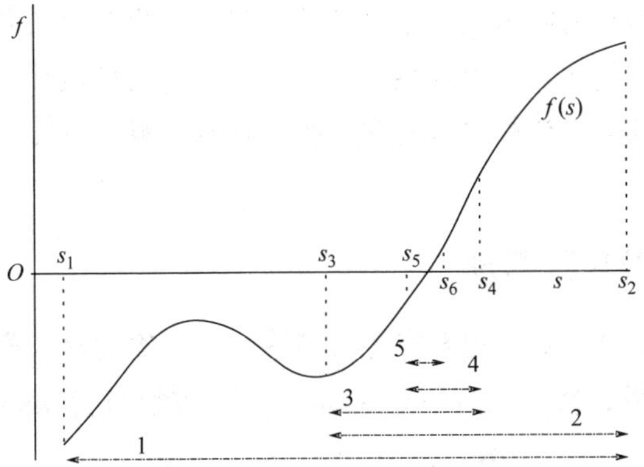

图 3.4　对分法每一步都把有根的区间分成两个子区间，而且总是保留有根的子区间

对分法很妙的地方在于它非常有效，因为它保证在“对数时间”内收敛. 如果最初的区间长为 L，那么第 k 步时区间长度为 $L/2^k$. 所以，如果求 s 值所需的公差为 δ（通常是一个小数字），则收敛之前需要迭代的步数是 $N=\log_2(L/\delta)$. 例如取 $L/\delta=10^6$，那么 $N=20$. 这对如此高的精确度来说，要求算是非常低了.

对性质良好的函数，还有收敛比对分法更快的迭代求根方法. 其中之一是“牛顿法”，简单来说就是利用 $s_{k+1}=s_k-f(s_k)/\mathrm{d}f/\mathrm{d}s\mid_{s_k}$. 当初值离真实解不远时，它在几步之内就会收敛. 与对分法不同，它不要求开始的两点处正负相反. 然而，牛顿法要用函数的导数，所以编程时更复杂，而且没那么稳健，因为它在 $df/ds=0$ 附近取大步长，如果选错方向，那么连收敛都不能保证，而对分法可以保证在较少的步骤内收敛. 在实际应用中，稳健性往往比收敛速度更重要. ㊀

在两点问题打靶法的意义下，函数 f 是在 x_1 处取 s 值为初值时，在第二个边界点得到的误差项 $y(x_2)-y_2$. 对分法一般来说改变初值 s，直到 $|y(x_2)-y_2|$ 的值小于某个公差为止（而不是要求 s 的值收敛）.

3.3 直接解

打靶法虽然有时候适用于自适应步长会带来重要优势的情况，用它来解两点问题却是一个比较绕弯的方法. 通过构造有限差分系统来表示包括其边界条件的微分方程，然后直接求解该系统，通常能更好地解决问题.

3.3.1 二阶有限差分

我们先来考虑如何用有限差分描述一个二阶导数. 假设有自变量 x_n 的均匀网格，其中 $x_{n+1}-x_n=\Delta x$. 一阶导数的自然定义是

$$\left.\frac{dy}{dx}\right|_{n+1/2}=\frac{\Delta y}{\Delta x}=\frac{y_{n+1}-y_n}{x_{n+1}-x_n}. \tag{3.7}$$

将它看成是对导数值在中点 $x_{n+1/2}=(x_n+x_{n+1})/2$ 处的近似，其中用到了半-积分指数 $n+1/2$. 二阶导数是一阶导数的导数，于是，最自然的定义是

$$\left.\frac{d^2y}{dx^2}\right|_n=\frac{\Delta(dy/dx)}{\Delta x}=\frac{dy/dx\,|_{n+1/2}-dy/dx\,|_{n-1/2}}{x_{n+1/2}-x_{n-1/2}}. \tag{3.8}$$

㊀ 对分法的一个推广，是把区间分成两个不等长的子区间，区间的长按函数值 $s_n=[f(s_l)s_u-f(s_u)s_l]/[f(s_l)-f(s_u)]$ 划分. 这个推广仍然稳健，除了一点计算之外不需要每步进行额外的函数求值，而且除了特殊情况之外收敛比对分法快. 有时候这种方法叫作盈不足术（或双假位法）求根法. 通常，我们可以自动检测到这种收敛极其缓慢的情况，而不需要额外的检测.

如图3.5所示，因为一阶导数在 $n+1/2$ 处取值，二阶导数（一阶导数的导数）在 $n+1/2$ 和 $n-1/2$ 的中点处取值，也就是在 n 处. 代入式（3.7），则得[㊀]

$$\left.\frac{d^2y}{dx^2}\right|_n=\frac{(y_{n+1}-y_n)/\Delta x-(y_n-y_{n-1})/\Delta x}{\Delta x}=\frac{y_{n+1}-2y_n+y_{n-1}}{\Delta x^2}. \tag{3.9}$$

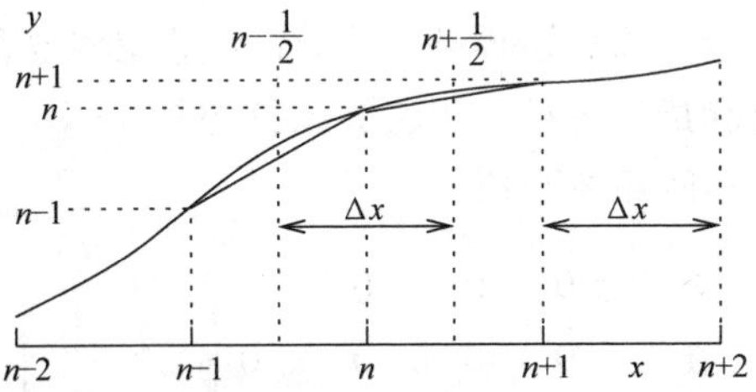

图3.5 n 处的离散二阶导数是 $n+1/2$ 和 $n-1/2$ 处离散导数的差. 在均匀网格中，它除以相同的 Δx

现在考虑从 $n=1$ 到 $n=N$ 的整个网格. y_n 在全部节点处的值可以看作一个长为 N 的列向量. 二阶导数可以看成一个作用在列向量上的矩阵，从而给出式（3.9）的值. 写成矩阵形式有

$$\begin{pmatrix} d^2y/dx^2\,|_1 \\ \vdots \\ d^2y/dx^2\,|_n \\ \vdots \\ d^2y/dx^2\,|_N \end{pmatrix}=\frac{1}{\Delta x^2}\begin{pmatrix} \ddots & \ddots & 0 & 0 & 0 \\ 1 & -2 & 1 & 0 & 0 \\ 0 & \ddots & \ddots & \ddots & 0 \\ 0 & 0 & 1 & -2 & 1 \\ 0 & 0 & 0 & \ddots & \ddots \end{pmatrix}\begin{pmatrix} y_1 \\ \vdots \\ y_n \\ \vdots \\ y_N \end{pmatrix}. \tag{3.10}$$

其中，$N\times N$ 方阵的对角元素是 -2. 相邻对角线，有时也称次对角线（指数 n，$n+1$ 和 n，$n-1$）元素是1，其他处处为零. 这种矩阵形式叫作三对角矩阵.

如果考虑方程

$$\frac{d^2y}{dx^2}=g(x). \tag{3.11}$$

㊀ 记住 N 阶导数的一个简便方法是，分子是附近的 y 值乘以 N 阶二项式系数，而分母是 Δx^N.

其中 $g(x)$ 是一个函数（例如在静电理论中，$g=-\rho/\varepsilon_0$），那么方程可以由列向量（$\mathrm{d}^2y/\mathrm{d}x^2\mid n$）等于列向量 $(g_n)=(g(x_n))$ 来表达.

3.3.2 边值条件

式（3.10）中矩阵的左上角和右下角是特意没写清楚的，因为这里是边界条件出现的地方. 假设 y_1 和 y_N 在边界上，它们的值不由微分方程或者 g 决定，而由边界条件决定. 我们必须按照边界条件，调整矩阵的第一行和最后一行. 当边界条件包括 y_L 和 y_R 处的值时，我们可以方便地把矩阵系统写成

$$\begin{pmatrix} -2 & 0 & 0 & 0 & 0 & 0 & 0 \\ 1 & -2 & 1 & 0 & 0 & 0 & 0 \\ 0 & \ddots & \ddots & \ddots & 0 & 0 & 0 \\ 0 & 0 & 1 & -2 & 1 & 0 & 0 \\ 0 & 0 & 0 & \ddots & \ddots & \ddots & 0 \\ 0 & 0 & 0 & 0 & 1 & -2 & 1 \\ 0 & 0 & 0 & 0 & 0 & 0 & -2 \end{pmatrix}\begin{pmatrix} y_1 \\ y_2 \\ \vdots \\ y_n \\ \vdots \\ y_{N-1} \\ y_N \end{pmatrix}=\begin{pmatrix} -2y_L \\ g_2\Delta x^2 \\ \vdots \\ g_n\Delta x^2 \\ \vdots \\ g_{N-1}\Delta x^2 \\ -2y_R \end{pmatrix}. \tag{3.12}$$

注意到第一行和最后一行是纯对角的，右侧的列向量（记为 h）第一行和最后一行表示边界条件，其他的元素是 $g\Delta x^2$. 这些改变保证 y 的第一个和最后一个元素总是边界条件 y_L 和 y_R. ㊀

㊀ 拓展：加边界条件的另一个方法是把它考虑在边界之外，所以不在差分矩阵之内. 这样指数从 2 到 $N-1$，所以矩阵的大小是（$N-2$）×（$N-2$）。

对狄利克雷条件的处理方法是，把差分格点位置 2 和 $N-1$ 处的值移到右侧的源向量. 广泛地说，矩阵方程是

$$\begin{pmatrix} -2 & 1 & 0 & 0 & 0 \\ \ddots & \ddots & \ddots & 0 & 0 \\ 0 & 1 & -2 & 1 & 0 \\ 0 & 0 & \ddots & \ddots & \ddots \\ 0 & 0 & 0 & 1 & -2 \end{pmatrix}\begin{pmatrix} y_2 \\ \vdots \\ y_n \\ \vdots \\ y_{N-1} \end{pmatrix}=\begin{pmatrix} g_2\Delta x^2-y_L \\ \vdots \\ g_n\Delta x^2 \\ \vdots \\ g_{N-1}\Delta x^2-y_R \end{pmatrix}$$

从而保证了矩阵的对称性，这样可以方便使用一些求逆算法.

一旦我们从微分方程构造了矩阵，并且记

$$\boldsymbol{D}y=\boldsymbol{h}. \tag{3.13}$$

那么只需要对矩阵 $\boldsymbol{D}$ 求逆就可以求解

$$y=\boldsymbol{D}^{-1}\boldsymbol{h}. \tag{3.14}$$

（或者采用其他解矩阵方程的方法.）

一般来说，必须用第一行和最后一行表示离散的边界条件. 如果不是狄利克雷条件（函数值给定），而是诺伊曼条件，也就是给定微分的值（$\mathrm{d}y/\mathrm{d}x|_1$），那么对矩阵的调整就是必要的. 最明显的调整就是把矩阵方程的第一行改成和以下这个式子成正比：

$$(-1\ 1\ 0\ \cdots)(y)=y_2-y_1=\Delta x(\mathrm{d}y/\mathrm{d}x|_1). \tag{3.15}$$

但是这个计算算的不是正确位置处的导数. $(y_2-y_1)/\Delta x$ 算的是 $x_{3/2}$ 而不是边界 x_1 处的导数㊀，所以算法式（3.15）没有在恰当的地方中置，于是也就只能达到一阶精确㊁. 解决边界处微分的更好的办法是用下面的表达式取代矩阵的第一行

$$\left(-\frac{3}{2}\ 2\ -\frac{1}{2}\ 0\ \cdots\right)(y)=-\frac{1}{2}(y_3-y_2)+\frac{3}{2}(y_2-y_1)=\Delta x(\mathrm{d}y/\mathrm{d}x|_1) \tag{3.16}$$

这是 $y_1'\approx y_{3/2}'-y_2''\cdot\frac{1}{2}\Delta x$ 的离散形式，而且由于导数中的一阶误差，它是二阶精确的. 我们可以用同样的方法处理 x_N 处的诺伊曼条件（当然要用式（3.16）的镜面对称形式.）

如果边界条件是更一般的形式（称为罗宾条件）

$$Ay+By'+C=0, \tag{3.17}$$

㊀ 有时候我们可以小心地选择网格，使边界刚好在 $x_{3/2}$ 处. 那么式（3.15）表达的边界条件就是在正确的位置. 如果边界条件是纯粹的微分形式，那么这个网格的选择就是合理的. 于是按照之前讨论的，从 $\boldsymbol{D}$ 里把关于边界条件的部分去掉. 左上角的系数变成了 $D_{22}=-1$，而且要把 $\Delta x(\mathrm{d}y/\mathrm{d}x|_L)$ 加到右侧的源向量来表示边界条件. 混合边界条件没这么容易处理，所以给出在 x_1 处二阶精确的边值条件.

㊁ 一阶微分 y' 的误差大概是 $y_2''\cdot\frac{1}{2}\Delta x$，是 Δx 的一阶项，但是 Δy 的误差是 Δx 的二阶项，所以是一阶精度.

则我们想用第一行表达它的离散形式. 自然地，根据之前的讨论，记作

$$\left[A(1\ 0\ \cdots)+\frac{B}{\Delta x}\left(-\frac{3}{2}\ 2\ -\frac{1}{2}\ 0\ \cdots\right)\right](\boldsymbol{y})=-C. \quad (3.18)$$

除了能表达非齐次的混合边界条件，这个式子也可以描述齐次边值条件，也就是对数梯度条件. 当 $C=0$ 时，边界条件是 $\mathrm{d}(\ln y)/\mathrm{d}x=y'/y=-A/B$. 比方说，这个形式（当 $A/B=1$ 时）可以作为静电理论中，电势方程里球面对称的边界条件.

有时候，我们可能希望对矩阵方程的第一行进行缩放，从而使第一行的对角元素变得和其他对角元素一样，都是 -2. 我们只需要用 $-2/D_{11}$ 或者 $-2/D_{NN}$ 对 $\boldsymbol{D}$ 和 $\boldsymbol{h}$ 对应行的全部元素分别相乘，这样可以改进矩阵的条件数，从而使求逆更加容易而且精确.

我们要讨论的最后一种边界条件叫作“周期条件”. 这就是说 x 定义域的尾部和它的头部衔接. 比方说，定义域是二维空间中的一个环形. 不过，周期条件也可以用来近似无穷定义域. 为方便起见，我们通常用 0 和 N 记周期条件中的第一个和最后一个点，如图 3.6 所示. 它们是同一个点，所以函数在 x_0 和 x_N 处的值也相等. 所以共有 N 个不同的点，而离散后的微分方程必须要在所有点满足，并且利用周期性，用相应的点来计算差分，则可得到以下的矩阵方程

$$\begin{pmatrix} -2 & 1 & \cdots & 0 & \cdots & 0 & 1 \\ 1 & -2 & 1 & 0 & 0 & 0 & 0 \\ \vdots & \ddots & \ddots & \ddots & 0 & 0 & \vdots \\ 0 & 0 & 1 & -2 & 1 & 0 & 0 \\ \vdots & 0 & 0 & \ddots & \ddots & \ddots & \vdots \\ 0 & 0 & 0 & 0 & 1 & -2 & 1 \\ 1 & 0 & \cdots & 0 & \cdots & 1 & -2 \end{pmatrix}\begin{pmatrix} y_1 \\ y_2 \\ \vdots \\ y_n \\ \vdots \\ y_{N-2} \\ y_{N-1} \end{pmatrix}=\begin{pmatrix} g_1\Delta x^2 \\ g_2\Delta x^2 \\ \vdots \\ g_n\Delta x^2 \\ \vdots \\ g_{N-2}\Delta x^2 \\ g_{N-1}\Delta x^2 \end{pmatrix}. \quad (3.19)$$

这样就保证了每行都是 1，-2，1 的形式. 第一行和最后一行，次对角线的元素超出矩阵的范围，所以把元素绕到这些行的另外一端. 从

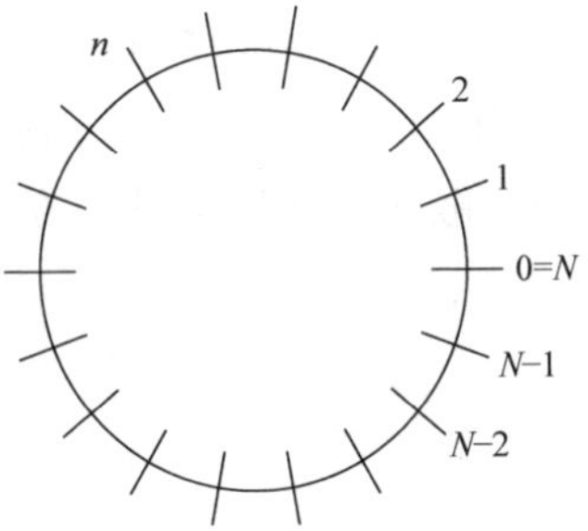

图 3.6　例如，周期边界条件在自变量是周期区域的边界上时

而矩阵的左下角和右上角就各有了新元素. ㊀

3.4　守恒差分格式与有限体积

在圆柱状燃料棒的例子中，我们讨论了“加权导数”的概念：这是一个比拉普拉斯算子复杂些的概念. 大家可能会想这样写

$$\frac{\mathrm{d}}{\mathrm{d}r}\left(r\kappa\frac{\mathrm{d}T}{\mathrm{d}r}\right)=r\kappa\frac{\mathrm{d}^2T}{\mathrm{d}r^2}+\frac{\mathrm{d}(r\kappa)}{\mathrm{d}r}\frac{\mathrm{d}T}{\mathrm{d}r}. \tag{3.20}$$

然后把一阶导数和二阶导数离散化. 问题是一阶导数的值全部在半网格点处（$n+1/2$ 等），而二阶导数的值全部在整网格点处（n）. 所以如何合理地把该式离散化并不显而易见. 更进一步，如果用不对称的离散法，比如 $\mathrm{d}T/\mathrm{d}r\,|_n\approx(T_{n+1}-T_n)/\Delta x$（忽略公式的中间是 $n+1/2$，而不是 n），那么误差是 Δx 的二阶项. 这个算法只有一阶精度.

我们必须避免这种误差. 尽管我们有很多不同的方法来构造二阶

㊀ 在周期边界条件下，齐次方程（$\frac{\mathrm{d}^2y}{\mathrm{d}x^2}=0$）可以由任何常数 y 满足. 所以我们必须加上另外的条件来保证解的唯一性. 此外，除非 $\int g\mathrm{d}x=0$，方程没有一阶导数连续的解. 这些性质都反映在矩阵的奇异性中，如果式（3.19）由求广义逆来解，右侧用 Δx^2（$g-\sum g_n/N$）而不是 $\Delta x^2 g$，得到的解平均数为零，即 $\sum y_n/N=0$.

精确的算法. 一般来说，最好的方法是注意到微分形式给出一个守恒定律方程. 能量守恒要求热通量 $2\pi r\kappa \mathrm{d}T/\mathrm{d}r$ 只随半径变化，因为能量密度随半径 r 变化，所以我们最好构造一个二阶微分. 首先用 $n-1/2$ 和 $n+1/2$ 构造 $\mathrm{d}T/\mathrm{d}r$ 的离散化. 然后用这些在半网格 $n-1/2$ 和 $n+1/2$ 处的值与 $r\kappa$ 相乘. 最后计算这两个通量的差，则得

$$\frac{\mathrm{d}}{\mathrm{d}r}\left(r\kappa\frac{\mathrm{d}T}{\mathrm{d}r}\right)=\left(r_{n+1/2}\kappa_{n+1/2}\frac{T_{n+1}-T_n}{\Delta r}-r_{n-1/2}\kappa_{n-1/2}\frac{T_n-T_{n-1}}{\Delta r}\right)\frac{1}{\Delta r}$$
$$=\frac{1}{\Delta r^2}[r_{n+1/2}\kappa_{n+1/2}T_{n+1}-$$
$$(r_{n+1/2}\kappa_{n+1/2}+r_{n-1/2}\kappa_{n-1/2})T_n+r_{n-1/2}\kappa_{n-1/2}T_{n-1}]. \tag{3.21}$$

式 (3.21) 有一个很大的优点——它直接对热通量守恒. 这个性质可以由考察积分形式下精确的热通量守恒方程得出，考虑 $r_{n-1/2}<r<r_{n+1/2}$:

$$2\pi r_{n+1/2}\kappa_{n+1/2}\left.\frac{\mathrm{d}T}{\mathrm{d}r}\right|_{n+1/2}-2\pi r_{n-1/2}\kappa_{n-1/2}\left.\frac{\mathrm{d}T}{\mathrm{d}r}\right|_{n-1/2}=-\int_{r_{n-1/2}}^{r_{n+1/2}}p2\pi r'\mathrm{d}r'. \tag{3.22}$$

然后把这个等式在相邻位置 $n=k$, $k+1$ 的表达式相加，如果 $r\kappa\frac{\mathrm{d}T}{\mathrm{d}r}$的表达式对同一个 n 值相同，而和它来源于 k 或 $k+1$ 无关，则$\left.\frac{\mathrm{d}T}{\mathrm{d}r}\right|_{k+1/2}$项就会消掉. 当用$\left.\frac{\mathrm{d}T}{\mathrm{d}r}\right|_{n+1/2}=(T_{n+1}-T_n)/\Delta r$ 和 $r\kappa$ 在半格点的值时，就会看到对称性. 那么等式的和就是相邻两个单元格的区间 $r_{k-1/2}<r<r_{k+3/2}$上精确的总守恒. 这个过程可以推广到整个区间，从而证明总热量守恒. 这种解离散方程的方法有时候叫作"有限体积法". ㊀在所讨论的例子里，有限体积是 $r_{n-1/2}$和 $r_{n+1/2}$之间的环形区域.

㊀ 在结构化网格上，只要使用这种守恒差分，有限体积法与有限差分法就是相同的.

还有一个没这么令人满意的二阶精度算法，那就是用两倍的距离计算式（3.20）右侧的导数，这样还是以节点 n 为中心的：

$$\frac{\mathrm{d}}{\mathrm{d}r}\left(r\kappa\frac{\mathrm{d}T}{\mathrm{d}r}\right)=\left(r_n\kappa_n\frac{T_{n+1}-2T_n+T_{n-1}}{\Delta r^2}+\frac{r_{n+1}\kappa_{n+1}-r_{n-1}\kappa_{n-1}}{2\Delta r}\frac{T_{n+1}-T_{n-1}}{2\Delta r}\right)$$

$$=\frac{1}{\Delta r^2}\left[(r_{n+1}\kappa_{n+1}/4+r_n\kappa_n-r_{n-1}\kappa_{n-1}/4)T_{n+1}-2r_n\kappa_nT_n+\right.$$

$$\left.(-r_{n+1}\kappa_{n+1}/4+r_n\kappa_n+r_{n-1}\kappa_{n-1}/4)T_{n-1}\right].\tag{3.23}$$

式（3.23）中，T 的系数没有一个和式（3.21）中它们的系数一样，除非 $r\kappa$ 的值与位置无关. 就算我们只知道 $r\kappa$ 在整点处的值，而式（3.21）中半格点的值需要由内插得到也是一样. 式（3.23）不完全对热通量守恒，这是它的一大缺点，式（3.21）通常更受欢迎.

例子详解：构建径向差分

我们构建一个矩阵有限差分算法来解方程

$$\frac{\mathrm{d}}{\mathrm{d}r}\left(r\frac{\mathrm{d}y}{\mathrm{d}r}\right)+rg(r)=0.\tag{3.24}$$

其中 g 给定，并且两点边值条件是在 $r=0$ 处 $\mathrm{d}y/\mathrm{d}r=0$，在 $r=N\Delta$ 处 $y=0$. 我们考虑对 r，步长为 Δ 的均匀网格划分.

记在一般位置的有限差分公式为

$$\left.\frac{\mathrm{d}y}{\mathrm{d}r}\right|_{n+1/2}=\frac{y_{n+1}-y_n}{\Delta}.\tag{3.25}$$

代入微分方程，得

$$-r_ng_n=\frac{\mathrm{d}}{\mathrm{d}r}\left(r\frac{\mathrm{d}y}{\mathrm{d}r}\right)_n=\left(r_{n+1/2}\left.\frac{\mathrm{d}y}{\mathrm{d}r}\right|_{n+1/2}-r_{n-1/2}\left.\frac{\mathrm{d}y}{\mathrm{d}r}\right|_{n-1/2}\right)\frac{1}{\Delta}$$

$$=\left(r_{n+1/2}\frac{y_{n+1}-y_n}{\Delta}-r_{n-1/2}\frac{y_n-y_{n-1}}{\Delta}\right)\frac{1}{\Delta}$$

$$=(r_{n+1/2}y_{n+1}-2r_ny_n+r_{n-1/2}y_{n-1})\frac{1}{\Delta^2}\tag{3.26}$$

在上式两边同时除以 r_n/Δ^2（并且可以改进矩阵的条件数），那么第 n 格等式就是

$$\left(\frac{r_{n+1/2}}{r_n}\right)y_{n+1}-2y_n+\left(\frac{r_{n-1/2}}{r_n}\right)y_{n-1}=-\Delta^2 g_n. \tag{3.27}$$

为了便于讨论，记第 n 个节点的位置为 $r_n=n\Delta$，所以 n 的取值范围为 $0\leqslant n\leqslant N$。那么系数就是 $r_{n\pm1/2}r_n=n\pm1/2/n=1\pm1/2n$.

边界条件在 $n=N$ 处是 $y_N=0$. 在 $n=0$ 处，若需 $\mathrm{d}y/\mathrm{d}r=0$，则需用一个中点在 $n=0$ 处而不是 $n=1/2$ 处的表达式来保证二阶精度. 于是根据式（3.16），可得在 $n=0$ 处的方程为

$$\Delta\mathrm{d}y/\mathrm{d}x\,|_0=-\frac{1}{2}(y_2-y_1)+\frac{3}{2}(y_1-y_0)=\left(-\frac{3}{2}\ 2\ -\frac{1}{2}\ 0\ \cdots\right)(\boldsymbol{y})=0. \tag{3.28}$$

把所有的方程写成矩阵形式，则有

$$\begin{pmatrix} -\frac{3}{2} & 2 & -\frac{1}{2} & 0 & 0 & 0 & 0 \\ 1-\frac{1}{2} & -2 & 1+\frac{1}{2} & 0 & 0 & 0 & 0 \\ 0 & \ddots & \ddots & \ddots & 0 & 0 & 0 \\ 0 & 0 & 1-\frac{1}{2n} & -2 & 1+\frac{1}{2n} & 0 & 0 \\ 0 & 0 & 0 & \ddots & \ddots & \ddots & 0 \\ 0 & 0 & 0 & 0 & 1-\frac{1}{2(N-1)} & -2 & 1+\frac{1}{2(N-1)} \\ 0 & 0 & 0 & 0 & 0 & 0 & -2 \end{pmatrix}\times\begin{pmatrix} y_0 \\ y_1 \\ \vdots \\ y_n \\ \vdots \\ y_{N-1} \\ y_N \end{pmatrix}=-\Delta^2\begin{pmatrix} 0 \\ g_1 \\ \vdots \\ g_n \\ \vdots \\ g_{N-1} \\ 0 \end{pmatrix}. \tag{3.29}$$

如图 3.7 所示是一个解的例子.

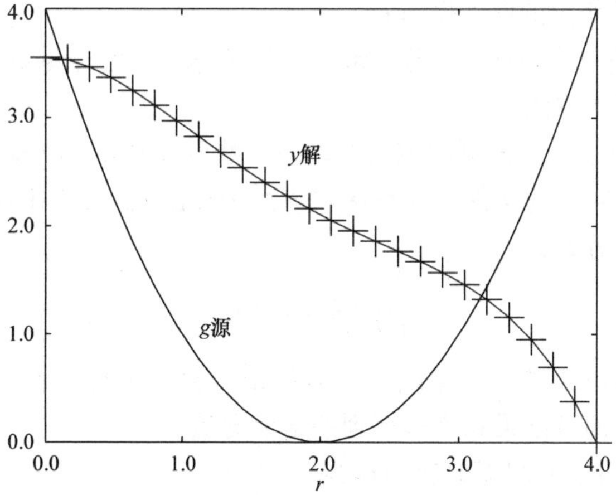

图3.7　用式（3.28）对式（3.24）中的y以有限差分求解．图中的源项g纯粹是说明性的，解范围的边界点是$r=0$和$r=N\Delta=4$，我们采用大小为$N=25$的网格

3.5　习题3　求解两点常微分方程

1. 编写一个程序，用矩阵求逆的方法，在区间［0，1］上求解如下形式的两点常微分方程：

$$\frac{d^2y}{dx^2}=f(x).$$

其中需用到N个均匀分布的网格点，以及狄利克雷边界条件$y(0)=y_0$，$y(1)=y_1$.

等程序能运行之后，从 http：//www. essentialnumericalmethods. net/giveassign. html 下载函数表达$f(x)$，N，y_0和y_1．（或者用$f(x)=a+bx$，$a=0.15346$，$b=0.56614$，$N=44$，$y_0=0.53488$，$y_1=0.71957$.）然后求解上述微分方程，画出解的图形，答案中应该包括以下内容：

（1）可以执行的计算机程序；

（2）题目中的$f(x)$，N，y_0和y_1；

（3）数值解y_j；

（4）所作出的解的图形；

（5）简单地描述（少于300个字）在求解过程中遇到的问题，以及解决问题的方法.

2. 保存上一个问题中编写的程序，然后复制并且给复制的文件重新命名. 编辑新的文件，并且用它在同一个区间上，用同样的边界条件，解常微分方程

$$\frac{d^2y}{dx^2}+k^2y=f(x).$$

注意到该常微分方程包含了参数 k^2. 验证编写的程序在 k^2 很小时是对的，而且结果和之前得到的结果类似.

研究在 $k=\pi$ 附近时解的行为.

描述解为什么会有这样有趣的行为.

所得的解应该包括以下内容：

（1）可以执行的计算机程序；

（2）题目中用到的 $f(x)$，N，y_0 和 y_1；

（3）简单地描述（少于300个字）所研究的结果并且给出简单的解释；

（4）通过作图来解释所得的结果.

第 4 章 偏微分方程

4.1 偏微分方程的例子

偏微分方程基本上存在于每个多维问题中. 向量分析中的（三维空间）梯度

$$\nabla = \left(\frac{\partial}{\partial x}, \frac{\partial}{\partial y}, \frac{\partial}{\partial z}\right) \tag{4.1}$$

是一个偏微分算子.

偏微分方程也会出现在一维空间里，比如在某种行为依赖于时间的情况中. 那么二维（独立变量）就是 x 和 t。

可以说计算科学和工程中最重要的部分就是把要做的计算转化为偏微分方程问题来求解. 一旦合理地建立描述某个过程的偏微分方程，我们正在学习的数值方法就可以大显身手了. 不过，把一个真实世界的问题转化成偏微分方程要求我们对原问题有深刻的理解. 这一节我们只能给出有限的几个例子.

4.1.1 流体

可以被认为是连续流体的物质的流动，例如水或（碰撞）气体，由一系列有序的等式控制. 它们本质上是物质（比如质量）守恒定律、动量守恒定律，或者能量守恒定律. 动量守恒方程通常被称为纳维-斯托克斯方程（通常简称为 N-S 方程），它依赖于其他守恒方程. 下面推导物质守恒定律，或称连续性方程.

考虑某种密度为$\rho(x)$的物质，这里把密度想成是该物质的单位体积质量（也可以想成是单位体积的粒子数，或者单位体积的电荷数）. 假设该物质有体积源密度$S(x)$. 这个量记作为在x处单位时间单位体积内产生的物质的量（质量）. 该物质产生的过程可能来源于化学反应（例如用 CO 和 O_2 反应生成 CO_2）或者核反应（例如由铀的裂变生成 Xe^{135}）. 源项也有可能是负的，这对应于物质的消亡，例如 Xe^{135}的衰变. 不过，除了S的影响，物质是守恒的，也就是它既不增加也不减少. 如果物质以速度$\boldsymbol{v}(bx)$流动，那么在它流动的过程中会产生一个大小为$\rho\boldsymbol{v}$（质量每单位时间单位面积）的物质通量密度. 【通量密度表示单位时间内通过某个方向的单位面积，流动承载的物质的（质）量；所以它是个矢量.】通过任何小面积（面积元）$\mathrm{d}\boldsymbol{A}$ 的通量（质量每单位时间）是 $\rho\boldsymbol{v}\cdot\mathrm{d}\boldsymbol{A}$，如图 4.1 所示. 于是，质量守恒通过考虑表面积为∂V的体积V建立. 任何这样的体积中物质总量增加的速率一定要等于体积内的总源密度再加上通过它表面流进去的总量：

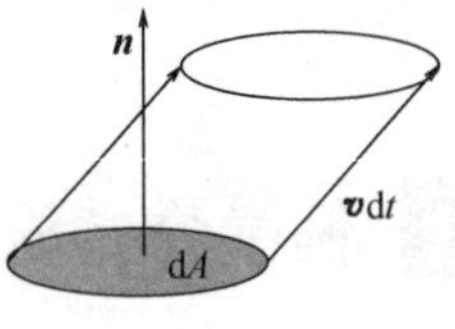

图 4.1　时间 dt 内通过面积元 dA 的基本单位元流体是$\boldsymbol{v}\mathrm{d}t\cdot\hat{\boldsymbol{n}}\mathrm{d}A=\boldsymbol{v}\mathrm{d}t\cdot\mathrm{d}\boldsymbol{A}$，每单位时间内的质量是$\rho\boldsymbol{v}\cdot\mathrm{d}\boldsymbol{A}$

$$\frac{\partial}{\partial t}\int_V \rho\mathrm{d}^3x = \int_V S\mathrm{d}^3x - \int_{\partial V}\rho\boldsymbol{v}\cdot\mathrm{d}\boldsymbol{A}. \tag{4.2}$$

用高斯（散度）定理，如图 4.2 所示，任何向量场$\boldsymbol{u}$（其中$\boldsymbol{u}=\rho\boldsymbol{v}$），通过一个封闭体积的散度积分等于向量在表面的积分，即

$$\int_V \nabla\boldsymbol{u}\mathrm{d}^3x = \int_{\partial V}\boldsymbol{u}\mathrm{d}\boldsymbol{A}. \tag{4.3}$$

表面积分项可以转变成体积分，则质量守恒方程为

$$\int_V\left(\frac{\partial\rho}{\partial t}+\nabla(\rho\boldsymbol{v})-S\right)\mathrm{d}^3x = 0. \tag{4.4}$$

上式可以用在任何体积上. 而它成立的话说明积分函数必须处处为零，即

$$\frac{\partial\rho}{\partial t}+\nabla(\rho\boldsymbol{v})-S=0. \tag{4.5}$$

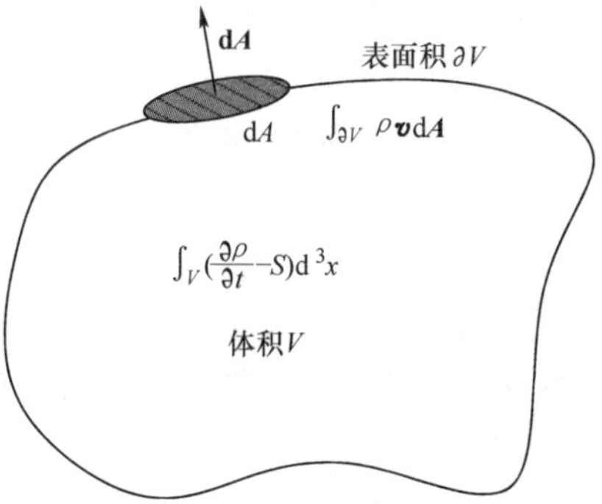

图 4.2　任意表面积为 ∂V 的体积 V 的守恒积分

它通常被称为“连续性”方程. 有时候更形象地我们称它为“平流”方程. 它是一个在三维空间和一维时间内的偏微分方程.

将对流体方程的讨论留到后面讲解；不过现在考虑一个定常状态 $\frac{\partial}{\partial t}=0$，其中速度 $\boldsymbol{v}(bx)$ 处处给定，如图 4.3 所示. 所得的偏微分方程是

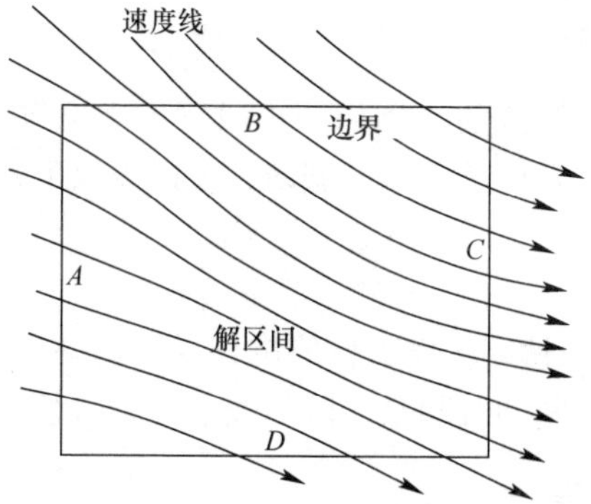

图 4.3　给定速度 $\boldsymbol{v}$ 的平流方程相当于沿流线的积分. “初始”条件加在解区间的边界 A 和 B 处，而不是 C 和 D 处

$$\nabla(\rho\boldsymbol{v})=\boldsymbol{v}\nabla\rho+\rho\nabla\boldsymbol{v}=v_x\frac{\partial\rho}{\partial x}+v_y\frac{\partial\rho}{\partial y}+v_z\frac{\partial\rho}{\partial z}+G(\boldsymbol{x})\rho=S. \tag{4.6}$$

其中速度向量的元素 v_x，v_y，v_z 和散度 $G=\nabla\boldsymbol{v}$ 是位置的函数. 从解 ρ

（所谓位置的函数）的角度来看，这是一个三维空间中的线性一阶偏微分方程，它的非一致变量系数是 v_x，v_y，v_z 和 G. 如果 $S \neq 0$，那么它是非齐次的；否则，处处有 $S=0$，那么它是齐次的.

4.1.2 扩散

当某种类似气体的物质在某种媒介中扩散时，例如某种多孔介质，或者另一种（不流动的）气体，物质的通量密度 $\rho\boldsymbol{v}$ 常常与密度 ρ 的梯度成正比，即

$$\rho\boldsymbol{v} = -D\nabla\rho. \tag{4.7}$$

其中 D 是扩散常数.

对于这样的扩散方程，可以从连续性方程（4.5）中消去速度项而得到以下的扩散方程：

$$\frac{\partial\rho}{\partial t} - \nabla(D\nabla\rho) - S = 0. \tag{4.8}$$

这是一个对空间是二阶的线性偏微分方程（如果 D 是一致的，第二项就会变成拉普拉斯算子 $-D\nabla^2\rho$）；但它对时间是一阶.

4.1.3 波动方程

在一维空间中的波动，例如一小段管子中空气压缩引起的振动，或者一根拉伸弦或者棒子的横向振动，可以由以下方程描述：

$$\frac{\partial^2\psi}{\partial t^2} = c_s^2\,\frac{\partial^2\psi}{\partial x^2}. \tag{4.9}$$

其中 c_s 是（声）波速，ψ 表示波的位移或者扰动量（例如压力）. 波动方程是一个对空间和时间是二阶的线性方程（假定 c_s 不取决于 ψ）.

4.1.4 电磁方程

麦克斯韦的电磁方程把在没有介电或磁性材料的情况下，电场 $\boldsymbol{E}$、磁场 $\boldsymbol{B}$、电荷密度 ρ_q 和电流密度 $\boldsymbol{j}$ 的联系起来：

$$\nabla\boldsymbol{E} = \rho_q/\varepsilon_0,$$

$$\nabla\times\boldsymbol{E} = -\frac{\partial\boldsymbol{B}}{\partial t},$$

$$\nabla \boldsymbol{B} = 0,$$

$$\nabla \times \boldsymbol{B} = \mu_0 \boldsymbol{j} + \mu_0 \varepsilon_0 \frac{\partial \boldsymbol{E}}{\partial t}. \tag{4.10}$$

其中 $\varepsilon_0 = 8.85 \times 10^{-12}\mathrm{F/m}$ 是自由空间的介电常数，$\mu_0 = 4\pi \times 10^{-7}\mathrm{H/m}$ 是自由空间的渗透常数. 这些基本常数满足 $\mu_0\varepsilon_0 = 1/c^2$，其中 c 是光速.

这些方程组成一个偏微分方程组. 这里共有八个方程，因为旋度方程是向量方程（每个方程包含三个标量方程）而散度方程是标量方程. 不过方程组里有些自带的冗余性，所以有效的方程数其实是六个（等于电场和磁场中因变量的个数）.

除非非常特殊的情况，我们很少把整个方程组用数值解法解出. 通常，我们感兴趣的是某些简化的特殊情况. 例如，如果可以忽略对时间的依赖，那么 $\nabla \times \boldsymbol{E} = \boldsymbol{0}$，而这是把电场写成电势标量的梯度 $\boldsymbol{E} = -\nabla\phi$ 的充分条件. 这样，电势满足

$$-\nabla \boldsymbol{E} = -\nabla(-\nabla\phi) = \nabla^2\phi = \frac{\partial^2\phi}{\partial x^2} + \frac{\partial^2\phi}{\partial y^2} + \frac{\partial^2\phi}{\partial z^2} = -\rho_q/\varepsilon_0. \tag{4.11}$$

而这正是泊松方程㊀. 泊松方程将一个二阶微分算子，即电势的拉普拉斯算子（∇^2）和（给定的）函数 $-\rho_q/\varepsilon_0$ 建立了等式关系.

4.2 偏微分方程的分类

在偏微分方程理论中，共有三种不同类型的方程. 它们分别是双曲型方程、抛物型方程和椭圆型方程. 对这种分类的严谨理解超过我们所学的知识范围，但是这对数值计算非常重要，因为解不同方程的方法也是不同的.

由于讨论问题的需求，下面对二阶方程进行分类. 把因变量为 ψ，自变量为 x_i 的一般的线性二阶偏微分方程写为

$$\sum_{i,j} c_{ij} \frac{\partial}{\partial x_i} \frac{\partial}{\partial x_j}\psi + \sum_i c_i \frac{\partial}{\partial x_i}\psi + c\psi = \text{常数}. \tag{4.12}$$

一个具体的例子是

㊀ ρ_q 中的下标 q 提醒我们这是电荷密度，而不是质量密度 ρ.

$$A\frac{\partial^2}{\partial x^2}\psi+2B\frac{\partial^2}{\partial x\partial y}\psi+C\frac{\partial^2}{\partial y^2}\psi=0. \tag{4.13}$$

考虑系数 c_{ij}，并用它们定义多维空间中的曲面，且曲面由以下的二次型决定：

$$\sum_{i,j}c_{ij}x_ix_j+\sum_i c_ix_i=\text{常数}. \tag{4.14}$$

更具体地，

$$Ax^2+2Bxy+Cy^2=\text{常数}. \tag{4.15}$$

于是，微分方程是双曲型、抛物型，还是椭圆型就取决于曲面是双曲面、抛物面，还是椭圆面.

以二维空间为例，曲面是：

双曲面当 $B^2-AC>0$ 时；例如 $B=0$，$C=-A$，$x^2-y^2=$ 常数.

抛物面当 $B^2-AC=0$ 时；例如 $B==C=0$，$x^2-y=$ 常数.

椭圆面当 $B^2-AC<0$ 时；例如 $B=0$，$C=A$，$x^2+y^2=$ 常数.

于是对应的方程也是相应的类型. 由之前给出的例子也能看出这三种方程的特点.

波动方程是双曲面型方程.

扩散方程是抛物型方程.

泊松方程是椭圆型方程.

给定速度，描述流动的一阶方程（平流方程）在这个分类下优点模糊，因为一次型对应的曲面是平面. 不过我们可以把平面想成是退化的双曲面，因为它延伸到无穷远（而不像只能在有限范围内存在的椭圆）. 因变量为标量的一阶系统总是双曲的[㊀].

不严格地说，二阶双曲型方程是类波的，椭圆型方程是类定常-通量-守恒的。双曲型和抛物型方程一般有至少一个类似时间的自变量，并且有其他类似空间的自变量. 椭圆型问题更像一个多维空间中的稳定问题（不随时间变化）. 分类的基本标准在于一个曲面上（多维空间初值问题的类比），有 N 个边界条件的 N 阶问题是否可解. 这样的问题也称为柯西（cauchy）问题. 一般地，双曲型方程是对应的

㊀ 考虑因变量是向量的问题. 当微分算子的系数矩阵的特征值全是实数而且可以对角化时，它就是双曲型问题.

柯西问题可解的问题；而椭圆型问题是不可解的.

从数值计算的角度看，偏微分方程最重要的区别在于边界条件. 这些边界条件都在同一点处，例如平面 $t=0$ 吗？如果是（只针对双曲型方程和抛物型方程），那么这就是一个初值问题，而我们要解的是一个时间进化问题，我们可以从初值开始，在时间上向前积分. 例如，图 4.3 中的（双曲）平流方程，由于方程描述的是密度沿流线（streamline）的变化，很显然，沿流线在两个不同位置加上条件并不合理. 或者，这些边界条件是加在一个封闭的区域中吗（见图 4.4）？如果是（椭圆型方程），那么各点处的解都取决于全部的边界条件，这称为*边值问题*. 我们一般情况下不能从边界积分，“打靶法”也不能推广到高维；所以我们不能把问题转化为类似一维的迭代初值问题，我们要求完整的解在各处同时收敛.

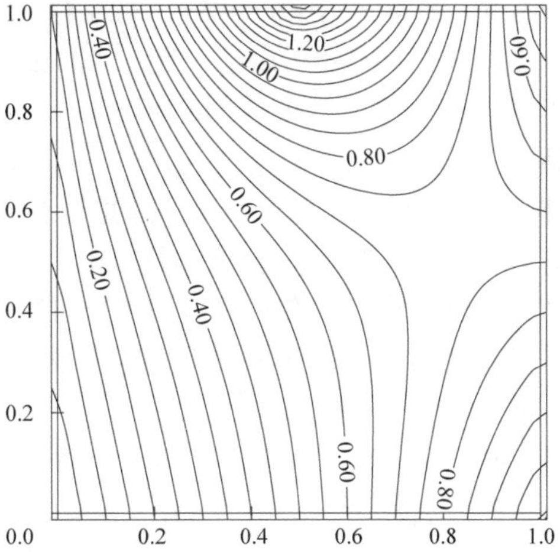

图 4.4　椭圆型方程的边界条件加在区间的整个外围，比如说拉普拉斯方程. 这时，方形区间的边界处处都定义了势，图中绘出了势的轮廓

4.3 偏微分算子的有限差分

和常微分方程类似，偏微分方程数值算法实现的关键步骤是用离

散的数值变量表达微分算子. 离散的表达方法有很多. 举个例子, 用离散傅里叶变换的系数 a_{ij} 表达的等式是

$$\psi = \sum_{i,j} a_{ij}\sin(\pi ix/L_x)\sin(\pi jy/L_y). \tag{4.16}$$

(这里, 我们通过选择边界条件为 $x=0$, L_x 或 $y=0$, L_y 有 $\psi=0$ 而忽略余弦项). 对有些方程用这样的系数计算会非常有效, 尤其是坐标方向可以忽略的情况. 不过, 另外一种情况要常见得多. 那就是考虑变量在一个离散的空间网格上的取值.

如果求解用的点在每个坐标方向上是沿常规顺序的, 我们就说这个网格是"有结构"的. 最明显的例子是直角（笛卡儿）坐标系. 那么网格点就在位置（x_n, y_m, z_l）, 其中每个自变量序列 x_n, y_m 等, 按顺序 $x_{n-1}<x_n<x_{n+1}$ 排列, 诸如此类. 如果格点之间的距离都相等, 也就是对所有 n, 都有 $x_{n+1}-x_n=\Delta x$, 同理对 y 和 z, 就称网格是"均匀"的. 有结构的网格也可以推广到一般的曲线坐标系, 例如圆柱坐标系或者球面坐标系, 只要区间在相应的坐标系中是"长方形"的; 换句话说, 给定一组坐标（ξ, η, ζ）, ξ_n 与 η_m, ζ_l 都是无关的, 以此类推. 图 4.5 给出了两个例子, 对这样有结构的网格, 最自然而且灵活的离散表示是有限差分法. 对比起来, 无结构的网格可以有任何程度的连通性. 它的网格通常不是平行四边形（二维空间）或者六面体（三维空间）, 而如何构造有限差分算法也往往很不明显. 图 4.6 给出了一个三角形无结构网格[1]. 我们重点关注有结构的网格.

正如一维时, 我们用了以下表达式:

$$\left.\frac{\mathrm{d}\psi}{\mathrm{d}x}\right|_{n+1/2} = \frac{\psi_{n+1}-\psi_n}{x_{n+1}-x_n}. \tag{4.17}$$

所以对于二维的情况, 我们把它推广到因变量 ψ（x, y）对 x 和 y 在节点 n 和 m 的偏微分

$$\left.\frac{\partial\psi}{\partial x}\right|_{n+1/2,m} = \frac{\psi_{n+1,m}-\psi_{n,m}}{x_{n+1}-x_n}, \left.\frac{\partial\psi}{\partial y}\right|_{n,m+1/2} = \frac{\psi_{n,m+1}-\psi_{n,m}}{y_{m+1}-y_m}. \tag{4.18}$$

---

[1] 由 http://persson.berkeley.edu/distmesh/的 DistMesh 法构造.

而这显然是可以推广到更高维的. 两个（或更多）下标表示网格节点（或半节点）处变量的值.

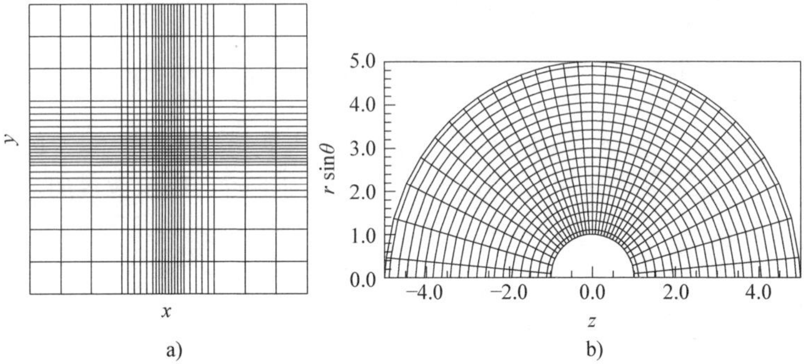

图 4.5 有结构的网格. a）直角坐标系，却是不均匀的. b）曲线坐标系，却是有结构的

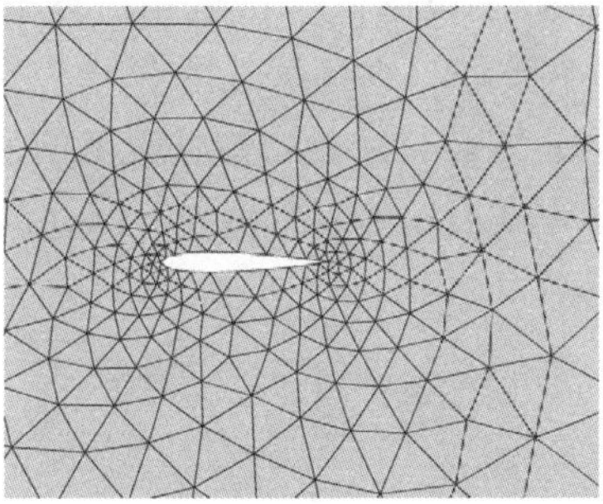

图 4.6 无结构网格的区间. 这种网格设计可以对有快速变化的区域给出高分辨率，而这样的区域通常在复杂或者形状微妙的边界附近. 图中用了三角形网格，但是其他的形状也是可以的

更高阶的导数可由对导数的相应差分得到. 所以有

$$\left.\frac{\partial^2\psi}{\partial x^2}\right|_{n,m}=\frac{\left.\frac{\partial\psi}{\partial x}\right|_{n+1/2,m}-\left.\frac{\partial\psi}{\partial x}\right|_{n-1/2,m}}{x_{n+1/2}-x_{n-1/2}}. \tag{4.19}$$

$$\left.\frac{\partial^2\psi}{\partial y^2}\right|_{n,m}=\frac{\left.\frac{\partial\psi}{\partial y}\right|_{n,m+1/2}-\left.\frac{\partial\psi}{\partial y}\right|_{n,m-1/2}}{y_{m+1/2}-y_{m-1/2}}. \tag{4.20}$$

然后把式（4.18）代入以上两式．这样就得到了三个网格节点处一些系数之和与ψ相乘的值．

如果考虑的是泊松方程$\nabla^2\psi=\rho$，那么完整的有限差分形式就是

$$\left.\frac{\partial^2\psi}{\partial x^2}\right|_{n,m}+\left.\frac{\partial^2\psi}{\partial y^2}\right|_{n,m}=\sum_{i=\text{相邻点}}a_i(\psi_i-\psi_{n,m})=\rho_{n,m}.\quad(4.21)$$

其中对所有与节点n，m相邻的节点相加．也就是说，i取$(n-1, m)$，$(n+1, m)$，$(n, m-1)$，$(n, m+1)$这四个值．均匀节点的系数是$1/\Delta x^2$或$1/\Delta y^2$．全部写出来就是

$$\frac{1}{\Delta x^2}(\psi_{n+1,m}+\psi_{n-1,m})+\frac{1}{\Delta y^2}(\psi_{n,m+1}+\psi_{n,m-1})-\left(\frac{2}{\Delta x^2}+\frac{2}{\Delta y^2}\right)\psi_{n,m}=\rho_{n,m}.\quad(4.22)$$

该式可以立刻自然地推广到高维．它的标准形式就是由式（4.21）推导出的，也就是二阶微分算子由相邻节点的系数乘以相邻点的值，然后减去中间点处的系数乘以中间点处的值．此和称为一个“模板”（stencil），它代表一个微分．所有系数的和（包括中心节点）为零，因为如果ψ是均匀的，$\nabla^2\psi=0$．把二维情况下的系数结构用几何方式写出来，就形成一个十字形，均匀网格上的拉普拉斯算子就是

$m+1$		$1/\Delta y^2$	
m	$1/\Delta x^2$	$-(2/\Delta x^2+2/\Delta y^2)$	$1/\Delta x^2$
$m-1$		$1/\Delta y^2$	
	$n-1$	n	$n+1$

（4.23）

其他线性二阶微分算子、不均匀的网格，或者曲线的网格会有不同的系数，但它们的几何形状仍然是一样的，而中间的系数也仍然等于其他系数之和的相反数．

由式（4.23）给出的模板叫作“星形模板”，它只包括沿着坐标轴方向的相邻节点，并且是二阶精确的．我们可以构造精度更高的近似微分算子．这些改进的模板增加了3×3矩阵的四个角，而且在选取合适系数的情况下，还可以包括更多节点．尽管有时候某些具体的情况中会用到这样扩张的模板，一般来说它们非常少见．我们关注的

重点通常是保证系数的计算足够好来保证二阶精确. 而这在网格不均匀时并不是自动发生的.

例子详解：圆柱差分

判断以下偏微分方程的分类，该问题采用的坐标系是圆柱坐标系：

$$\nabla^2\psi \equiv \frac{1}{r}\frac{\partial}{\partial r}\left(r\frac{\partial\psi}{\partial r}\right)+\frac{1}{r^2}\frac{\partial^2\psi}{\partial\theta^2}=-k^2\psi, \tag{4.24}$$

考虑 r 和 θ 的均匀网格，令 $r_n=n\Delta r$，$\theta_m=m\Delta\theta$，在点 r_n，θ_m 处构造表示微分算子的差分模板.

对 r 和 θ 求微分所得的系数给出如下关于 x 和 y 的二次型：

$$x^2+\frac{1}{r^2}y^2+\frac{1}{r}x=\text{常数} \tag{4.25}$$

既然 r^2 恒正，这是一个描述椭圆的方程（长短半径的比为 $1/r$）. 于是该偏微分方程是椭圆型的，我们可以在 $r-\theta$ 平面中闭合的边界处加上边界条件. 在实际应用中，θ 呈周期性，所以在 $\theta=0$ 处往往没有真正的边界条件. 在 $r=0$ 处（如果定义域包括它），$\partial\psi/\partial r=0$，边界条件加在给定的 r 的位置.

要得到模板，我们先写下这个坐标方向的一阶偏导数

$$\left.\frac{\partial\psi}{\partial r}\right|_{n+1/2,m}=\frac{\psi_{n+1,m}-\psi_{n,m}}{r_{n+1}-r_n},\left.\frac{\partial\psi}{r\partial\theta}\right|_{n,m+1/2}=\frac{\psi_{n,m+1}-\psi_{n,m}}{r_n(\theta_{m+1}-\theta_m)}. \tag{4.26}$$

然后代入二阶导数得

$$\begin{aligned}
&\left.\frac{1}{r}\frac{\partial}{\partial r}\left(r\frac{\partial\psi}{\partial r}\right)\right|_{n,m}\\
&=\frac{1}{r_n}\left(r_{n+1/2}\frac{\psi_{n+1,m}-\psi_{n,m}}{r_{n+1}-r_n}-r_{n-1/2}\frac{\psi_{n,m}-\psi_{n-1,m}}{r_n-r_{n-1}}\right)\frac{1}{r_{n+1/2}-r_{n-1/2}}\\
&=\left[\left(1+\frac{1}{2n}\right)(\psi_{n+1,m}-\psi_{n,m})-\left(1-\frac{1}{2n}\right)(\psi_{n,m}-\psi_{n-1,m})\right]\frac{1}{\Delta r^2}\\
&=\left[\left(1+\frac{1}{2n}\right)\psi_{n+1,m}-2\psi_{n,m}+\left(1-\frac{1}{2n}\right)\psi_{n-1,m}\right]\frac{1}{\Delta r^2}.
\end{aligned} \tag{4.27}$$

$$\frac{1}{r^2}\frac{\partial^2\psi}{\partial\theta^2}\bigg|_{n,m}=\frac{1}{r_n^2}\left(\frac{\psi_{n,m+1}-\psi_{n,m}}{\theta_{m+1}-\theta_m}-\frac{\psi_{n,m}-\psi_{n,m-1}}{\theta_m-\theta_{m-1}}\right)\frac{1}{\theta_{m+1/2}-\theta_{m-1/2}}$$

$$=(\psi_{n,m+1}-2\psi_{n,m}+\psi_{n,m-1})\frac{1}{r_n^2\Delta\theta^2}. \tag{4.28}$$

注意到该微分算子需要的模板用几何方式写出是

$$\begin{array}{c|ccc}
m+1 & & 1/(r_n\Delta\theta^2) & \\
m & \left(1-\frac{1}{2n}\right)/\Delta r^2 & -2[1/\Delta r^2+1/(r_n\Delta\theta)^2] & \left(1+\frac{1}{2n}\right)/\Delta r^2 \\
m-1 & & 1/(r_n\Delta\theta)^2 & \\
\hline
 & n-1 & n & n+1
\end{array} \tag{4.29}$$

4.4 习题 4 偏微分方程

1. 对以下的偏微分方程分类，判断它们是椭圆型、抛物型还是双曲型. 其中 p 和 q 是任意实常数.

（1）$p^2\frac{\partial^2\psi}{\partial x^2}+q^2\frac{\partial^2\psi}{\partial y^2}=0$,

（2）$p^2\frac{\partial^2\psi}{\partial x^2}-q^2\frac{\partial^2\psi}{\partial y^2}=\psi$,

（3）$\frac{\partial^2\psi}{\partial x^2}+4\frac{\partial^2\psi}{\partial x\partial y}+\frac{\partial^2\psi}{\partial y^2}=0$,

（4）$\frac{\partial^2\psi}{\partial x^2}+2\frac{\partial^2\psi}{\partial x\partial y}+\frac{\partial^2\psi}{\partial y^2}=0$,

（5）$\frac{\partial^2\psi}{\partial x^2}+p\frac{\partial\psi}{\partial y}=\psi$,

（6）$\frac{\partial^2\psi}{\partial x^2}+\frac{\partial^2\psi}{\partial y^2}+\frac{\partial^2\psi}{\partial z^2}=0$,

（7）$p\frac{\partial\psi}{\partial x}+qy\frac{\partial\psi}{\partial y}=1$.

2. 编写一个程序函数[㊀]来研究二维各向异性的偏微分算子$\mathcal{L}=\frac{\partial^2}{\partial x^2}+2\frac{\partial^2}{\partial y^2}$的差分模板. 程序函数对$f(x, y)=f_{ij}$作用，这个量为矩阵形式，它的值是有结构的、等间距的二维网格上的值，其中x和y方向各有N_x和N_y个节点，张成区间$0\leqslant x\leqslant L_x$和$0\leqslant y\leqslant L_y$. 方程的参数为$N_x$，$N_y$，$L_x$，$L_y$，$i$，$j$，$f$，返回的结果是相应$g_{ij}=\mathcal{L}f$在点$i$，$j$处的有限差分表达式.

再编写一个测试程序在网格上构造$f(x, y)=(x^2+y^2/2)$，给出f_{ij}，然后调用模板函数，用N_x，N_y，L_x，L_y，f作为参数，计算g_{ij}然后输出结果.

所给的结果中应该包括：

（1）可执行的计算机程序，说明所使用的编程语言.

（2）简单地回答一下：函数可以在边界$x=0$，L_x或者$y=0$，L_y处使用吗？如果不可以，需要怎样调整所编写的程序？

（3）四个节点处g_{ij}的值，其中i和j分别对应两个不同的内部节点，$N_x=N_y=10$，$L_x=L_y=10$.

（4）简单地回答一下：用这种程序计算网格中所有$\mathcal{L}f$的值是否效率低下？如果是，该怎样避免这种低效率呢？

㊀　在面向对象程序设计中，这就是一个“方法”.

第 5 章 扩散方程和抛物型方程

5.1 扩散方程

扩散方程

$$\frac{\partial\psi}{\partial t}=\nabla(D\nabla\psi)+s \tag{5.1}$$

来源于热的传导、中子的输运、粒子的扩散和很多其他的现象. 在这些过程中, 时间变量 t 和空间变量 $\boldsymbol{x}$ 是有明显区别的. 为了简便起见, 我们讨论的情况绝大多数只有一维空间变量 x, 但是以下的讨论可以非常容易地推广到更高维空间的情况. 时间的最高阶微分是一阶 $\partial/\partial t$. 空间的最高阶微分是二阶 $\partial^2/\partial x^2$. 这个方程是抛物型方程. 于是, 边值条件不加在 $x-t$ 平面的某个周线上, 而是加在 x 值域的两端和一个"初始"时间处, 如图 5.1 所示. 函数解从初始条件, 沿时间向前传播 (通常画图时以时间线为纵轴).

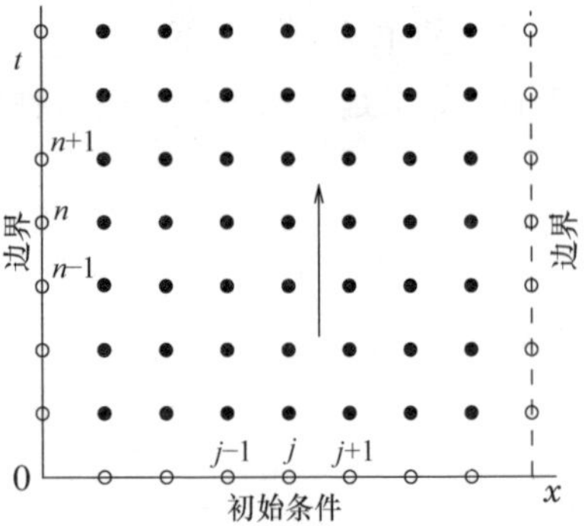

图 5.1 求解扩散方程通常要求空间上的边界条件和时间上的初始条件. 然后解向上 (时间上向前) 传播, 充满多维 (时间和空间) 解区域

5.2 时间推进的选择和稳定性

5.2.1　时间向前、空间中间

为了简便起见，令 D 在一维直角坐标系中均匀，而且网格有均匀的尺寸 Δx 和 Δt. 那么一种有限差分的形式是

$$\frac{\psi_j^{(n+1)} - \psi_j^{(n)}}{\Delta t} = D\frac{\psi_{j+1}^{(n)} - 2\psi_j^{(n)} + \psi_{j-1}^{(n)}}{\Delta x^2} + s_j^{(n)}. \tag{5.2}$$

我们用（n）代表时间坐标，用上标记，用以和下标的空间坐标 j [k, l] 相区分. 当然，这个记号不是代表升到某个次方. 注意，这个方程的二阶微分自然地是空间中间的对称形式. 不过，时间微分不是时间中心的. 它其实是 $n+1/2$ 处的值，而不是我们使用的时间坐标：n. 于是这个算法是时间向前、空间中间算法（FTCS）；如图 5.2 所示. 我们从之前的经验可知，由于时间的不对称性，这个算法的精确度对 Δt 只有一阶. 还有，这个算法在时间上是显式的. ψ 在 $n+1$ 处的值只由前（n）个若干位置的值决定：

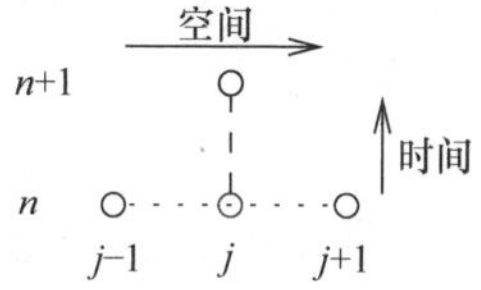

图 5.2　时间向前、空间中间（FTCS）差分算法

$$\psi_j^{(n+1)} = \psi_j^{(n)} + \frac{D\Delta t}{\Delta x^2}(\psi_{j+1}^{(n)} - 2\psi_j^{(n)} + \psi_{j-1}^{(n)}) + \Delta t s_j^{(n)}. \tag{5.3}$$

一个自然的问题是这种算法的稳定性. 对一个常微分方程而言，显式算法对步长有一个要求，超过这个可取的最大值，算法就会变得不稳定. 这种现象对双曲型和抛物型方程也成立. 在稳定性分析中，忽略源项 S（因为分析的是解的偏差[⊖]）. 不过，就算是这样，扩大因子的

⊖ 实际上，对一个精确解线性化，而我们分析的 ψ 其实是精确解和所得的解之间的（假设很小的）偏差. 在文中，我们不强调这个区别，来避免复杂的记号.

算法仍然很难一眼就看出来. 这是因为对偏微分方程，空间的维数会影响计算，而这在常微分方程的情况中并不存在. 解决这个问题的方法通常是把偏微分方程转化成常微分方程，然后一个一个地分析空间变量的傅里叶项，这种分析叫作冯·诺伊曼（Von Neumann）分析. 它只对均匀的网格和系数给出正确的答案，但它常常只是大致正确的，所以在应用中，它也常常被用在非均匀网格的情况.

一个傅里叶项在空间中变化由 $\exp(\mathrm{i}k_x x)$ 描述，其中 k_x 是 x 方向的波数（i 是 -1 的平方根）. 对这样的傅里叶项，$\psi_j \propto \exp(\mathrm{i}k_x \Delta x j)$，于是 $\psi_{j+1}=\exp(\mathrm{i}k_x\Delta x)\psi_j$，$\psi_{j-1}=\exp(-\mathrm{i}k_x\Delta x)\psi_j$ 等. 所以有

$$\psi_{j+1}-2\psi_j+\psi_{j-1}=(\mathrm{e}^{\mathrm{i}k_x\Delta x}-2+\mathrm{e}^{-\mathrm{i}k_x\Delta x})\psi_j=-4\sin^2\left(\frac{k_x\Delta x}{2}\right)\psi_j \tag{5.4}$$

然后，把这个傅里叶项代入式（5.3），则得

$$\psi^{(n+1)}=\overbrace{\left[1-\frac{D\Delta t}{\Delta x^2}4\sin^2\left(\frac{k_x\Delta x}{2}\right)\right]}^{\text{扩大因子}}\psi^{(n)}. \tag{5.5}$$

每一步的扩大因子是中括号之间的部分. 如果它的模大于 1，不稳定现象就会发生. 如果 D 是负的，扩大因子确实就是大于 1 的. 不过，这种不稳定性不是数值上的不稳定性，它是物理上的不稳定性. 扩散系数必须是正的，否则扩散方程一定是不稳定的，而这与我们用什么数值方法无关. 所以 D 必须是正的；同理 Δt，Δx 也是正的. 所以，数值上的不稳定性在扩大因子的第二项（负的那一项）的模超过 2 时就会产生.

如果 $k_x\Delta x$ 很小，那么第二项就很小，所以对结果构不成什么威胁. 我们主要担心的是 k_x 比较大时，这样 $\sin^2(k_x\Delta x/2)$ 的模差不多是 1. 事实上，能在有限的网格上表示的最大 k_x 值㊀是相邻相位差（$k_x\Delta x$）等于 π 的那些值. 它们对应在相邻节点之间正负交叉变化的解. 所以，对这些傅里叶项，$\sin^2(k_x\Delta x/2)=1$.

稳定性要求全部傅里叶项都稳定，包括稳定性最差的 $\sin^2(k_x\Delta x/$

㊀ 奈奎斯特（Nyquist）频率.

2）=1 项. 于是，稳定性条件是

$$\frac{4D\Delta t}{\Delta x^2} < 2. \tag{5.6}$$

也就是说，对 FTCS 算法来说，能保证稳定性的最大时间步长是

$$\Delta x^2/2D.$$

刚好 Δt 必须不大于某个与 Δx^2 成比例的数使得时间上的一阶精度不难满足. 事实上，对达到稳定极限的时间步长，我们减小 Δx 的同时，由于二阶精度，空间精度的增加与 Δx^2 成正比；同时，时间精度也按照这个比例增加，也就是与 Δx^2 成正比，因为 $\Delta t \propto \Delta x^2$.

5.2.2 时间向后、空间中间、隐式算法

我们之前学过的隐式算法，可以减少不稳定性. 自然地，隐式时间推进就是说，我们用新算出的变量值代入方程来进行计算，而不是用上一步算出的值

$$\psi_j^{(n+1)} = \psi_j^{(n)} + \frac{D\Delta t}{\Delta x}(\psi_{j+1}^{(n+1)} - 2\psi_j^{(n+1)} + \psi_{j-1}^{(n+1)}) + \Delta t s_j^{(n+1)}. \tag{5.7}$$

这是一个时间向后、空间中间的算法（BTCS），如图 5.3 所示. 我们稍后会学习具体怎么解这个方程在 $n+1$ 处的值，但是就算我们不知道具体的解，也仍然可以做稳定性分析. 空间傅里叶项的组合就像式（5.4）中的那样，所以傅里叶项的新方程（忽略 S）是

$$\underbrace{\left[1 + \frac{D\Delta t}{\Delta x^2} 4\sin^2\left(\frac{k_x \Delta x}{2}\right)\right]}_{\text{增长因子的倒数}} \psi^{(n+1)} = \psi^{(n)}. \tag{5.8}$$

增长因子是左侧中括号中项的倒数，中括号项的模总大于一. 所以，BTCS 是无条件稳定的. 我们在选时间步长时想选多大都可以.

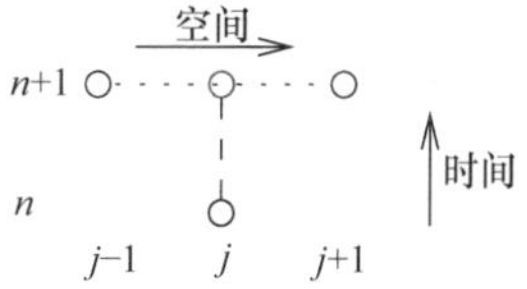

图 5.3 时间向后、空间中间（BTCS）差分算法

不过，就像 FTCS 算法一样，BTCS 算法只有一阶时间精度说明，我们一般不想取超过之前稳定极限的步长. 如果取的步长超过了这个限度，我们却会逐渐牺牲掉时间精度，甚至导致不稳定.

5.2.3 半隐式克兰克 - 尼科尔森算法

为了把扩散方程数值计算的效率最大化，我们选取一个部分显式部分隐式的算法. 由 θ 表示隐式或者向后差分的权重，显式和隐式的组合写作

$$\psi_j^{(n+1)} = \psi_j^{(n)} + \theta\left[\frac{D\Delta t}{\Delta x^2}(\psi_{j+1}^{(n+1)} - 2\psi_j^{(n+1)} + \psi_{j-1}^{(n+1)}) + \Delta t s_j^{(n+1)}\right] + (1-\theta)\left[\frac{D\Delta t}{\Delta x^2}(\psi_{j+1}^{(n)} - 2\psi_j^{(n)} + \psi_{j-1}^{(n)}) + \Delta t s_j^{(n)}\right]. \tag{5.9}$$

这种算法有时也称“θ - 隐式”算法. 增长因子是

$$A = \frac{1-(1-\theta)\dfrac{4D\Delta t}{\Delta x^2}\sin^2\left(\dfrac{k_x\Delta x}{2}\right)}{1+\theta\dfrac{4D\Delta t}{\Delta x^2}\sin^2\left(\dfrac{k_x\Delta x}{2}\right)}. \tag{5.10}$$

如果 $\theta \geqslant 1/2$，那么 $|A| \leqslant 1$，而算法总是稳定的. 如果 $\theta < 1/2$，那么 $|A| \leqslant 1$ 要求稳定性条件是

$$\Delta t < \frac{\Delta x^2}{2D(1-2\theta)}. \tag{5.11}$$

于是隐式的部分最小用 $\theta = 1/2$ 就可以保证对所有时间步长算法都是稳定的. 这样选择权重的算法就叫作“克兰克 - 尼科尔森（Crank - Nicolson）”算法.

它除了稳定性外还有一个重要的好处，就是它是时间中间的. 这说明它在时间二阶精确（空间也是一样）. 这个精度保证我们可以取超过（显式）稳定性允许的时间步长.

5.3 隐式推进矩阵法

在时间上推进抛物型方程的隐式或半隐式算法通常伴随着一个包

含若干下一时刻空间节点的方程，例如 $\psi_j^{(n+1)}$，$\psi_{j-1}^{(n+1)}$，$\psi_{j+1}^{(n+1)}$，这样求解全部空间节点的方程可以写成一个矩阵方程. 把式（5.9）中的 n 和 $n+1$ 项整理出来，写成

$$\begin{pmatrix} \ddots & \ddots & 0 & 0 & 0 \\ \ddots & \ddots & \ddots & 0 & 0 \\ 0 & B_- & B_0 & B_+ & 0 \\ 0 & 0 & \ddots & \ddots & \ddots \\ 0 & 0 & 0 & \ddots & \ddots \end{pmatrix}\begin{pmatrix} \psi_1^{(n+1)} \\ \vdots \\ \psi_j^{(n+1)} \\ \vdots \\ \psi_J^{(n+1)} \end{pmatrix} = \begin{pmatrix} \ddots & \ddots & 0 & 0 & 0 \\ \ddots & \ddots & \ddots & 0 & 0 \\ 0 & C_- & C_0 & C_+ & 0 \\ 0 & 0 & \ddots & \ddots & \ddots \\ 0 & 0 & 0 & \ddots & \ddots \end{pmatrix}\begin{pmatrix} \psi_1^{(n)} \\ \vdots \\ \psi_j^{(n)} \\ \vdots \\ \psi_J^{(n)} \end{pmatrix} + \begin{pmatrix} s_1 \\ \vdots \\ s_j \\ \vdots \\ s_J \end{pmatrix}. \tag{5.12}$$

或者简记为

$$\boldsymbol{B}\boldsymbol{\psi}_{n+1} = \boldsymbol{C}\boldsymbol{\psi}_n + \boldsymbol{s}, \tag{5.13}$$

其中 J 是空间网格的总长度（j 的最大值），系数是

$$B_0 = 1 + 2\frac{D\Delta t}{\Delta x^2}\theta, B_+ = B_- = -\frac{D\Delta t}{\Delta x^2}\theta, \tag{5.14}$$

$$C_0 = 1 - 2\frac{D\Delta t}{\Delta x^2}(1-\theta), C_+ = C_- = +\frac{D\Delta t}{\Delta x^2}(1-\theta), \tag{5.15}$$

$$s_j = \Delta t[\theta s_j^{(n+1)} + (1-\theta)s_j^{(n)}]. \tag{5.16}$$

【注意 s_j 项中乘的 Δt.】

若假设源项与 ψ 无关，那么形式上，式（5.13）可以由求矩阵 $\boldsymbol{B}$ 的逆解出

$$\boldsymbol{\psi}_{n+1} = \boldsymbol{B}^{-1}\boldsymbol{C}\boldsymbol{\psi}_n + \boldsymbol{B}^{-1}\boldsymbol{s} \tag{5.17}$$

所以，用隐式算法时就需要求矩阵 $\boldsymbol{B}$ 的逆，然后在每个时间步长乘以该逆.

假设网格不是太大，这个方法是可取的. 如果 $\boldsymbol{B}$ 和 $\boldsymbol{C}$ 不随时间改变，那么求逆㊀只需要一次；而且每一时间步长只需要用 $\boldsymbol{B}^{-1}\boldsymbol{C}$ 乘前一步的值 $\boldsymbol{\psi}_n$.

如果矩阵是形如式（5.12）中的三对角阵，也就是说非零元素只在对角线和次对角线上，那么从计算角度上来说，用消元法㊁求解下

㊀ 或者使用 *LU* 分解。

㊁ 例子见《*Numerical Recipe*》，2.6 节.

一步的值就比矩阵求逆后再矩阵相乘简单多了. 这是由于矩阵 $\boldsymbol{B}$ 是一个稀疏矩阵，除了少数的元素外，其他元素都是零. 根本的问题在于系数矩阵的逆往往不是稀疏的. 于是，尽管与原稀疏矩阵相乘只需要很少的运算，而且还有很多捷径可走，但与它的逆相乘就没有捷径可走了. 只要用数学软件，例如 Octave - 求解，而且用它们自带的程序，则计算效率的区别不大.

5.4 多维空间

当需要求解的问题包括多维空间时，如图 5.4 所示，从形式上来说，求解抛物型方程的方法并不改变. 不过，改变的是，我们需要找到一个系统的方法，把整个空间网格改写成一个类似式（5.12）中的列向量. 换句话说，需要用一个指标 j 来标记所有的空间位置. 一般来说，在多维空间，自然的（物理上的）标记方法是用空间维数下标记空间位置，例如 $\psi_{k,l,m}$，其中 k，l，m 分别对应坐标 x，y，z.

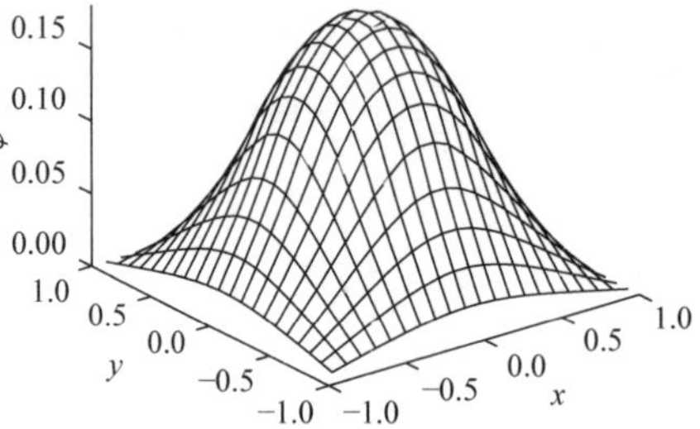

图 5.4　例如：二维空间中特殊时间，某个扩散方程的解. ψ 的值在透视图中由高度呈现

重新给网格元素排序在计算上并不难，不过这个过程需要我们稍微动一下脑筋，想一个几何的小技巧. 通常，如图 5.5 所示，如果有一个在多维网格上的值 $\psi_{k,l,\cdots}$，每维网格的个数是 K，L，⋯，下面对它们重新标序排列. 从所有下标都是 1 的节点开始，沿第一个下标排列 $k=1$，⋯，K，然后增加下标 l，又一次沿 $k=1$，⋯，K 排列，对 $l=1$，⋯，L 重复这个过程，然后增加下一个下标（如果还有的话），如此反复，直到所有的下标都排序过. 恰好，这正是使用整个分配的

数组时采用 Fortran 等语言时元素存储在计算机内存中的顺序. 这样得到的结果就是一个超长的向量 ψ_j，前 K 个元素是原来多维标号的元素 $\psi_{k,1,\cdots}$，$k=1$，…，K；紧接下来的 K 个元素，下标 $j=K+1$，…，$2K$，是原来的 $\psi_{k,2,\cdots}$，等[㊀].

在多维空间中，二阶微分算子（类似∇^2）由式（4.23）表示. 把元素重新排序成向量的重要性在于，尽管网格中沿第一个下标（k）相邻的节点仍然在 j 中相邻，沿其他的下标下相邻的点，在 j 中却不再相邻. 比方说，元素 $\psi_{k,l}$ 和 $\psi_{k,l+1}$ 在 j 下的下标分别是 $j=K(l-1)+k$ 和 $j=Kl+k$；它们之间相隔 K. 这说明在多维空间情况下，矩阵 $\boldsymbol{B}$ 和 $\boldsymbol{C}$ 不再是三对角形了. 它们现在多了一条非零对角线，这条对角线与主对角线相隔 K. 如果边界条件是 $\psi=0$，那么矩阵就都是“块－三对角”的，它们有如下形式：

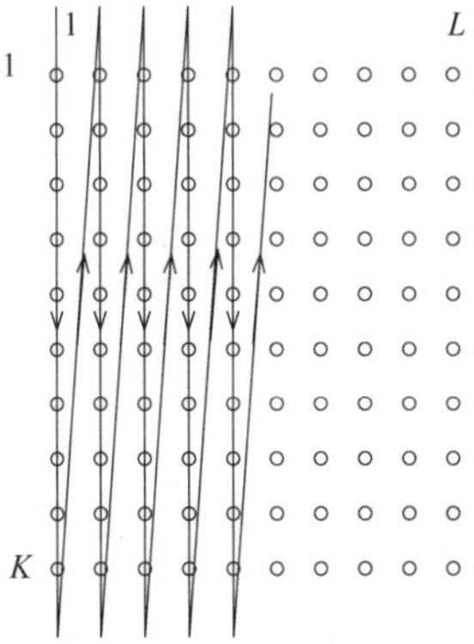

图 5.5　二维数列转化成一个列向量，这里我们把所有列互相堆叠

$$L\text{小块}\left\{\left[\begin{array}{c|c|c|c|c} \begin{smallmatrix} c & a & & & \\ a & c & a & & \\ & \cdot & \cdot & \cdot & \\ & & a & c & a \\ & & & a & c \end{smallmatrix} & \begin{smallmatrix} a & & & & \\ & a & & & \\ & & a & & \\ & & & a & \\ & & & & a \end{smallmatrix} & & & \left.\right\}\text{块大小为 }K \\ \hline \begin{smallmatrix} a & & & & \\ & a & & & \\ & & a & & \\ & & & a & \\ & & & & a \end{smallmatrix} & \begin{smallmatrix} c & a & & & \\ a & c & a & & \\ & \cdot & \cdot & \cdot & \\ & & a & c & a \\ & & & a & c \end{smallmatrix} & \begin{smallmatrix} a & & & & \\ & a & & & \\ & & a & & \\ & & & a & \\ & & & & a \end{smallmatrix} & & \\ \hline & \begin{smallmatrix} a & & & & \\ & a & & & \\ & & a & & \\ & & & a & \\ & & & & a \end{smallmatrix} & \begin{smallmatrix} c & a & & & \\ a & c & a & & \\ & \cdot & \cdot & \cdot & \\ & & a & c & a \\ & & & a & c \end{smallmatrix} & \begin{smallmatrix} a & & & & \\ & a & & & \\ & & a & & \\ & & & a & \\ & & & & a \end{smallmatrix} & \\ \hline & & \begin{smallmatrix} a & & & & \\ & a & & & \\ & & a & & \\ & & & a & \\ & & & & a \end{smallmatrix} & \begin{smallmatrix} c & a & & & \\ a & c & a & & \\ & \cdot & \cdot & \cdot & \\ & & a & c & a \\ & & & a & c \end{smallmatrix} & \begin{smallmatrix} a & & & & \\ & a & & & \\ & & a & & \\ & & & a & \\ & & & & a \end{smallmatrix} \\ \hline & & & \begin{smallmatrix} a & & & & \\ & a & & & \\ & & a & & \\ & & & a & \\ & & & & a \end{smallmatrix} & \begin{smallmatrix} c & a & & & \\ a & c & a & & \\ & \cdot & \cdot & \cdot & \\ & & a & c & a \\ & & & a & c \end{smallmatrix} \end{array}\right]\right\} J = K \times L\text{行}. \tag{5.18}$$

㊀ Octave 和 Matlab 有自带的重新排序程序，具体为 reshape ( ).

其中，c 表示模板中心点的系数，a 表示模板中与它们相邻的点的系数. 我们可以把整个矩阵想成是由 $L\times L$ 块分块矩阵组成的，每块的大小为 $K\times K$. 除了三对角线上的块矩阵之外，其他块矩阵均为零. 每个非零块矩阵本身有时是三对角（或对角）的. 如果有更高维 M，那么这个巨大的矩阵就是一个由 $M\times M$ 块组成的块三对角矩阵，每一块是一个类似式（5.18）中的二维块（$L\times L$ 块），以此类推.

我们需要仔细地考虑边界条件，包括它们在每个矩阵块的边界. 观察多出来的次对角线上的块矩阵，它们边角上的元素刚好使一些全矩阵的次对角线元素为零. 块三对角形式（5.18）的一个重要结果是，求逆比消元更容易.

5.5 计算成本估计

对大规模的计算，实现不同数值算法的计算成本常常是我们需要考虑的问题. 计算成本常常由每秒浮点运算次数（FLOP）来表达. 粗略地说，这个数字就是实现算法时乘法（或除法）所需要的次数，因为加法的计算成本很低.

对一个 $N\times N$ 矩阵，它与一个长度为 N 的向量相乘，需要（简单地想）的计算成本是 N 行乘以每行 N 个计算：N^2（FLOPS）. 把这个计算量对每列进行，则对两个矩阵相乘的计算量是 N^3. 尽管非奇异矩阵求逆[^1]的过程因为算法复杂看上去难很多，但其实计算量大约也是 N^3. 这些估计大概精确到两倍左右，不过对绝大部分的应用来说这就够了.

在笔记本电脑上用 Octave 对任意 $N=1000$ 的矩阵求逆或者相乘大概需要 1s. 在我看来，这个速度快得神奇，因为它相当于是每纳秒一个 FLOP. 不过，只要缓存能存储足够的数据，现在我们确实可以达到这个速度.

问题在于，如果我们要处理二维空间中的问题，每个维度长为 $K=100$，那么我们需要求逆的矩阵的阶就是 $J=K^2=10000$. 这样，矩

[^1]: 还有 LU 分解，或者回代法.

阵求积或求逆就需要至少 $J^3/10^9=1000\text{s}$；这是 15min. 等这么久容易让人没有耐心，而且如果需要算很多逆，时间很快就来不及了.

计算一个描述二维问题的矩阵的逆需要 K^6 的计算量，而三维问题则需要 K^9 的计算量. 计算成本的迅速增加说明我们一般不会用简单的矩阵求逆来解高维问题. 特别地，对扩散方程在时间上的推进用隐式算法是很困难的，观察到式（5.6）中稳定性对时间步长的要求，用显式算法十有八九更现实.

例子详解：克兰克－尼科尔森矩阵

把以下包含两个空间变量（r 和 ϕ）和一个时间变量 t 的抛物型方程在均匀网格上的克兰克－尼科尔森算法用矩阵方程写出.

$$\nabla^2\psi=\frac{1}{r^2}\frac{\partial}{\partial r}\left(r^2\frac{\partial\psi}{\partial r}\right)+\frac{1}{r^2}\frac{\partial^2\psi}{\partial\phi^2}=\frac{\partial\psi}{\partial t}. \tag{5.19}$$

计算出系数，并且当边界条件是 $r=0$ 处有 $\partial\psi/\partial r=0$，$r=R$ 处有 $\psi=0$ 且对 ϕ 是周期函数时，写出需要的矩阵.

令 k 和 l 分别代表 r 和 ϕ 坐标的下标，Δr 和 $\Delta\phi$ 代表格点尺寸. 空间微分的有限差分就是

$$\begin{aligned}\frac{1}{r^2}\frac{\partial}{\partial r}\left(r^2\frac{\partial\psi}{\partial r}\right)_{k,l}&=\frac{1}{r^2}\left(r_{k+1/2}^2\frac{\psi_{k+1,l}-\psi_{k,l}}{r_{k+1}-r_k}-r_{k-1/2}^2\frac{\psi_{k,l}-\psi_{k-1,l}}{r_k-r_{k-1}}\right)\frac{1}{r_{k+1/2}-r_{k-1/2}}\\&=\left[\left(\frac{r_k+\dfrac{\Delta r}{2}}{r_k}\right)^2(\psi_{k+1,l}-\psi_{k,l})-\left(\frac{r_k-\dfrac{\Delta r}{2}}{r_k}\right)^2(\psi_{k,l}-\psi_{k-1,l})\right]\frac{1}{\Delta r^2}\\&=\left[\left(1+\frac{\Delta r}{2r_k}\right)^2\psi_{k+1,l}-\left(2+\frac{\Delta r^2}{2r_k^2}\right)\psi_{k,l}+\left(1-\frac{\Delta r}{2r_k}\right)^2\psi_{k-1,l}\right]\frac{1}{\Delta r^2}.\end{aligned}$$

$$\begin{aligned}\frac{1}{r^2}\frac{\partial^2\psi}{\partial\theta^2}\bigg|_{k,l}&=\frac{1}{r_k^2}\left(\frac{\psi_{k,l+1}-\psi_{k,l}}{\theta_{l+1}-\theta_l}-\frac{\psi_{k,l}-\psi_{k,l-1}}{\theta_l-\theta_{l-1}}\right)\frac{1}{\theta_{l+1/2}-\theta_{l-1/2}}\\&=(\psi_{k,l+1}-2\psi_{k,l}+\psi_{k,l-1})\frac{1}{r_k^2\Delta\theta^2}.\end{aligned} \tag{5.20}$$

于是，用一个下标 $j=k+K(l-1)$（其中 K 是 k 网格的个数，L 是 l 网格的个数）标记空间网格，微分算子 ∇^2 的作用就变成了矩阵 $\boldsymbol{M}$ 和向量 $=\psi_j$ 的相乘，如下式所示

$$\boldsymbol{M}=\left[\begin{array}{c|c|c|c|c}
\begin{matrix} f & e &&& \\ a & c & b && \\ & \ddots & \ddots & \ddots & \\ && a & c & b \\ &&& a & c \end{matrix} &
\begin{matrix} d &&&& \\ & d &&& \\ && d && \\ &&& d & \\ &&&& d \end{matrix} & & &
\begin{matrix} d &&&& \\ & d &&& \\ && d && \\ &&& d & \\ &&&& d \end{matrix} \\ \hline
\begin{matrix} d &&&& \\ & d &&& \\ && d && \\ &&& d & \\ &&&& d \end{matrix} &
\begin{matrix} f & e &&& \\ a & c & b && \\ & \ddots & \ddots & \ddots & \\ && a & c & b \\ &&& a & c \end{matrix} &
\begin{matrix} d &&&& \\ & d &&& \\ && d && \\ &&& d & \\ &&&& d \end{matrix} & &
\left.\vphantom{\begin{matrix} d \\ d \\ d \\ d \end{matrix}}\right\}\begin{matrix}\text{块大小} \\ K\end{matrix} \\ \hline
 & \begin{matrix} d &&&& \\ & d &&& \\ && d && \\ &&& d & \\ &&&& d \end{matrix} &
\begin{matrix} f & e &&& \\ a & c & b && \\ & \ddots & \ddots & \ddots & \\ && a & c & b \\ &&& a & c \end{matrix} &
\begin{matrix} d &&&& \\ & d &&& \\ && d && \\ &&& d & \\ &&&& d \end{matrix} & \\ \hline
 & & \begin{matrix} d &&&& \\ & d &&& \\ && d && \\ &&& d & \\ &&&& d \end{matrix} &
\begin{matrix} f & e &&& \\ a & c & b && \\ & \ddots & \ddots & \ddots & \\ && a & c & b \\ &&& a & c \end{matrix} &
\begin{matrix} d &&&& \\ & d &&& \\ && d && \\ &&& d & \\ &&&& d \end{matrix} \\ \hline
\begin{matrix} d &&&& \\ & d &&& \\ && d && \\ &&& d & \\ &&&& d \end{matrix} & & &
\begin{matrix} d &&&& \\ & d &&& \\ && d && \\ &&& d & \\ &&&& d \end{matrix} &
\begin{matrix} f & e &&& \\ a & c & b && \\ & \ddots & \ddots & \ddots & \\ && a & c & b \\ &&& a & c \end{matrix}
\end{array}\right]\left.\vphantom{\begin{matrix}1\\1\\1\\1\\1\\1\\1\\1\\1\\1\\1\\1\\1\\1\\1\\1\\1\\1\\1\\1\\1\\1\\1\\1\\1\end{matrix}}\right\}L\text{块}. \qquad (5.21)$$

下面对式（5.21）进行分析，对应 r 位置 k 的某行的系数是

$$a=\left(1-\frac{\Delta r}{2r_k}\right)^2\frac{1}{\Delta r^2},b=\left(1+\frac{\Delta r}{2r_k}\right)^2\frac{1}{\Delta r^2},d=\frac{1}{r_k^2\Delta\phi^2},c=-(a+b+2d). \qquad (5.22)$$

周期边界条件由不在对角线上的 d 类块矩阵表述，它们在右上角和左下角. r 边界条件对对角线上的块矩阵全都一样，它们都是 acb – 类块矩阵. 在 $r=R$ 边界（每块的最下面一行），$\psi=0$ 条件表示那里的 ψ 不对微分算子有任何贡献，所以这个条件常常允许我们在矩阵中忽略 $r=R$，选择下标 $k=K$ 来描述 $r=R-\Delta r$ 位置. 在 $r=0$ 那边（每块最上面一行），$\partial\psi/\partial r=0$ 条件可以由选择 r 节点的位置在积分半格处⊖，中心对称地表达. 换句话说，$r_0=-\Delta r/2$，$r_1=+\Delta r/2$，$r_n=(n-1/2)\Delta r$.（r_0 位置的值不在矩阵中）在这种情况下，$r_{1-1/2}=0$ 处的一阶导数对差分算法不做贡献（因为此时 r^2 为零），r – 二阶微分算子在 $k=1$ 处变成 $(1+\frac{\Delta r}{2r_1})^2(\psi_{2,l}-\psi_{1,l})/\Delta r^2=4(\psi_{2,l}-\psi_{1,l})/\Delta r^2$，这给出相等且符号相反的系数 $e=4/\Delta r^2$. 在那些 $k=1$ 行上的对角线元素是该行其他元素之和的相反数 $f=-(e+2d)$.

用克兰克 – 尼科尔森算法向前推进方程的形式就是

⊖ 我们也可以用积分位置和式（3.16）中的二阶算法.

$$\boldsymbol{\Psi}^{(n+1)}-\boldsymbol{\Psi}^{(n)}=\frac{\Delta t}{2}\boldsymbol{M}\boldsymbol{\Psi}^{(n+1)}+\frac{\Delta t}{2}\boldsymbol{M}\boldsymbol{\Psi}^{(n)},\tag{5.23}$$

整理得到

$$\boldsymbol{\Psi}^{(n+1)}=\left(\boldsymbol{I}-\frac{\Delta t}{2}\boldsymbol{M}\right)^{-1}\left(\boldsymbol{I}+\frac{\Delta t}{2}\boldsymbol{M}\right)\boldsymbol{\Psi}^{(n)}.\tag{5.24}$$

5.6 习题 5　扩散方程和抛物型方程

1. 编写一个计算机程序解扩散方程

$$\frac{\partial\psi}{\partial t}=D\frac{\partial^2\psi}{\partial x^2}+s(x).$$

其中，扩散系数 D 是均匀的常数，给定的源项 $s(x)$ 是常数项，用均匀分布的有 N_x 个节点的 x 网格. 边佛罗里达条件是 ψ 固定，在边界 $x=-1$，1 处分别等于 ψ_1，ψ_2，初值条件是 $t=0$ 处 $\psi=0$.

构造满足 $\boldsymbol{G\Psi}=\nabla^2\boldsymbol{\Psi}$ 的矩阵 $\boldsymbol{G}=G_{ij}$. 用它实现 FTCS 算法

$$\boldsymbol{\Psi}^{(n+1)}=(\boldsymbol{I}+\Delta t\boldsymbol{G})\boldsymbol{\Psi}^{(n)}+\Delta t\boldsymbol{s},$$

特别注意边界条件.

求解这个与时间相关的问题，其中 $D=1$，$s=1$，$N_x=30$，$\psi_1=\pi_2=0$，$t=0\to1$，把结果保存在矩阵 $\psi(x,t)=\psi_{j_x,j_t}$ 中，把矩阵附加在解后，以供参考.

在实验中用若干不同的 Δt，验证精度和稳定性依赖于对 Δt 的选择. 特别地，在不用另外的方法找到“精确解”的情况下：

（1）通过实验，找到使算法变得不稳定的 Δt；

（2）通过实验，估计有限时间步内（$t=1$，$x=0$）ψ 的分数值误差，其中取 Δt 的值大约等于最大的稳定值；

（3）通过在实验中改变 N_x 的值，估计 $N_x=30$ 时空间有限差分中的分数误差，时间误差大还是空间误差大？

2. 对程序进行调整，采用 θ 隐式算法

$$(\boldsymbol{I}-\Delta t\theta\boldsymbol{G})\psi^{(n+1)}=(\boldsymbol{I}+\Delta t(1-\theta)\boldsymbol{G})\psi^{(n)}+\Delta ts.$$

用以下的形式

$$\psi^{(n+1)}=\boldsymbol{B}^{-1}\boldsymbol{C}\psi^{(n)}+\boldsymbol{B}^{-1}\Delta ts.$$

（1）对同一个与时间有关的问题，用不同的 Δt 和 θ 做实验，找到使所有 Δt 的不稳定消失的 θ 值；

（2）假设把 $0 < t \leqslant 1$ 在 50 步内解出，也就是 $\Delta t = 0.02$. 通过实验找到 θ 的最优值使得结果精度最高.

各部分的解应该包括：

1）可执行的计算机程序，说明使用的编程语言；

2）实验中用到的 $\Delta t/\theta$ 值；

3）把解用图画出来，至少画一种情况；

4）简单地解释一下如何确定结果的精确性.

第 6 章 椭圆型问题和迭代矩阵解

6.1 椭圆型方程和矩阵求逆

椭圆型方程中没有特别的类时间的变量，或者物理影响的优选传播方向. 所以一般来说，椭圆型方程，例如泊松方程，来源于多维问题的稳态条件.

常数的（与时间无关）源项（s）和边界条件的扩散问题，在时间上经过演变，终于到达一个稳定状态. 当达到稳定状态时，就有 $\partial/\partial t=0$，所以稳定状态满足对时间的导数为零.

$$\nabla(D\nabla\psi) = -s. \tag{6.1}$$

这是一个椭圆型方程[㊀]，当然，如果扩散系数 D 是均匀的，它就是泊松方程. 扩散方程的最终稳定状态是一个椭圆型方程.

只有空间变量的线性椭圆型方程可以通过空间有限差分，很自然地把二阶微分算子表达成矩阵相乘 $\boldsymbol{B\Psi}$，记为

$$\boldsymbol{B\Psi} = -\boldsymbol{s}, \tag{6.2}$$

这是矩阵求逆问题的标准形式. 它的解是

$$\boldsymbol{\Psi} = -\boldsymbol{B}^{-1}\boldsymbol{s}. \tag{6.3}$$

所以要解线性椭圆型方程只要求矩阵的逆即可. 事实上，在实际应用中，对我们来说较难的部分是在矩阵 $\boldsymbol{B}$ 里表达差分方程，尤其是边界条件. 一旦这个部分完成了，计算机只需要对矩阵求逆，对于小规模

㊀ 去掉（一阶）时间导数就把方程的分类改变了，因为它不再与 t 有关.

的问题可以很容易地这样求解.

正如我们在扩散方程中看到的，多维问题会很快地变得很庞大. 对它们求逆的计算成本也会变得非常昂贵. 应该怎么做呢？我们不是知道怎样求解扩散方程却不求逆吗？采用显式算法在时间上向前推进，小心地保证时间步长不超过稳定性的要求. 如果取足够多的时间步，那么总会达到稳定状态，然后就得到了相应的椭圆型方程的解.

这是解大矩阵的求逆问题最合理的方法. 我们不对矩阵求逆，而是通过迭代计算 ψ，直到 $\boldsymbol{B\Psi}=-\boldsymbol{s}$ 在所需的精度范围以内，这样就得到了要求的解. 那么要怎样迭代呢？根据前面所描述的，可以把这个过程想成一个求解与时间相关的扩散问题. 为了简便起见，考虑均匀的扩散问题

$$\frac{\partial\psi}{\partial t}=D\nabla^2\psi+s. \qquad (6.4)$$

迭代一步从 $\psi^{(n)}$ 得到 $\psi^{(n+1)}$. 它其实就是扩散问题中对时间推进的一步，而且若要避免矩阵求逆，可以直接使用显式 FTCS 算法，向前推进［见式（5.2）］，在一维空间中，

$$\psi_j^{(n+1)}-\psi_j^{(n)}=\frac{D\Delta t}{\Delta x^2}(\psi_{j+1}^{(n)}-2\psi_j^{(n)}+\psi_{j-1}^{(n)}+s_j^{(n)}\Delta x^2/D). \qquad (6.5)$$

从式（6.5）可知，式中右侧括号里的项就是稳态方程的有限差分形式. 如果 ψ 满足稳态方程，那么右侧应该是零，而且 ψ 没有改变：$\psi_j^{(n+1)}=\psi_j^{(n)}$. 如果 ψ 没有变化，稳态方程就满足了.

由于我们只对最终的稳态方程感兴趣，所以无须担心时间积分的精确度，只希望可以尽快到达稳态. 不过，稳定性仍然是需要考虑的对象，因为如果所取的步长太大而引起不稳定，则可能永远都达不到稳态. 我们知道这个算法对步长的要求，从而要求 $\Delta t\leqslant\Delta x^2/2D$. 如果取这个极限作为步长，那么迭代算法变成

$$\psi_j^{(n+1)}-\psi_j^{(n)}=\frac{1}{2}(\psi_{j+1}^{(n)}-2\psi_j^{(n)}+\psi_{j-1}^{(n)}+\frac{s_j^{(n)}}{D}\Delta x^2). \qquad (6.6)$$

在均匀地加了网格的 N_d 个维度，模板中有 $2N_d$ 个相邻点，稳定条件的上限是 $\Delta t=\Delta x^2/2N_dD$，然后在第一个分式和 $\psi^{(n)}$ 的系数中用 $2N_d$ 代替 2. 一般的迭代形式是

$$\psi_j^{(n+1)} - \psi_j^{(n)} = \left(\sum_q a_q \psi_q^{(n)} / \sum_q a_q\right) - \psi_j^{(n)} + \frac{s_j^{(n)} \Delta t}{\sum_q a_q}. \quad (6.7)$$

其中 q 跑遍全部 $2N_d$ 个模板中的相邻节点，节点 q 的系数是 $a_q = D/\Delta x^2$，如果这些维度的网格不是大小均匀的，那么系数 a_q 不会完全一样. $\psi_j^{(n)}$ 的系数总是 -1，而且总会和左侧相同的项消去.

这个算法叫作矩阵迭代求逆的雅可比方法[⊖]. 可惜，它收敛得很慢，不过我们可以用其他由雅可比算法引出的算法，这要求我们有效地利用已经所学的知识.

当用雅可比方法更新解时，则可知一些相邻节点处的新值 $\psi_q^{(n+1)}$. 例如，如果在二维空间里沿下标增加的方向更新解，当需要更新 $\psi_{jk}^{(n)}$ 时，则可知 $\psi_{j-1,k}^{(n+1)}$，$\psi_{j,k-1}^{(n+1)}$. 也许在差分算法中应马上使用这些新的值，而不是 n 处的旧值. 在式（6.7）中，一旦新的值算出来就立即替代旧值，这样的算法叫作高斯－赛德尔（Gauss－Seidel）迭代法.

6.2 收敛速度

高斯－赛德尔迭代法的收敛速度仍然和雅可比的几乎一样慢. 最简单的方法（也是解偏微分方程的最佳实现方法）是不要按下标的增长来更新每步计算的值，更好的办法是更新相隔一个节点的值. 首先，更新所有奇数 j 点的值，然后再更新所有偶数 j 点的值. 这样做的好处是算法的每一阶段所有用到的相邻点有同样程度的更新. 奇数点的更新来自于上一步旧的偶数点值，然后偶数点的值由新算出的奇数点值给出. 在多维的情况下，要达到同样的效果，只需要先更新下标之和是奇数的节点（$j+k+\cdots=$奇数），然后是下标之和为偶数的

⊖ 雅可比方法其实可以用于求解非常广泛的矩阵方程 $\boldsymbol{B\Psi}=\boldsymbol{s}$，具体的实现可用 $\boldsymbol{\Psi}^{(n+1)}=\boldsymbol{D}^{-1}(\boldsymbol{s}-\boldsymbol{R\Psi}^{(n)})$，其中 $\boldsymbol{D}$ 是 $\boldsymbol{B}$ 的对角线部分，$\boldsymbol{R}=\boldsymbol{B}-\boldsymbol{D}$ 是其余部分. 如果 $\boldsymbol{B}$ 是对角占优的，也就是对角元的绝对值大于同一行其他元素绝对值的和，那么该算法一定收敛.

节点. 在二维空间中，这种更新方法可以由棋盘中交叉的红黑格子表达，如图 6.1 所示. 这个算法是先算红格子，然后算黑格子. 红黑更新顺序把更新步骤分成了两个“半更新”㊀.

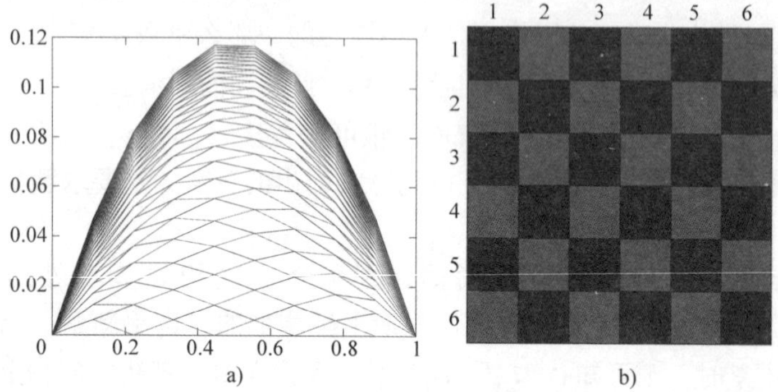

图 6.1 a) 一维高斯 - 赛德尔奇偶迭代产生的每半步处的解形成一个向上收敛解的网. b) 在二维中，交叉的网格先更新浅色然后更新深色

考虑一个波数为 $k_x = p\pi/L$ 的傅里叶项，其中 p 是整数模数，L 是域长（为了简便起见，只考虑一维），并且在域长两端加上狄利克雷条件. 由式 (6.6) 得到的半更新给出如下的增长因子：

$$A = \psi_j^{(n+1)}/\psi_j^{(n)} = \frac{1}{2}(e^{ip\pi\Delta x/L} + e^{-ip\pi\Delta x/L}) = \cos(p\pi\Delta x/L). \quad (6.8)$$

收敛过程包括系统每项的误差衰减，这时 ψ 还不是稳态解. 每个半更新阶段，每个傅里叶项反复地乘 A，所以 m 个更新步骤（$2m$ 个半更新）之后，这一项就衰减了 A^{2m} 倍. 过一段时间之后，最大的误差来源于衰减最慢的项，那是增长因子最接近 1 的那一项. 因为 $A = \cos(p\pi\Delta x/L)$，增长因子最接近 1 的那一项就是波数最小的那一项，也就是当 $p = 1$ 时. 如果空间网格节点数 $N_j = L/\Delta x$ 很大，则将余弦函数 ($p = 1$) 进行泰勒展开得

$$A \approx 1 - \frac{1}{2}\left(\frac{\pi\Delta x}{L}\right)^2 = 1 - \frac{1}{2}\left(\frac{\pi}{N_j}\right)^2. \quad (6.9)$$

为使这项的振幅在 m 步之后缩小 $1/F$，令 $A^{2m} = 1/F$，或者取对数，取

㊀ 对矩阵方面的专家，推进矩阵显然就是“两循环且一致排序的”.

$\ln(1+x)\approx x$，于是 $\ln A\approx -\pi^2/2N_j^2$，

$$m=\frac{1}{2}\ln(1/F)/\ln A\approx \ln F\left(\frac{N_j}{\pi}\right)^2. \tag{6.10}$$

该式说明收敛到某个因子所要求的步骤与 N_j^2 成正比，这包括很多步. 恰好，雅可比迭代法给出同样的增长因子 A，差别在于这个因子是一整步的，而不是半步的. 于是高斯 - 赛德迭代的收敛只比雅可比快一倍. 不过它的好处是，对多维问题不会变差很多. 一个二维方形区域，如果 $\Delta x=\Delta y$，A 是一样的，所以收敛需要的步骤也一样.

6.3 逐次超松弛法（SOR 法）

高斯 - 赛德尔法是一个"逐次"的方法，也就是对要求的值连续更新，而且更新的值立刻被使用. 事实证明，通过在每一步过度纠正误差的简单方法，可以大大提高收敛速度. 这种方法叫作"超松弛"法，而把它用在高斯 - 赛德尔迭代法，所以叫作"逐次超松弛"法，简称 SOR 法. 与式（6.7）类比，写成

$$\psi_j^{(n+1)}-\psi_j^{(n)}=\omega\left[\left(\sum_q a_q\psi_q^{(r)}\Big/\sum_q a_q\right)-\psi_j^{(n)}+\frac{s_j^{(n)}\Delta t}{\sum_q a_q}\right]. \tag{6.11}$$

其中 $r=n$ 对应于中点为奇数的模板，$r=n+1$ 对应偶数. 参数 $\omega>1$ 是超松弛参数. 严格来讲，如果 $\omega<1$，则应该称它为欠松弛. 当 $\omega=1$ 时，这就是原来的高斯 - 赛德尔算法.

SOR 在 $0<\omega<2$ 时稳定，我们直觉上猜测 $\omega>1$ 时收敛应该比 $\omega=1$ 快，收敛速度具体快多少并不容易直接看出来[㊀]，所以，下面不加证明的给出几条结论.

- 在 1 和 2 之间，存在 ω 的最佳选择，使得收敛最快；

㊀ 如果你感兴趣，请阅读拓展部分：G D Smith（1985）Numerical Solution of Partial Differential Equations，Oxford University Press，Oxford。书中第 275 页给出了一个清晰的概括.

• 如果 A_J 是对应雅可比迭代的增长因子（均匀问题的 $\cos(\pi\Delta x/L)$），那么 ω 的最佳选择是 $\omega=\omega_b=2/1+\sqrt{1-A_J^2}$.

• 对最佳的 ω，SOR 的增长因子是 $A_{\mathrm{SOR}}=\omega_b-1=(A_J\omega_b/2)^2$，对均匀而且 N_j 很大的情况，这些值就是

$$\omega_b\approx\frac{2}{1+\pi/N_j},A_{\mathrm{SOR}}\approx1-\frac{2\pi}{N_j}.\tag{6.12}$$

这几条事实表明，在最佳松弛参数附近时，要收敛到 F 倍所需的步骤大概是 $N_j\ln F/2\pi$（而不是高斯 - 赛德尔里需要的 $N_j^2\ln F/\pi^2$ 步），这是一个很大的优势. 不过，要利用这个优势要求对 ω_b 有准确的估计，而当问题比较复杂时，这就比较困难了. 选择好的 ω 应该说是 SOR 算法中最具有挑战性的部分了，图 6.2 给出了一个例子.

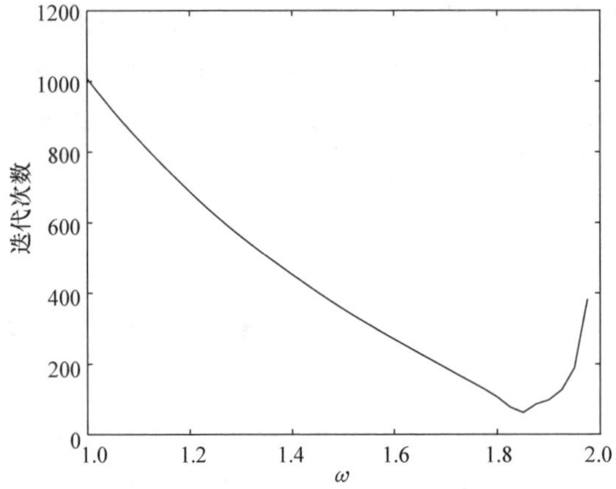

图 6.2　这里我们用均匀的源，在长为 $N_j=32$ 的网格上描绘泊松方程的 SOR 解法收敛要求的步数. 当 ψ 在从上一步到下一步的变化最大也小于 $10^{-6}\psi_{\max}$，我们就说算法收敛了. 迭代步数最少的是 63，在 $\omega=1.85$ 时达到. 这应该与理论值 $\ln(10^6)(N_j/2\pi)=70$ 比较，这时 $\omega=2/(1+\pi/N_j)=1.821$

Krylov 法是另外一种迭代矩阵解法. 和 SOR 类似，Krylov 法也只用到矩阵乘积，而不需要矩阵求逆. 在求解偏微分方程时，如果得到稀疏矩阵，这些算法就有很大的优势. 它们也叫作“共轭梯度”法，“Newton - Krylov”法和“GMRES（广义最小残量）法. 有时候这些

算法收敛得比 SOR 快，而且不需要小心地调整松弛参数. 不过，它们有自己“预处理”的调整问题，这些内容我们会在最后一章简单地介绍.

6.4 迭代和非线性方程

用迭代法求解椭圆问题有很大的好处，这就是只需要乘以差分矩阵. 又因为差分矩阵非常稀疏，我们并不需要把它完整地构造出来. 只需要很小的计算量，用相邻格点的值与系数相乘就可以了. 这可以省下很多的存储空间（和构造整个矩阵相比），并且避免很多多余的乘零计算. 正是因为避免了矩阵的构造和求逆，我们需要很多步的迭代. 通常来说，对大的多维问题，迭代的成本比省下来的计算小多了.

还有另一种情况迭代法也必不可少，那就是问题是非线性的. 例如，在通过等离子体或电解质筛选电场时，泊松方程的源项（电荷密度）是势函数 ϕ 的非线性函数，取指数得到

$$\nabla^2\phi = -s = \exp(\phi) - 1. \tag{6.13}$$

该怎么解这个椭圆型方程呢? 因为右侧是非线性项，故它不能通过矩阵求逆解出. 就算我们求出差分矩阵的逆并且构造式 (6.3)：$\boldsymbol{\Phi} = -\boldsymbol{B}^{-1}\boldsymbol{s}$，由于 s 是 ϕ 的非线性方程，这个表达式其实并不是问题的解.

解非线性问题的一般步骤是：

（1）在当前近似解的附近把问题线性化；

（2）解或者向前推进线性问题；

（3）重复以上步骤，直到非线性问题收敛.

当处理非线性问题时，我们知道迭代法是必需的，那么就有理由对问题线性化的部分也用迭代法. 在通常情况下，用迭代法解非线性问题并不比解线性问题更费力.

6.4.1 线性化

在第 n 步时，我们有势函数 $\phi^{(n)}$，它还不是椭圆型方程的稳态

解. 在这个函数的一个邻域内，我们可以把源项用泰勒展开（在每个网格处）：

$$s(\phi)=s(\phi^{(n)})=\frac{\partial s}{\partial \phi}\tilde{\phi}+\frac{1}{2!}\frac{\partial^2 s}{\partial \phi^2}\tilde{\phi}^2+\cdots,\text{其中 }\tilde{\phi}=\phi-\phi^{(n)}. \tag{6.14}$$

当 ϕ 和 $\phi^{(n)}$ 的差足够小，也就是 $\tilde{\phi}$ 足够小时，可以忽略泰勒展开中前两项之外的所有项. 在指数例子里，代换 ϕ 并且重新整理，得到线性化方程

$$\nabla^2\tilde{\phi}-\exp(\phi^{(n)})\tilde{\phi}=\exp(\phi^{(n)})-1-\nabla^2\phi^{(n)}. \tag{6.15}$$

右侧是残量，第 n 步近似值代入微分方程后差的量. 更一般地，从 $\nabla^2\phi=-s$ 可以得到线性方程

$$\nabla^2\tilde{\phi}+\left.\frac{\partial s}{\partial \phi}\right|_{\phi^{(n)}}\tilde{\phi}=-s(\phi^{(n)})-\nabla^2\phi^{(n)}. \tag{6.16}$$

这个方程可以线性地解出 $\tilde{\phi}$. 当然 $\tilde{\phi}$ 是真实解 ϕ 和近似解 $\phi^{(n)}$ 在第 n 步的误差线性化的估计. 如果求出线性方程（6.16）的解，那么既然这个方程本身就是近似的，新的值 $\phi^{(n+1)}\equiv\phi^{(n)}+\tilde{\phi}$ 就只是原非线性方程的近似解. 不过，它还是应该更接近真实解的. 所以，如果只是迭代这个过程，随着 n 的增长，就接近了完全的非线性解，从而这就是一个通过线性化得到的非线性方程的解.

6.4.2 结合线性和非线性迭代

现在的问题是：应该用什么方法解线性问题得到 $\tilde{\phi}$ 呢？我们知道，就算精确地解出线性方程，这个解却仍然不是非线性方程的精确解，所以并没有必要对线性方程求精确解. 事实上，在很多情况下我们甚至没有必要对线性化方程的每一步求它们精确解的好的近似. 于是我们可以说要用迭代法求线性化方程的解，不过我们在解时只迭代一步. 换句话说，$\phi^{(n)}$ 是通过对线性化方程向前迭代一步算出来的（比如用 SOR 算法）. 然后重新计算 s 和它的导数 $\partial s/\partial \phi$ 并且用它们求 ϕ 的值，如此反复.

事实上，我们有时候可以忽略线性化方程中的线性项，这里只要

在泰勒展开中只留下第一个常数项就可以. 那么就用$\nabla^2\phi^{(n)}=\exp\phi^{(n)}-1$作为每步要解的非线性迭代，这个方法的可行性取决于$\nabla^2\phi$在方程中的重要性. 当$\nabla^2\phi$很小时，非线性方程就好像是关于$\phi$的超越方程：$\exp\phi-1\approx0$. 这时解方程（6.15）（没有$\nabla^2\phi$项）就和一步的牛顿迭代法求根等价，这是一个比较明智的迭代. 不过，没有线性项时，将会出现可忽略不计的非线性的解.

非线性方程的解的收敛速度比较难推测，这取决于非线性的类型. 不过，对一般情况，如果迭代步骤选得合理，非线性方程的收敛速度不会比相应的线性化方程慢. 简而言之，迭代解可以方便地用于非线性方程，而且计算成本也很合理.

例子详解：最优 SOR 松弛

考虑椭圆型方程

$$\frac{\partial^2\phi}{\partial x^2}+\frac{\partial^2\phi}{\partial y^2}=s(x,y). \tag{6.17}$$

其中，选用直角坐标系$x=j\Delta x$，$j=0$，1，…，N_x；$y=k\Delta y$，$k=0$，1，…，N_y，假设在$x=0$，$N_x\Delta x$和$y=0$，$N_y\Delta y$处的边界条件是$\phi=f(x,y)$. 首先寻求系统 SOR 迭代法的最佳松弛参数ω，然后计算收敛速度.

假设系统最后的解是ϕ_s，定义新的应变量$\psi=\phi-\phi_s$，它代表近似解（ϕ）和真实解的差. 当然，当对方程求解时，因为还没有ϕ_s，所以没办法从ϕ直接计算ψ. 不过这并不影响以下的分析. 把$\phi=\psi+\phi_s$代入微分方程，因为ψ_s是方程的解，而且它满足边界条件，则可得到ψ满足以下齐次方程

$$\frac{\partial^2\psi}{\partial x^2}+\frac{\partial^2\psi}{\partial y^2}=0 \tag{6.18}$$

和齐次边界条件$\psi=0$. 当然，这表明ψ的最终解是0. 不过在那之前ψ是非零的，而且任何解ϕ的迭代法和解ψ的迭代法是等价的. 特别地，ψ收敛到0的收敛速度刚好是ϕ收敛到ϕ_s的收敛速度. 于是，我们可以对更简单的齐次ψ系统进行稳定性和收敛分析，然后其结果可以直接应用到ϕ系统式（6.17）.

网格大小不同的二维网格中，齐次雅可比迭代法［式（6.6）］是

$$\psi_{j,k}^{(n+1)}-\psi_{j,k}^{(n)}=\frac{1}{2}\left(\frac{\psi_{j+1,k}^{(n)}+\psi_{j-1,k}^{(n)}}{\Delta x^2}+\frac{\psi_{j,k+1}^{(n)}+\psi_{j,k-1}^{(n)}}{\Delta y^2}\right)\left(\frac{1}{\Delta x^2}+\frac{1}{\Delta y^2}\right)^{-1}-\psi_{j,k}^{(n)}. \tag{6.19}$$

通过分析二维傅里叶项，对齐次方程进行冯·诺伊曼分析. 它们与 $\exp\ \mathrm{i}(k_x x+k_y y)=\exp\ \mathrm{i}\pi(pj/N_x+qk/N_y)$ 成正比，其中 p，q 是标记傅里叶项的整数㊀. 对 p，q 傅里叶项，$\psi_{j+1,k}^{(n)}+\psi_{j-1,k}^{(n)}=2\cos(p\pi/N_x)\psi_{j,k}^{(n)}$ 和 $\psi_{j,k+1}^{(n)}+\psi_{j,k-1}^{(n)}=2\cos(q\pi/N_y)\psi_{j,k}^{(n)}$，所以通过代换，可得式 (6.8) 的二维形式

$$A_J\equiv\psi_{j,k}^{(n+1)}/\psi_{j,k}^{(n)}=\left(\frac{\cos(p\pi/N_x)}{\Delta x^2}+\frac{\cos(q\pi/N_y)}{\Delta y^2}\right)\left(\frac{1}{\Delta x^2}+\frac{1}{\Delta y^2}\right)^{-1}. \tag{6.20}$$

衰减最慢的项是波长最长的项：$p=1$，$q=1$. 对于该项，展开 $\cos\theta\approx 1-\theta^2/2$ 得

$$\begin{aligned}A_J&\approx 1-\left(\frac{\pi^2}{2N_x^2\Delta x^2}+\frac{\pi^2}{2N_y^2\Delta y^2}\right)\left(\frac{1}{\Delta x^2}+\frac{1}{\Delta y^2}\right)^{-1}\\&=1-\frac{1}{2}\left[\left(\frac{\pi}{N_x}\right)^2\frac{\Delta y^2}{\Delta x^2+\Delta y^2}+\left(\frac{\pi}{N_y}\right)^2\frac{\Delta x^2}{\Delta x^2+\Delta y^2}\right]\\&=1-\frac{1}{2}\left(\frac{\pi}{N_xN_y}\right)^2\frac{N_y^2\Delta y^2+N_x^2\Delta x^2}{\Delta x^2+\Delta y^2}.\end{aligned} \tag{6.21}$$

为了简便，定义

$$M\equiv N_xN_y\Big/\sqrt{\frac{N_y^2\Delta y^2+N_x^2\Delta x^2}{\Delta x^2+\Delta y^2}}. \tag{6.22}$$

于是 $A_J=1-\frac{1}{2}\left(\frac{\pi}{M}\right)^2$，而且 M 作为测量网格的大小，就像一维情况的 N㊁. 然后，最佳 SOR 松弛参数 ω_b 就可以由 A_J 表达，即

㊀ 如果考虑边界条件，那么本征模其实是 $\sin(jp\pi/N_x)\sin(kq\pi/N_y)$，但是复变量的冯·诺伊曼分析给出一样的结论.

㊁ 事实上，如果 $N_x=N_y$ 而且 $\Delta x=\Delta y$，那么 $M=N_x$，或者如果 $\Delta y\gg\Delta x$，而且 N_x 不比 N_y 小很多，那么 $M\approx N_x$.

$$\omega_b = \frac{2}{1+\sqrt{(1+A_J)(1-A_J)}} \approx \frac{2}{1+\dfrac{\pi}{M}}. \tag{6.23}$$

由这个 ω_b 算出的 SOR 增长因子是

$$A_{\text{SOR}} = \omega_b - 1 \approx 1 - \frac{2\pi}{M}, \tag{6.24}$$

把 ψ 缩小 $1/F$ 所需要的迭代次数是［见式（6.10）］

$$m = -\ln F/\ln A_{\text{SOR}} \approx M\frac{\ln F}{2\pi}. \tag{6.25}$$

拓展：SOR 收敛分析大纲

假设式（6.2）中需要求解的矩阵 $\boldsymbol{B}$ 是任意矩阵，只不过它的对角元素全部是 -1. 对矩阵变形，不失一般性. 我们可以对矩阵做这样的假设. 这样，它可以分成三个部分：对角的负单位阵 $\boldsymbol{I}$ 部分；加上 $\boldsymbol{U}$，它的元素都乘了旧的 ψ 值（偶数节点）；加上 $\boldsymbol{L}$，它的元素都乘了新的值（奇数节点）. $\boldsymbol{B}=-\boldsymbol{I}+\boldsymbol{U}+\boldsymbol{L}$. 那么 SOR 算法（忽略源项）就可以写成

$$\boldsymbol{\Psi}^{(n+1)} - \boldsymbol{\Psi}^{(n)} = \omega[(-\boldsymbol{I}+\boldsymbol{U})\boldsymbol{\Psi}^{(n)} + \boldsymbol{L}\boldsymbol{\Psi}^{(n+1)}],$$

把 n 项合并起来，得

$$(\boldsymbol{I}-\omega\boldsymbol{L})\boldsymbol{\Psi}^{(n+1)} = [(1-\omega)\boldsymbol{I}+\omega\boldsymbol{U}]\boldsymbol{\Psi}^{(n)},$$

它可以改写成

$$\boldsymbol{\Psi}^{(n+1)} = (\boldsymbol{I}-\omega\boldsymbol{L})^{-1}[(1-\omega)\boldsymbol{I}+\omega\boldsymbol{U}]\boldsymbol{\Psi}^{(n)} = \boldsymbol{H}\boldsymbol{\Psi}^{(n)}.$$

推进矩阵 $\boldsymbol{H}$ 的特征值是系统真实模的“增长因子”. 它们是 det（$H-\lambda I$） = 0 的解 λ，但是，

$$\boldsymbol{H}-\lambda\boldsymbol{I} = (\boldsymbol{I}-\omega\boldsymbol{L})^{-1}\{(1-\omega)\boldsymbol{I}+\omega\boldsymbol{U}-\lambda(\boldsymbol{I}-\omega\boldsymbol{L})\}.$$

所以

$$\det\{\lambda\omega\boldsymbol{L}+(1-\lambda-\omega)\boldsymbol{I}+\omega\boldsymbol{U}\}=0,$$

任意矩阵 $\alpha^{-1}\boldsymbol{L}-\boldsymbol{D}+\alpha\boldsymbol{U}$ 的行列式都与 α 无关，其中 $\boldsymbol{L}$ 和 $\boldsymbol{U}$ 分别是下三角形阵和上三角形阵，$\boldsymbol{D}$ 是对角阵. 这是因为行列式展开中包含的 $\boldsymbol{L}$ 和 $\boldsymbol{U}$ 的元素个数相等；所以 α 因子都消去了. 从此记法可以看出，在矩阵中，我们可以把所有偶数节点放在上三角部分，奇数节点放在下三角部分. 这可以通过将所有偶数位置放在首位的简便方法来实现. 实际上，我们并不需要进行重新排列，我们只需要知道应该怎么做就可以了. 这时，我们可以平衡行列式的上三角和下三角部分，用 $\lambda^{-1/2}$ 乘以 $\boldsymbol{L}$，$\lambda^{1/2}$ 乘以 $\boldsymbol{U}$ 得到

$$\det\{\lambda^{1/2}\omega\boldsymbol{L}+(1-\lambda-\omega)\boldsymbol{I}+\lambda^{1/2}\omega\boldsymbol{U}\}=0,$$

也就是

$$\det\{-(\lambda+\omega-1)\omega^{-1}\lambda^{-1/2}\boldsymbol{I}+\boldsymbol{L}+\boldsymbol{U}\}=0.$$

雅可比迭代矩阵 $\boldsymbol{L}=\boldsymbol{U}$ 的特征值 μ 满足 $\det(-\mu\boldsymbol{I}+\boldsymbol{L}+\boldsymbol{U})=0$，恰好是特征根为 $(\lambda+\omega-1)\ \omega^{-1}\lambda^{-1/2}=\mu$ 的方程. 这是雅可比迭代和 SOR 迭代特征值的直接对应关系.

这个关系可以看成是给定 μ 和 ω 时，关于 λ 的二次方程

$$\lambda^2+(2\omega-2-\omega^2\mu^2)\lambda+(\omega-1)^2=0.$$

最优的 ω 给出大 λ 解的最小模长. 这在 λ 的根重合时发生，也就是当 $(\omega-1-\omega^2\mu^2/2)^2=(\omega-1)^2$ 时，这时解为

$$\omega=\omega_b=\frac{2}{1+\sqrt{1-\mu^2}}.$$

相应的特征值是 $\lambda=\omega_b-1$. 当 $\omega>\omega_b$ 时，λ 的根是复数，模长为 $\omega-1$. 于是 SOR 仅当 $\omega<2$ 时稳定，收敛速度在 ω_b 和 2 之间线性地减小到零.

6.5 习题 6 矩阵问题的迭代解

1. 从解扩散问题的显式程序开始，逐步调整它，使它总取稳定极限 $\Delta t=\Delta x^2/2D$ 的时间步长 Δt，于是

$$\psi_j^{(n+1)}-\psi_j^{(n)}=\left(\frac{1}{2}\psi_{j+1}^{(n)}-\psi_j^{(n)}+\frac{1}{2}\psi_{j-1}^{(n)}+\frac{s_j^{(n)}}{2D}\Delta x^2\right).$$

它是求解稳态椭圆型方程的雅可比迭代算子. 进行收敛测试，找到 ψ 最大变化的绝对值，然后除以 ψ 的最大绝对值，得到单位化的 ψ 变化. 当单位化的 ψ 变化小于（比如）10^{-5}时，我们认为算法收敛. 用它在区间 $x=[-1,1]$ 上解

$$\frac{\mathrm{d}^2\psi}{\mathrm{d}x^2}=1,$$

边界条件是 $\psi=0$，且共有 N_x 个等间距的节点. 从初始状态 $\psi=0$，在以下条件下，找到收敛需要的迭代步骤

（1）$N_x=10$；

（2）$N_x=30$；

（3）$N_x=100$.

比较实验结果和本章中的解析估计，解析估计准确吗?

以下研究解的精确性.

(4) 求方程的解析解，找到 ψ 在 $x=0$ 处的值 ψ (0).

(5) 对这三个 N_x 值，找到 ψ (0) 的相对误差㊀.

(6) 实际的相对误差和收敛测试值 10^{-5} 相同吗？为什么？

2. 可以选择，但不计入总分. 通过把迭代矩阵分为深灰和黑色（奇部分和偶部分）的推进部分，把你的迭代算子变成 SOR 算子. 每个部分 - 迭代子使用另外那个部分 - 迭代子得到的最新的 ψ 值. 选择超松弛参数 ω. 研究迭代作为 N_x 和 ω 的函数的收敛速度.

注：尽管 Octave/MATLAB 中用大稀疏矩阵进行矩阵相乘而更新所算的值非常方便，但在实际中却不这样做. 因为有很多高效得多的方法，都可以避免与零相乘的无关的计算.

㊀ "收敛的"迭代结果 $\psi(0)$ 和解析结果 $\psi(0)$ 的差对解析值单位化.

第 7 章

流体力学和双曲型方程

7.1 流体动量方程

在 4.1.1 节中，我们介绍了连续流体方程，也称流体质量守恒方程：

$$\frac{\partial \rho}{\partial t} + \nabla(p\boldsymbol{v}) = S. \tag{7.1}$$

下面介绍流体力学中第二个重要的方程，也就是动量守恒方程. 与质量守恒类似，动量守恒考察一个控制体 V 之内全部的动量，以及通过该控制体边界 ∂V 进入 V 的全部动量，然后设它们的总和为这个体积内动量总和的变化速度. 自然的，动量是一个向量，它的密度（单位体积内控制体的动量）为 $\rho\boldsymbol{v}$. 那么动量的总变化量就是这个量的体积分了.

一个控制体中动量的来源包括流体受到的所有*接触力*，这当然是牛顿第二定律告诉我们的. 动量的变化速度等于力的大小. 但正如动量那样，力也需要由*力密度* $\boldsymbol{F}$，也就是单位体积流体的受力来表示. 比方说，重力在每单位体积的大小是 $\rho\boldsymbol{g}$，其中 $\boldsymbol{g}$ 是向下的重力加速度向量，又比方说，流体的电场密度是 ρ_q，那么由电场 $\boldsymbol{E}$ 产生的接触力密度就是 $\rho_q\boldsymbol{E}$，力密度 $\boldsymbol{F}$ 是所有类似力的总和. 当然，也有可能一个力都没有.

表面动量的通量更加微妙些. 通量中的一部分来源于流体的运动，密度为 $\rho\boldsymbol{v}$ 的流体动量也因此流动，跟着流体以速度 $\boldsymbol{v}$ 做“对流”.

于是，在任意固定的表面元 d$\boldsymbol{A}$，有大小为 $\rho\boldsymbol{vv}$d$\boldsymbol{A}$ 的对流. 这样就可以求出对流动量的通量了：它和 d$\boldsymbol{A}$ 的点积就是通过 d$\boldsymbol{A}$ 的通量. 它由 $\rho\boldsymbol{vv}$计算，是一个张量（这里也是一个二元关系），有两组坐标标号，并且由以下 3×3 矩阵表示：

$$\rho\boldsymbol{vv} = pv_iv_j = \rho\begin{pmatrix} v_1v_1 & v_1v_2 & v_1v_3 \\ v_2v_1 & v_2v_2 & v_2v_3 \\ v_3v_1 & v_3v_2 & v_3v_3 \end{pmatrix}. \tag{7.2}$$

除了这个由局部流体运动带来的对流的动量通量，我们还可能观察到由其他现象引起的动量通量. 这样的现象包括压力、黏性，或者（非牛顿流体，例如胶或者固体）弹性引起的切应力. 我们把这些现象都放在一起当成另外一个张量考虑，通常就称为压力张量，记为 $\boldsymbol{P}$. 它是一个 3×3 矩阵，其元素记为 P_{ij}，正如之前假设 $\boldsymbol{F}$ 是全部接触力密度的总和那样，$\boldsymbol{P}$ 是全部非对流动量通量密度的总和.

这样，动量守恒在任意控制体及其边界就可以用以下的等式表示：

$$\frac{\partial}{\partial t}\int_V \rho\boldsymbol{v}\mathrm{d}^3x = \int_V \boldsymbol{F}\mathrm{d}^3x - \int_{\partial V}(\rho\boldsymbol{vv}+\boldsymbol{P})\,\mathrm{d}\boldsymbol{A}. \tag{7.3}$$

参见图 7.1. 和质量守恒类似，利用高斯（散度）定理把面积分转化为体积分，整理得到

$$\int_V \frac{\partial}{\partial t}(\rho\boldsymbol{v}) - \boldsymbol{F} + \nabla(\rho\boldsymbol{vv}+\boldsymbol{P})\,\mathrm{d}^3x = 0. \tag{7.4}$$

这个等量关系必须对任意控制体 V 都成立，而这要求被积函数必须恒等于 0，即

$$\frac{\partial}{\partial t}(\rho\boldsymbol{v}) - \boldsymbol{F} + \nabla(\rho\boldsymbol{vv}+\boldsymbol{P}) = 0. \tag{7.5}$$

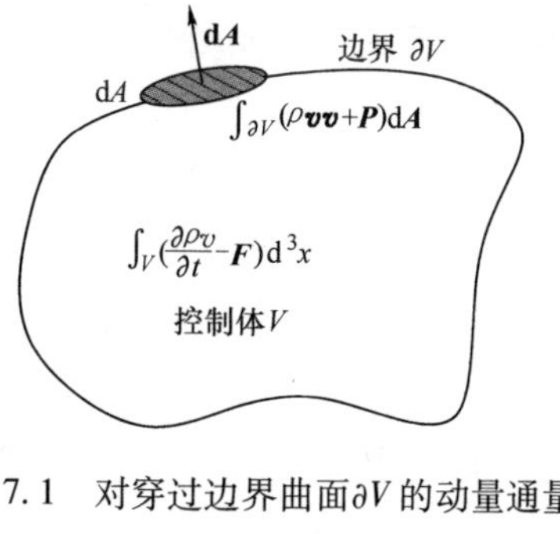

图 7.1　对穿过边界曲面∂V 的动量通量密度积分，等于负的动量的变化率和负的力密度对体积 V 的积分. 动量通量密度包括对流通量和应力张量部分

这是流体动量守恒的一般形式. 如果已知 $\boldsymbol{P}$，那么可以由式

(7.5) 解出$\boldsymbol{v}$. 但这其实和我们研究连续性等式的时候一样. 解ρ是可以的，但是需要给出$\boldsymbol{v}$. 现在，解$\boldsymbol{v}$是可以的，但是需要给出$\boldsymbol{P}$. 直觉告诉我们，这种一环套一环的关系可能会永远继续下去. 我们可以通过能量守恒得到关于$\boldsymbol{P}$的等式，但这个等式又会包含一个描述能量通量的三阶张量（例如传导等）. 于是解它又需要另外一个等式. 一般来说，一个可解的问题要求我们必须在某一步停下来：我们称这个过程为“闭合”. 怎样闭合和什么时候闭合取决于我们得到的流体方程，而且这个闭合过程通常要用到某种流体的性质（例如压强）和其他变量（例如密度或者速度梯度）之间的“本构关系”.

在日常生活中我们遇到的流体绝大部分是各向同性的，它们本身没有对方向的选择性. 有些流体是各向异性的，例如等离子体或者其他磁场中的导电流，现在我们先不去管它们. 各向同性流体通常会产生几乎对称的应力张量$\boldsymbol{P}$. 为了便于分析，我们把总的应力张量分成两个部分，一部分可以写成一个标量p与单位矩阵$\boldsymbol{I}$的乘积（这是各向同性的部分），另一部分是迹为零的σ，这也就是说，它的对角元素和为零，即$\sum_j \sigma_i = 0$. 于是得到$\boldsymbol{P}=p\boldsymbol{I}+\sigma$. 其中$p$是压强. 简单流体的零迹（迹为零）应力张量$\sigma$来自黏度，它将应力和应变张量变化率联系起来，如图7.2所示. 应变张量率是

$$\frac{1}{2}\left(\frac{\partial v_i}{\partial x_j}+\frac{\partial v_j}{\partial x_i}\right).$$

σ和它的零迹部分成正比

$$\begin{aligned}\sigma_{ij} &=\mu\left[\left(\frac{\partial v_i}{\partial x_j}+\frac{\partial v_j}{\partial x_i}\right)-\frac{2}{3}\nabla \boldsymbol{v}\delta_{ij}\right]_{ij} \\ &=\mu\left[\left((\nabla \boldsymbol{v})+(\nabla \boldsymbol{v})^{\mathrm{T}}\right)-\frac{2}{3}(\nabla \boldsymbol{v})\boldsymbol{I}\right]_{ij}\end{aligned} \tag{7.6}$$

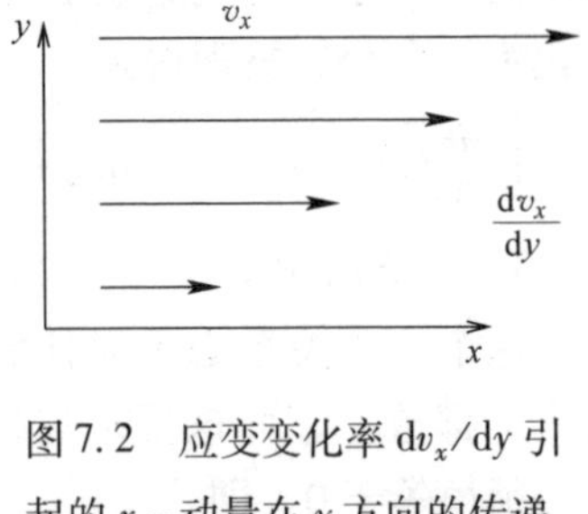

图7.2 应变变化率dv_x/dy引起的x-动量在y方向的传递，应变张量率是这个形式对称的推广

比例常数μ是（剪切）黏度. $(\nabla \boldsymbol{v})$是一个张量，它的转置由上标T表示. 把式(7.6)代入一般动量守恒方程，就得到了著名的N-S方程

$$\frac{\partial}{\partial t}(\rho \boldsymbol{v}) + \nabla(\rho \boldsymbol{v}\boldsymbol{v}) = -\nabla(p\boldsymbol{I} + \boldsymbol{\sigma}) + \boldsymbol{F} = -\nabla p - \mu\nabla^2\boldsymbol{v} - \frac{1}{3}\mu\nabla(\nabla\boldsymbol{v}) + \boldsymbol{F}. \tag{7.7}$$

对压强（和黏度）的闭合通常必须通过关于压强 p 和密度 ρ 的状态方程；例如对理想等温气体，有 $p \propto \rho$. 液体的状态方程大概归咎于不可压缩性，$\rho = \text{const}$，而且它们通常有零体积源 S. 对这样的流体，连续性方程表明速度散度为零，即$\nabla\boldsymbol{v} = 0$，散度为零，流体的动量方程也更简单.

$$\frac{\partial}{\partial t}(\rho \boldsymbol{v}) + \nabla(\rho \boldsymbol{v}\boldsymbol{v}) = -\nabla p - \mu\nabla^2\boldsymbol{v} + \boldsymbol{F}. \tag{7.8}$$

当然，如果黏度和接触力可以忽略不计，那么它就更简单了.

这些方程的左侧通常用 $S = 0$ 的连续性方程改写成

$$\frac{\partial}{\partial t}(\rho \boldsymbol{v}) + \nabla(\rho \boldsymbol{v}\boldsymbol{v}) = -\rho\left(\frac{\partial}{\partial t}\boldsymbol{v} + \boldsymbol{v}\nabla\boldsymbol{v}\right). \tag{7.9}$$

这样第二种形式可以看成是 ρ 乘以$\boldsymbol{v}$的对流导数$\partial/\partial t + \boldsymbol{v}\nabla$. 但是第一种“守恒”形式在离散表示和用网格给定的数值计算方面却好用得多.

7.2　双曲型方程

流体方程通常是双曲型方程. 下面从一个简单的情形入手分析双曲型方程：假设接触力为零，无源，黏度为零，压强和密度的绝热关系为 $p\rho^{-\gamma} = \text{const}$；考虑一维空间情形，有以下的方程组：

$$\left.\begin{aligned} &\text{连续性}: \frac{\partial \rho}{\partial t} + \frac{\partial}{\partial x}(\rho v) = 0; \\ &\text{动量}: \frac{\partial}{\partial t}(\rho v) + \frac{\partial}{\partial x}(\rho v^2) = -\frac{\partial}{\partial x}p; \\ &\text{状态}: p\rho^{-\gamma} = \text{const}. \end{aligned}\right\} \tag{7.10}$$

这三个方程是关于三个未知变量 ρ，v 和 p 的. 它们可以描述可压缩流体（或气体）在管中的运动. 我们可以通过将 p 写成 $p = p_0\rho^{\gamma}/\rho_0^{\gamma}$ 立刻消去变量 p. 为了保留守恒属性，我们将密度 ρ 和动量密度，$\rho v = \Gamma$ 视为自变量，于是方程组简化为

$$\left.\begin{aligned}\frac{\partial \rho}{\partial t}&=-\frac{\partial \Gamma}{\partial x},\\ \frac{\partial \Gamma}{\partial t}&=-\frac{\partial}{\partial x}(\Gamma^2/\rho+(p_0/\rho_0^\gamma)\rho^\gamma).\end{aligned}\right\}\tag{7.11}$$

我们希望用数值方法求解这些非线性方程. 其实它们现在写成了所有流体守恒方程的一般形式

$$\frac{\partial \boldsymbol{u}}{\partial t}=-\frac{\partial \boldsymbol{f}}{\partial x}.\tag{7.12}$$

其中,

$$\boldsymbol{u}=\begin{pmatrix}\rho\\ \Gamma\end{pmatrix},\boldsymbol{f}=\begin{pmatrix}\Gamma\\ \Gamma^2/\rho+(p_0/\rho_0^\gamma)\rho^\gamma\end{pmatrix}.\tag{7.13}$$

它们分别是状态向量和通量向量. 由于通量向量是状态向量的函数, 所以可以用链式法则改写以上这些方程, 从而得

$$\frac{\partial \boldsymbol{u}}{\partial t}=-\frac{\partial \boldsymbol{f}}{\partial \boldsymbol{u}}\frac{\partial \boldsymbol{u}}{\partial x}=-\sum_{m=1}^{M}\frac{\partial \boldsymbol{f}}{\partial u_m}\frac{\partial u_m}{\partial x}=-\boldsymbol{J}\frac{\partial \boldsymbol{u}}{\partial x}.\tag{7.14}$$

其中 $\boldsymbol{J}$ 是 $M\times M=2\times 2$, 代表偏微分 $\boldsymbol{J}=\partial \boldsymbol{f}/\partial \boldsymbol{u}$ 的雅可比矩阵. 它的具体表达式是

$$\boldsymbol{J}=\begin{pmatrix}0 & 1\\ -\Gamma^2/\rho^2+\gamma(p_0/\rho_0^\gamma)\rho^{\gamma-1} & 2\Gamma/\rho\end{pmatrix}.\tag{7.15}$$

雅可比矩阵通过式 (7.14), 把状态向量的时间和空间微分联系起来表达了以下微分方程

$$\frac{\partial \boldsymbol{u}}{\partial t}=-\boldsymbol{J}\frac{\partial \boldsymbol{u}}{\partial x}.$$

为了方便起见, 记 $\Gamma/\rho=v$, $\gamma(p_0/\rho_0^\gamma)\rho^{\gamma-1}=c_s^2$, $\boldsymbol{J}$ 的特征值是

$$\begin{vmatrix}-\lambda & 1\\ -v^2+c_s^2 & -\lambda+2v\end{vmatrix}=\lambda^2-2v\lambda+v^2-c_s^2=0.\tag{7.16}$$

的解, 即

$$\lambda=v\pm c_s.\tag{7.17}$$

如果密度变化很小, 那么 $c_s^2=\gamma(p_0/\rho_0^\gamma)\rho^{\gamma-1}\approx\gamma p_0/\rho_0$, 而这刚好是 (小振幅) 波速的定义式 $c_s=\sqrt{\gamma\rho_0/\rho_0}$.

实特征值说明了方程组是双曲型的，而这些特征值表示波动传播的速度. 在这个流体中波以声波的速度传播，参考物为波的静态状态.

7.3 有限差分和稳定性

下面考虑这些方程的有限差分法. 差分 $(\boldsymbol{u}_j^{(n+1)} - \boldsymbol{u}_j^{(n)})/\Delta t$ 给出在时间 $n+1/2$ 和空间 j 处对 $\dfrac{\partial \boldsymbol{u}}{\partial t}$ 的良好近似，而 $(\boldsymbol{f}_{j+1}^{(n)} - \boldsymbol{f}_j^{(n)})/\Delta x$ 给出在空间 $j+1/2$ 处的近似. 由于这两个近似在空间上并不在同一个位置，所以只能得到一阶精度. 如图 7.3 所示，我们试着用中心差商来提高精度，却发现情况其实更差了. 因为这样的算法可能是不稳定的，应该如何分析这种流体的稳定性呢？如果有好几个耦合（即相互依赖）的因变量，我们应该怎么处理它们呢？答案：简单来说，我们可以找到一组相互耦合，但是和余下变量几乎独立的变量 – 也就是系统的特征模. 然后分析这些模的冯 · 诺伊曼稳定性.

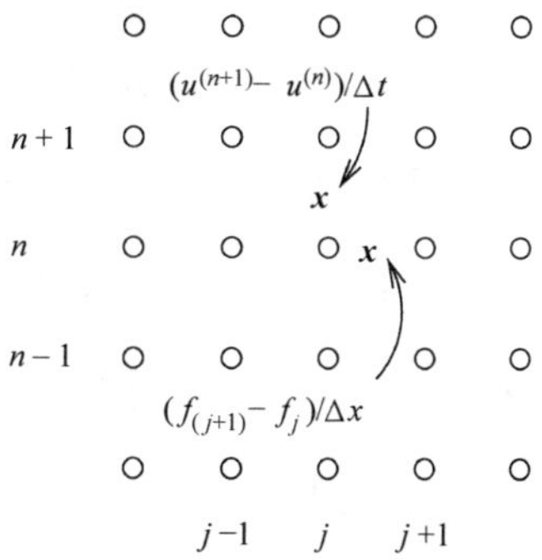

图 7.3　在时间（n）和空间（j）把微分写成有限差分给出半网格点 $\boldsymbol{x}$ 的值

如果雅可比矩阵与空间位置无关，那么可以将因变量改成新的变量组合，且每个组合都与其他组合独立.㊀新组合包含了矩阵 $\boldsymbol{J}$ 的特征向量.

下面以上一节的流体为例讨论这些性质. 考虑特征值 $\lambda = v \pm c_s$，对每个特征值，它们对应的特征向量是齐次方程 $(\boldsymbol{J} - \lambda \boldsymbol{I})\boldsymbol{e} = 0$ 的解，

㊀ 如果雅可比矩阵与空间位置有关，那么模之间只是近似独立. 这是由于分析中其实假设了 $\boldsymbol{J}$ 和 $\partial/\partial x$ 可交换，然而当 $\boldsymbol{J}$ 由空间变化而变化时，这样的假设是不确切的. 于是，稳定性的分析只能是局部的，进而只能是近似的. 不管怎样，冯 · 诺伊曼稳定性分析在不一致的情况下只能是局部的.

而特征向量与矩阵（$\boldsymbol{J}-\lambda\boldsymbol{I}$）的任何一行相乘都是零. 矩阵的第一行简化为$(-[v\pm c_s],1)$，于是得到特征向量与以下向量成正比

$$\boldsymbol{e}_{\pm}=\begin{pmatrix}1\\ v\pm c_s\end{pmatrix}. \tag{7.18}$$

现在，可以把任意状态向量写成这些特征向量的线性组合了[⊖]，即 $\boldsymbol{u}=q_+\boldsymbol{e}_++q_-\boldsymbol{e}_-$，其中 $q_\pm$ 是两个系数. 写成向量形式即

$$\begin{pmatrix}\rho\\ \Gamma\end{pmatrix}=q_+\begin{pmatrix}1\\ v+c_s\end{pmatrix}+q_-\begin{pmatrix}1\\ v-c_s\end{pmatrix} \tag{7.19}$$

[这些系数的值是 $q_\pm=[\rho(v\mp c_s)-\Gamma]/(\pm 2c_s)$，不过我们并不需要知道.] 将系数 $q_\pm$ 写成向量形式 $\boldsymbol{q}=\begin{pmatrix}q_+\\ q_-\end{pmatrix}$，那么这个向量就可以用来描述状态. 现在将 $\boldsymbol{u}$ 和雅可比矩阵相乘，并用新的 q 系数表示：

$$\boldsymbol{J}\boldsymbol{u}=q_+\boldsymbol{J}\boldsymbol{e}_++q_-\boldsymbol{J}\boldsymbol{e}_-=q_+\lambda_+\boldsymbol{e}_++q_-\lambda_-\boldsymbol{e}_-. \tag{7.20}$$

这表明 $\boldsymbol{J}$ 的特征值向量是$\begin{pmatrix}q_+\lambda_+\\ q_-\lambda_-\end{pmatrix}$. 新的 q 表达方式重新写为：

$$\bar{\boldsymbol{J}}\boldsymbol{q}=\begin{pmatrix}q_+\lambda_+\\ q_-\lambda_-\end{pmatrix}=\begin{pmatrix}\lambda_+ & 0\\ 0 & \lambda_-\end{pmatrix}\begin{pmatrix}q_+\\ q_-\end{pmatrix}. \tag{7.21}$$

在式中，算子 $\boldsymbol{J}$ 由另一个矩阵 $\bar{\boldsymbol{J}}$ 表示：它是一个对角矩阵，对角元素为特征值. 于是描述特征向量系数 $\boldsymbol{q}$ 的方程可以分离成两个独立的方程

$$\frac{\partial q_\pm}{\partial t}=-\lambda_\pm\frac{\partial q_\pm}{\partial x}. \tag{7.22}$$

而我们用它们代替之前描述 $\boldsymbol{u}$ 的耦合方程组. 这是一个一般的过程，对任何维数的向量和任何阶的微分方程都适用. 我们现在可以分别研究每个方程的稳定性. 注意，特征值不一定对空间一致，所以对方程的分离只在局部有效. 因此，稳定性分析只是局部的近似分析而不是精确的全局分析.

⊖ 前提是这两个特征向量线性无关.

7.3.1　FTCS 法的不稳定性

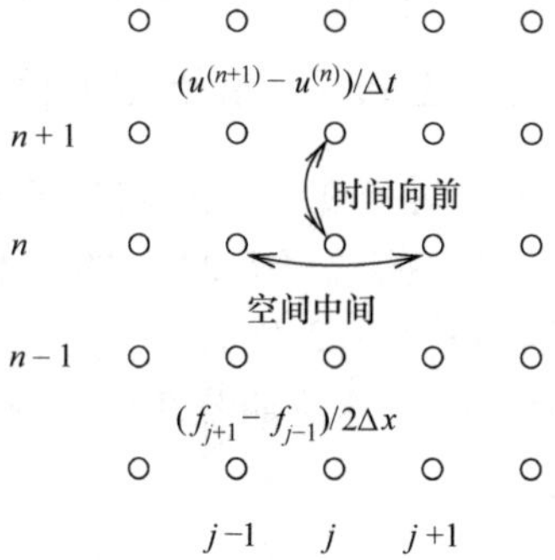

图 7.4　微分在时间向前（n）、空间中间（j）的有限差分给出双曲型问题的不稳定算法

对时间前向差分，对空间中间差分的有限差分算法（FTCS）是一个自然的选择，如图 7.4 所示. 为了方便稳定性分析，我们约定使用新的记号（也就是用 u 代表每个 q，因为在标量方程中我们可以分开考虑每个 q），但在实现算法的时候并不改用新记号（只为稳定性分析）. 第一次分析时我们会把详细的过程都写出来，以后会简写，而不再提到 q. 下面讨论差分方程

$$\boldsymbol{u}_j^{(n+1)}-\boldsymbol{u}_j^{(n)}=-\frac{\Delta t}{2\Delta x}(\boldsymbol{f}_{j+1}^{(n)}-\boldsymbol{f}_{j-1}^{(n)})=-\frac{\Delta t}{2\Delta x}\boldsymbol{J}(\boldsymbol{u}_{j+1}^{(n)}-\boldsymbol{u}_{j-1}^{(n)}),\tag{7.23}$$

新的表达方式为

$$q_j^{(n+1)}-q_j^{(n)}=-\frac{\Delta t}{2\Delta x}\lambda(q_{j+1}^{(n)}-q_{j-1}^{(n)}).\tag{7.24}$$

我们考虑对 u 和 f（即也是 q）的空间傅里叶变换中的一项

$$q_j=q\exp(\mathrm{i}k_x j\Delta x),\qquad f_j=f\exp(\mathrm{i}k_x j\Delta x).\tag{7.25}$$

代入以上空间依赖关系，时间方向的推进方程就变成

$$q_j^{(n+1)}=\left[1-\frac{\lambda\Delta t}{2\Delta x}(\mathrm{e}^{\mathrm{i}k_x\Delta x}-\mathrm{e}^{-\mathrm{i}k_x\Delta x})\right]q_j^{(n)}=\left[1-\mathrm{i}\frac{\lambda\Delta t}{\Delta x}(\sin(k_x\Delta x)\right]q_j^{(n)}.\tag{7.26}$$

对时间的放大因子是

$$A=1-\mathrm{i}\frac{\lambda\Delta t}{\Delta x}\sin(k_x\Delta x).\tag{7.27}$$

由于第二项是虚数项，放大因子的模总是大于 1 的，而这与（实数）λ 取值无关. 于是所有傅里叶项都不稳定，都会随时间而增长！看来

FTCS 算法并不适用于双曲型方程.

7.3.2 Lax – Friedrichs 算法和 CLF 条件

一个小小的变化就可以使算法变得稳定. 在式 (7.23) 的左侧, 以 $(u_{j-1}^{(n)}+u_{j+1}^{(n)})/2$ 代替 $u_j^{(n)}$, 如图 7.5 所示. 这种算法叫作 Lax – Friedrichs 算法:

$$\boldsymbol{u}_j^{(n+1)}-(\boldsymbol{u}_{j-1}^{(n)}+\boldsymbol{u}_{j+1}^{(n)})/2=-\frac{\Delta t}{2\Delta x}(\boldsymbol{f}_{j+1}^{(n)}-\boldsymbol{f}_{j-1}^{(n)})=-\frac{\Delta t}{2\Delta x}\boldsymbol{J}(\boldsymbol{u}_{j+1}^{(n)}-\boldsymbol{u}_{j-1}^{(n)}),\tag{7.28}$$

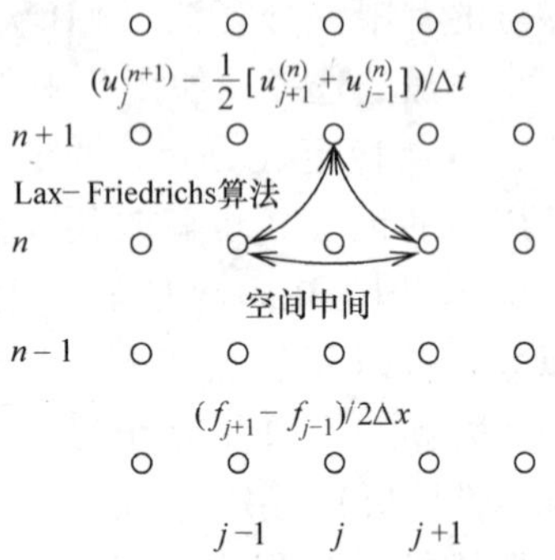

图 7.5 微分在时间向前 (n) 但是用相邻点的平均值, 在空间中间 (j) 的差分就是 Lax – Friedrichs 有限差分算法, 它在 $\Delta t\leqslant\Delta x/|\lambda|$时稳定

请读者验证, 当把 $\boldsymbol{J}$ 由 λ 代替而得到标量方程后, 相应的放大因子是

$$A=\cos(k_x\Delta x)-\mathrm{i}\frac{\lambda\Delta t}{\Delta x}\sin(k_x\Delta x)\tag{7.29}$$

当 k_x 变化时, 这个方程描述复平面上的一个椭圆. 为了使算法稳定, 我们要求椭圆型区域完全在单位圆之内, 这要求虚数部分系数的模小于或等于 1, 即

$$\Delta t\leqslant\Delta x/|\lambda|.\tag{7.30}$$

对于所给的流体例子, 这也就是 $\Delta t\leqslant\Delta x/|v\pm c_s|$. 式 (7.30) 叫作 Courant – Friedrichs – Lewy (CFL) 条件. 它适用于基本上所有双曲型方程的显性算法. 它说明 Δt 必须比影响由上一个节点以特征速度 (由 $\boldsymbol{J}$ 的特征值给出) 传播到当前节点的时间短. 如果超过这个时间, 那么差分算法中不应该包括的其他点的值就会影响最终的解.

7.3.3 Lax – Wendroff 算法的二阶精确

Lax – Friedrichs 算法在实际中基本没什么用, 这是由于它的低精确性. 它具有相当程度的数值上的扩散, 所以本不应该受到阻尼的扰

动却受到了阻尼. 比方说，我们用过的简单流体例子本不应该有物理上的耗散，但是某些 Lax – Friedrichs 算法却会给出远小于 1 的 $|A|$ 值，因为它们受到了阻尼. Lax – Wendroff 算法更好，因为它在时间上二阶精确，而且仍然稳定. 时间上的推进通过以下两步实现：

$$\boldsymbol{u}_{j+\frac{1}{2}}^{\left(n+\frac{1}{2}\right)}=\frac{1}{2}\left(\boldsymbol{u}_{j+1}^{(n)}+\boldsymbol{u}_{j}^{(n)}\right)-\frac{\Delta t}{2\Delta x}\left(\boldsymbol{f}_{j+1}^{(n)}-\boldsymbol{f}_{j}^{(n)}\right), \tag{7.31}$$

$$\boldsymbol{u}_{j}^{(n+1)}=\boldsymbol{u}_{j}^{(n)}-\frac{\Delta t}{\Delta x}\left(\boldsymbol{f}_{j+\frac{1}{2}}^{\left(n+\frac{1}{2}\right)}-\boldsymbol{f}_{j-\frac{1}{2}}^{\left(n+\frac{1}{2}\right)}\right). \tag{7.32}$$

图 7.6 给出算法的图示. 第一步是 Lax – Friedrichs 算法用半时间步走到半格处，然后在半时间步半格处用 $\boldsymbol{u}^{(n+1/2)}$ 计算通量，并计算 $\boldsymbol{f}^{(n+1/2)}$. 然后用它们在第二步，把时间从 n 推到 $n+1$，并且仍用中间差分形式. 两步的增长因子是

$$A=1-\mathrm{i}\,\frac{\Delta t\lambda}{\Delta x}\sin(k_x\Delta x)+\left(\frac{\Delta t\lambda}{\Delta x}\right)^2\left[\cos(k_x\Delta x-1)\right]. \tag{7.33}$$

稳定性要求 $\Delta t\lambda/\Delta x\leqslant 1$，这是和以前一样的 CFL 条件.

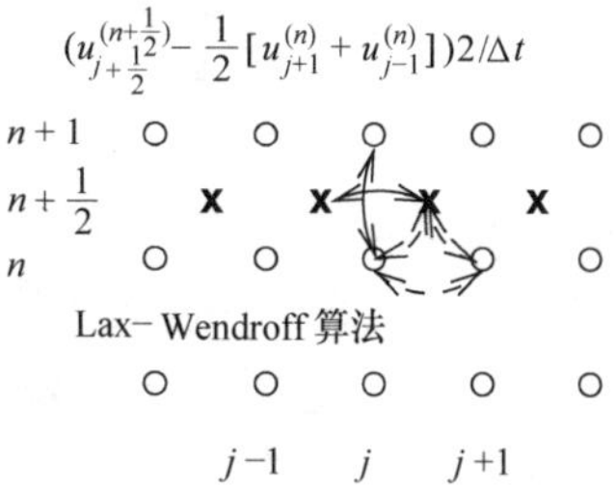

图 7.6　Lax – Wendroff 两步算法首先（虚线）算出 u，然后由 Lax – Friedrichs 算法推进（$\boldsymbol{X}$）得出半时间步 $n+1/2$ 处的 f. 然后根据 $\boldsymbol{f}^{(n+1/2)}$ 用时间中间、空间中间算法从 $\boldsymbol{u}^{(n)}$ 向前推进一整步

还有好几种双曲型方程达到二阶精度的常用算法，它们基本上都是类似 Lax – Wendroff 的多步算法.

例子详解：Lax – Wendroff 的稳定性

推导 Lax – Wendroff 算法的增长因子，并且验证稳定性条件是 $\Delta t\lambda/\Delta x\leqslant 1$.

从式（7.31）开始，研究前半个时间步. 分析稳定性（而不是实现数值算法）时，把雅可比矩阵局部均匀地近似，并且用 $\boldsymbol{f}=\boldsymbol{J}\boldsymbol{u}$ 在每个需要的网格点代换，则有以下推导式：

$$\begin{aligned}\boldsymbol{u}_{j+1/2}^{(n+1/2)}&=\frac{1}{2}\left(\boldsymbol{u}_{j+1}^{(n)}+\boldsymbol{u}_{j}^{(n)}\right)-\frac{\Delta t}{2\Delta x}\boldsymbol{J}\left(\boldsymbol{u}_{j+1}^{(n)}-\boldsymbol{u}_{j}^{(n)}\right)\\&=\frac{1}{2}\left[\left(\boldsymbol{I}-\frac{\Delta t}{\Delta x}\boldsymbol{J}\right)\boldsymbol{u}_{j+1}^{(n)}+\left(\boldsymbol{I}+\frac{\Delta t}{\Delta x}\boldsymbol{J}\right)\boldsymbol{u}_{j}^{(n)}\right].\end{aligned} \tag{7.34}$$

类似地，后半个时间步是

$$\boldsymbol{u}_j^{(n+1)}=\boldsymbol{u}_j^{(n)}-\frac{\Delta t}{\Delta x}\boldsymbol{J}(\boldsymbol{u}_{j+1/2}^{(n+1/2)}-\boldsymbol{u}_{j-1/2}^{(n+1/2)}). \tag{7.35}$$

把半步处的值代入式（7.34）得到

$$\begin{aligned}\boldsymbol{u}_j^{(n+1)}-\boldsymbol{u}_j^{(n)}&=-\frac{\Delta t}{2\Delta x}\boldsymbol{J}\left[\left(\boldsymbol{I}-\frac{\Delta t}{\Delta x}\boldsymbol{J}\right)\boldsymbol{u}_{j+1}^{(n)}+\left(\boldsymbol{I}+\frac{\Delta t}{\Delta x}\boldsymbol{J}\right)\boldsymbol{u}_j^{(n)}-\right.\\&\quad\left.\left(\boldsymbol{I}-\frac{\Delta t}{\Delta x}\boldsymbol{J}\right)\boldsymbol{u}_j^{(n)}-\left(\boldsymbol{I}+\frac{\Delta t}{\Delta x}\boldsymbol{J}\right)\boldsymbol{u}_{j-1}^{(n)}\right]\\&=-\frac{\Delta t}{2\Delta x}\boldsymbol{J}\left[(\boldsymbol{u}_{j+1}^{(n)}-\boldsymbol{u}_{j-1}^{(n)})-\frac{\Delta t}{\Delta x}\boldsymbol{J}(\boldsymbol{u}_{j+1}^{(n)}-2\boldsymbol{u}_j^{(n)}+\boldsymbol{u}_{j-1}^{(n)})\right].\end{aligned} \tag{7.36}$$

现在考虑 $\boldsymbol{J}$ 的特征模，将 $\boldsymbol{J}$ 的特征值 λ 代入式（7.36）. 然后考虑空间傅里叶项，其中 $\boldsymbol{u}_j\propto \mathrm{e}^{\mathrm{i}k_xj\Delta x}$，于是得

$$\boldsymbol{u}_j^{(n+1)}-\boldsymbol{u}_j^{(n)}=-\frac{\Delta t}{2\Delta x}\lambda\left[(\mathrm{e}^{\mathrm{i}k_x\Delta x}-\mathrm{e}^{-\mathrm{i}k_x\Delta x})+\frac{\Delta t}{\Delta x}\lambda(\mathrm{e}^{\mathrm{i}k_x\Delta x}-2+\mathrm{e}^{\mathrm{i}k_x\Delta x})\right]\boldsymbol{u}_j^{(n)}. \tag{7.37}$$

换句话说，

$$\boldsymbol{u}_j^{(n+1)}=\left\{1-\frac{\Delta t\lambda}{\Delta x}\mathrm{i}\sin(k_x\Delta x)+\left(\frac{\Delta t\lambda}{\Delta x}\right)^2[\cos(k_x\Delta x)-1]\right\}\boldsymbol{u}_j^{(n)}. \tag{7.38}$$

$\boldsymbol{u}_j^{(n)}$ 的系数就是增长因子 A，它的绝对值的平方是

$$\begin{aligned}|A|^2&=\left\{1+\left(\frac{\Delta t\lambda}{\Delta x}\right)^2[\cos(k_x\Delta x)-1]\right\}^2+\left\{\frac{\Delta t\lambda}{\Delta x}\sin(k_x\Delta x)\right\}^2\\&=1+\left(\frac{\Delta t\lambda}{\Delta x}\right)^2[2\cos(k_x\Delta x)-2+\sin^2(k_x\Delta x)]+\\&\quad\left(\frac{\Delta t\lambda}{\Delta x}\right)^4[\cos(k_x\Delta x)-1]^2\\&=1+\left[-\left(\frac{\Delta t\lambda}{\Delta x}\right)^2+\left(\frac{\Delta t\lambda}{\Delta x}\right)^4\right][\cos(k_x\Delta x)-1]^2.\end{aligned} \tag{7.39}$$

于是，只要 $\frac{\Delta t\lambda}{\Delta x}\leqslant 1$，就有 $|A|^2\leqslant 1$，这刚好是稳定性条件.

例子详解：三维流体

构造一个三维空间一维时间双曲型方程的有限差分算法. 假设流

体无源，无黏，并且各向同性. 记状态方程为 $p=p(\rho)$，假设线性化方程雅可比的特征值（扰动的传播速度）已知并且是 λ，特征模是纵向的；推导时间显式，空间中间差分算法的稳定条件. 这里，我们取均匀直角坐标系，但在不同坐标方向，网格大小不均匀.

设密度 ρ 和通量密度 Γ 为状态向量 $\boldsymbol{u}$ 的元素. 在三维空间中，向量 Γ 有三个分量 $\Gamma_\alpha \alpha=1, 2, 3$. 所以状态向量共有四个

$$\boldsymbol{u}=\begin{pmatrix}\rho\\ \Gamma\end{pmatrix}=\begin{pmatrix}\rho\\ \Gamma_1\\ \Gamma_2\\ \Gamma_3\end{pmatrix}. \tag{7.40}$$

连续性式（7.1）和动量式（7.5）的时间和空间微分分别写在等式左右两侧，并且由 Γ，得代换 $\rho\boldsymbol{v}$

$$\frac{\partial\rho}{\partial t}=-\nabla(\rho\boldsymbol{v})=-\nabla\boldsymbol{\Gamma}, \tag{7.41}$$

$$\frac{\partial\boldsymbol{\Gamma}}{\partial t}=-\nabla(\rho\boldsymbol{v}\boldsymbol{v})-\nabla p=-\nabla(\boldsymbol{\Gamma}\boldsymbol{\Gamma}/\rho+\boldsymbol{I}p). \tag{7.42}$$

在三维空间中，我们共有四个标量方程. 结合起来的空间状态方程是

$$\frac{\partial\boldsymbol{u}}{\partial t}=-\nabla\boldsymbol{f}. \tag{7.43}$$

其中 $\nabla=\sum_\alpha \hat{\boldsymbol{x}}_\alpha\frac{\partial}{\partial x_\alpha}$ 是空间三维散度，它分别作用在状态空间列向量的四个（三维向量）元素上

$$\boldsymbol{f}=\begin{pmatrix}\boldsymbol{\Gamma}\\ \boldsymbol{\Gamma}\Gamma_1/\rho+p\,\hat{x}_1\\ \boldsymbol{\Gamma}\Gamma_2/\rho+p\,\hat{x}_2\\ \boldsymbol{\Gamma}\Gamma_3/\rho+p\,\hat{x}_3\end{pmatrix}=\begin{pmatrix}\boldsymbol{\Gamma}\\ \boldsymbol{\Gamma}\boldsymbol{\Gamma}/\rho+p\boldsymbol{I}\end{pmatrix}. \tag{7.44}$$

空间离散的差分算法可以用直角坐标系网格的下标 i，j，k 写成

$$\nabla\boldsymbol{f}=\frac{\hat{x}_1}{2\Delta x_1}(\boldsymbol{f}^{(n)}_{(i+1)jk}-\boldsymbol{f}^{(n)}_{(i-1)jk})+\frac{\hat{x}_2}{2\Delta x_2}\cdot(\boldsymbol{f}^{(n)}_{i(j+1)k}-\boldsymbol{f}^{(n)}_{i(j-1)k})+$$
$$\frac{\hat{x}_3}{2\Delta x_3}\cdot(\boldsymbol{f}^{(n)}_{i(j+1)k}-\boldsymbol{f}^{(n)}_{ij(k-1)}) \tag{7.45}$$

已知状态系统的特征值是 λ，特种模是纵向的[⊖]. 所以对与 $\exp(\mathrm{i}\boldsymbol{kx})$ 成正比的特征模平面波来说，$\boldsymbol{f}$ 的每个状态分量都沿 $\boldsymbol{k}$ 的方向. 把单位向量写作 $\hat{\boldsymbol{k}}=(\hat{k}_1,\hat{k}_2,\hat{k}_3)$，且 $\boldsymbol{k}=k\,\hat{\boldsymbol{k}}$. 那么对这个平面波，我们用 $\lambda\,\hat{k}_\alpha\boldsymbol{u}$ 代换 $\hat{\boldsymbol{x}}_\alpha\boldsymbol{f}$，然后得到

$$\nabla f=\frac{1}{2}\left[\frac{\lambda\,\hat{k}_1}{\Delta x_1}\left(\boldsymbol{u}_{(i+1)jk}^{(n)}-\boldsymbol{u}_{(i-1)jk}^{(n)}\right)-\frac{\lambda\,\hat{k}_2}{\Delta x_2}\left(\boldsymbol{u}_{i(j+1)k}^{(n)}-\boldsymbol{u}_{i(j-1)k}^{(n)}\right)-\frac{\lambda\,\hat{k}_3}{\Delta x_3}\left(\boldsymbol{u}_{ij(k+1)}^{(n)}-\boldsymbol{u}_{ij(k-1)}^{(n)}\right)\right].\tag{7.46}$$

做代换 $\left(\boldsymbol{u}_{ij(k+1)}^{(n)}-\boldsymbol{u}_{ij(k-1)}^{(n)}\right)=\exp(\mathrm{i}k_3\Delta x_3)-\exp(-\mathrm{i}k_3\Delta x_3)=2\mathrm{i}\sin(k_3\Delta x_3)$，这样有限差分方程就变成了

$$\boldsymbol{u}_{ijk}^{(n+1)}-\boldsymbol{u}_s^{(n)}=-\Delta t\nabla\boldsymbol{f}=-\sum_\alpha\frac{\mathrm{i}\Delta t\lambda\hat{k}_\alpha}{\Delta x_\alpha}\sin(k\hat{k}_\alpha\Delta x_\alpha)\boldsymbol{u}_{ijk}.\tag{7.47}$$

其中 $\boldsymbol{u}_s^{(n)}$ 表示当前时间的网格. 例如，Lax－Friedrichs 算法

$$\boldsymbol{u}_s^{(n)}=\frac{1}{6}\left(\boldsymbol{u}_{(i-1)jk}^{(n)}+\boldsymbol{u}_{(i+1)jk}^{(n)}+\boldsymbol{u}_{i(j-1)k}^{(n)}+\boldsymbol{u}_{i(j+1)k}^{(n)}+\boldsymbol{u}_{ij(k-1)}^{(n)}+\boldsymbol{u}_{ij(k+1)}^{(n)}\right)$$

的增长因子是

$$A=\sum_\alpha\left[\frac{1}{3}\cos(k\hat{k}_\alpha\Delta x_\alpha)-\frac{\mathrm{i}\Delta t\,|\lambda|\hat{k}_\alpha}{\Delta x_\alpha}\sin(k\hat{k}_\alpha\Delta x_\alpha)\right].\tag{7.48}$$

我们要求所有项 $|A|^2\leqslant 1$ 来避免不稳定性. 稳定性最差的那一项是当 $\hat{k}_\alpha\Delta x_\alpha$ 的值全部相等时，记 $\Delta=\left(\sum\limits_\alpha 1/\Delta x_\alpha^2\right)^{-1/2}$. 这时，要达到稳定性要求

$$\Delta t\lambda\sum_\alpha\frac{\hat{k}_\alpha^2}{\hat{k}_\alpha\Delta x_\alpha}=\frac{\Delta t\lambda}{\Delta}\leqslant 1.\tag{7.49}$$

考虑到 $k\Delta=\pi/2$，不管 $\boldsymbol{u}_s$ 的具体形式怎样，只要每个坐标方向是对称的，它就对 A 有实数的贡献. 这个条件是所有显式中心对称差分算法的必要条件，但它并不总是充分的.

当所有的 Δx_α 都相等时，$\Delta=\Delta x/\sqrt{3}$，而且当 v 很小（于是 $\lambda=$

⊖ 这个证明比较复杂.

c_s）时，CFL 条件是

$$\Delta t \leqslant \frac{\Delta x}{c_s\sqrt{3}}.$$

如果，相反地，在某个方向 β，Δx_β 比其他两个方向的网格小很多，那么 $\Delta \approx \Delta x_\beta$，此时稳定性要求 $\Delta t \leqslant \Delta x_\beta / c_s$.

7.4 习题 7　流体和双曲型方程

1. 证明式（7.29），Lax - Friedrichs 算法的放大因子.

2. 考虑一维的等温气体，它遵守方程

连续性：$$\frac{\partial \rho}{\partial t} + \frac{\partial}{\partial x}(\rho v) = 0,$$

动量：$$\frac{\partial}{\partial t}(\rho v) + \frac{\partial}{\partial x}(\rho v^2) = -\frac{\partial}{\partial x}p,$$

状态：$$p = \rho(kT/m),$$

其中 kT/m 是一个常数，它等于能量单位的温度与气体分子质量 m 的比.

（1）把它转化成状态和通量的向量方程

$$\frac{\partial \boldsymbol{u}}{\partial t} = -\frac{\partial \boldsymbol{f}}{\partial x},$$

其中

$$\boldsymbol{u} = \begin{pmatrix} \rho \\ \Gamma \end{pmatrix}.$$

是状态向量（$\Gamma = \rho v$），试求通量向量 $\boldsymbol{f}$.

（2）求解雅可比矩阵 $\boldsymbol{J} = \partial \boldsymbol{f} / \partial \boldsymbol{u}$；

（3）求它的特征值.

3. 当线性化的特征模由特征值 λ 拉长时，给出二维 Lax - Wendroff 算法的有限差分形式和 CFL 稳定性.

第 8 章 玻尔兹曼方程及其解

到目前为止，我们对多维问题的讨论的主要焦点是由偏微分方程描述的连续流体. 尽管把流体想成是连续的看来是非常自然而且用它可以精确地描述很多现象，但自然界中的流体却不是连续的. 它们由一个个分子组成，连续的模型在分子碰撞的空间时间数量级都远小于我们关心的数量级时是很好的模拟. 相反地，如果碰撞平均自由程是问题中重要的一部分，或者碰撞的平均自由程（或时间）比典型问题要长，那么连续流体的模型就不符合了，比如稀薄的气体或者等离子体. 这时我们既需要描述离散分子的性质，也需要描述物质作为一个整体的性质.

尽管如此，在绝大多数情况下，要求能描述每个分子个体的运动状况仍然是不现实的. 比如，在一个标准大气压下，在 0℃（STP）时每立方米的气体有 $p/kT = 10^5\,(\mathrm{Pa})/[1.38 \times 10^{-23}\,(\mathrm{J/K}) \times 273(\mathrm{K})] = 2.65 \times 10^{25}$ 个分子. 就算是用现在先进的计算机也不可能追踪这里的每个分子. 这时一个基于统计的描述方法就是我们要用的工具了. 这种描述方法对很多种粒子都可以使用，比如说核裂变中的中子、气体的中性分子、等离子体中的电子等.

8.1 分布函数

考虑一个体积元，它与我们要考虑的问题相比算是小的，但还是大到可以包含很多个粒子. 单位元是 $\mathrm{d}^3x = \mathrm{d}x\mathrm{d}y\mathrm{d}z$，边是 $\mathrm{d}x$，如图 8.1 所示. 它在位置 x 处，我们想找到对这个单位元中粒子平均状态足够的描述.

我们用麦克斯韦最先发明的统计描述，这种描述方法叫作“分布函数”. 分布函数是一个数量$f(\boldsymbol{v},\boldsymbol{x},t)$，它是速度$v$、位置$x$和时间$t$的函数. 分布函数由考虑速度－空间$\mathrm{d}^3v=\mathrm{d}v_x\mathrm{d}v_y\mathrm{d}v_z$中的一个元来定义，其中，边$\mathrm{d}v$在速度$v$处. 速度分量同时在范围$v_x \to v_x+\mathrm{d}v_x$，$v_y \to v_y+\mathrm{d}v_y$，$v_z \to v_z+\mathrm{d}v_z$之内的所有粒子都在速度元中.

于是，分布函数$f(\boldsymbol{v},\boldsymbol{x},t)$定义如下：在空间元$\mathrm{d}^3x$中，速度在速度元$\mathrm{d}^3v$中的粒子总数是

$$f(\boldsymbol{v},\boldsymbol{x},t)\,\mathrm{d}^3v\mathrm{d}^3x. \tag{8.1}$$

所以分布函数就是粒子在六维“相空间”的密度，这里六维包括了速度维和空间维. 它的实用性源于这样的假设，即由于问题中存在大量的粒子，我们可以让速度和空间元素，即相空间元素$\mathrm{d}^3v\mathrm{d}^3x$变得几乎无限小，但它仍然含有大量的粒子. 在这种情况下，统计描述就是合理的. 特别地，我们可以把f想成六维空间中的连续流体. 当然，如果相空间元素缩小到足够小，它里面最终只有几个粒子. 粒子的离散性质最终变得明显，而每个非常小的体积元里最终或者有一个粒子，或者一个都没有. 但假设我们可以把相空间元缩小到跟问题相比足够小但是其仍然包含了大量粒子，那么如果我们知道f在各处的值，就可以在不知道各个粒子具体坐标的情况下，给出一个统计描述. 最著名的例子应该算是麦克斯韦分布了，它是

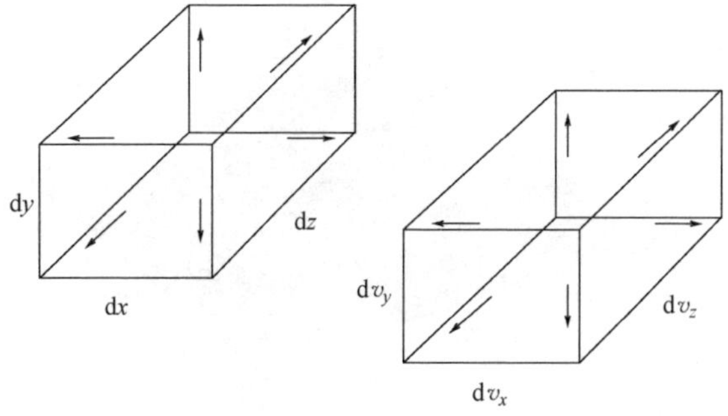

图8.1　相空间元是六维的，它里面的元素在空间元d^3x和时间元d^3v中

$$f(\boldsymbol{v},\boldsymbol{x},t)=n(\boldsymbol{x},t)\left(\frac{m}{2\pi kT}\right)^{3/2}\exp\left(-\frac{mv^2}{2kT}\right). \tag{8.2}$$

其中 m 是粒子的质量，T 是其温度，k 是玻尔兹曼常数. 指数中的速度平方 $v^2=\boldsymbol{v}\boldsymbol{v}=v_x^2+v_y^2+v_z^2$ 有三个方向上的分量用指数形式表达为

$$\exp\left(-\frac{mv^2}{2kT}\right)=\exp\left(-\frac{mv_x^2}{2kT}\right)\exp\left(-\frac{mv_y^2}{2kT}\right)\exp\left(-\frac{mv_z^2}{2kT}\right). \tag{8.3}$$

如图 8.2 所示. 因子$(m/2\pi kT)^{3/2}$用来规范化三维速度空间的分布，它等于式（8.3）对全部速度积分的倒数. 所以第一项 $n(\boldsymbol{x},t)$就是空间的密度（不是相空间的密度），它可能随位置或者时间变化. 达到热力学平衡时的分布就是麦克斯韦分布，这时没有明显的扰动使速度分布偏离它的自然状态. 但是，有很多重要的情况不是热力学平衡的，这时非麦克斯韦分布就会出现.

分布函数直接决定平均流量速度，对本身能量不重要的粒子，它决定的是能量密度. 粒子通量密度，即流体速度乘以流体密度

$$\Gamma = n\boldsymbol{v}=\int \boldsymbol{v}f(\boldsymbol{v},\boldsymbol{x},t)\,\mathrm{d}^3v. \tag{8.4}$$

静态流体的动能密度可以由密度乘以 3/2 再乘以温度来算，即

$$\varepsilon = \frac{3}{2}nkT = \int\frac{1}{2}mv^2f\mathrm{d}^3v. \tag{8.5}$$

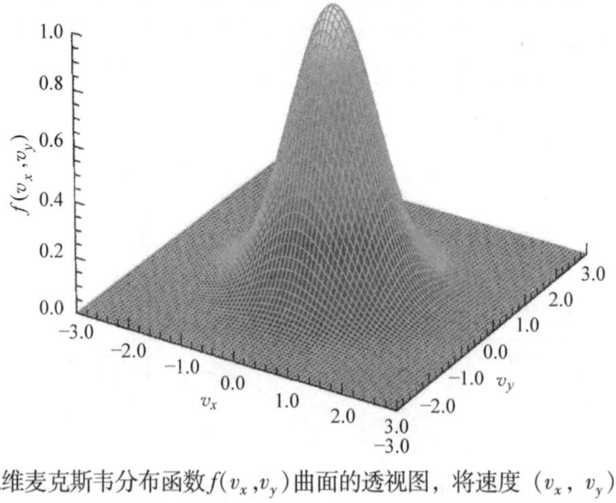

图 8.2　二维麦克斯韦分布函数$f(v_x,v_y)$曲面的透视图，将速度（v_x，v_y）标准化成热速度 $\sqrt{2T/m}$. 由于麦克斯韦分布的性质，可以想成是在给定的 v_z 值与分布成正比

当我们不是很在意分布的某个坐标方向时，可以减少需要关注的维数. 这些不需要在意的方向可能是因为已经非常了解它们，或者由于对称性决定了它们不是太重要. 例如，我们常常只需要关注 x 方向的速度 v_x. 这时，我们用一个一维分布函数表示如下

$$f_x(v_x) = \int f(\boldsymbol{v})\,\mathrm{d}v_y\mathrm{d}v_z, \tag{8.6}$$

它是全部三维分布函数对可忽略的速度坐标的积分. 在实际效果上，$f_x(v_x)$虽然只选择了一个具体的 v_x，但是却包括了所有可能的 v_y，v_z. 所以 $\mathrm{d}v_x$ 元中粒子的总数是$f_x(v_x)\mathrm{d}v_x$.

分布函数首先在研究气体的动理论时提出，所以它常常也被叫作“气体动理论”.

8.2 相空间的粒子守恒

玻尔兹曼方程描述的是粒子守恒；不但是连续性方程（4.5）描述的空间中的守恒，还是相空间的守恒. 方程的解告诉我们分布函数的具体形式，它的数学推导和流体连续性方程非常类似. 主要的难点在于需要考虑六维空间！通常在（二维）示意图中，我们只用一个空间维（x 是横坐标）和一个速度维（v 是纵坐标），如图 8.3 所示. 随着时间的流逝，粒子在相空间中运动，x 的变化率是速度 $\mathrm{d}x/\mathrm{d}t = v$，速度 v 的变化率是加速度 $\mathrm{d}v/\mathrm{d}t = a$. 一般来说，加速度来自于作用力（每个粒子）除以粒子的质量，作用力可能是重力，或者（对带电粒子）电场力或者磁场力. 一个单个的粒子在相空间中移动（也就是我们图中的 xv 平面）. 所以考虑某个相空间体积元，与流体连续性方程类似，我们可以写出粒子守恒定律

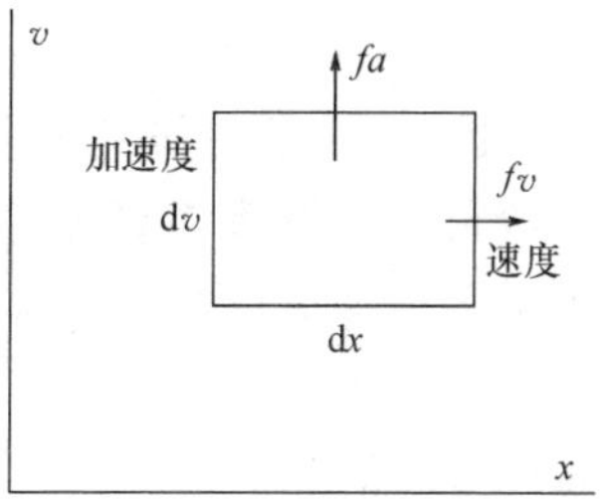

图8.3 在相空中，速度 v 在 x 方向上承载粒子，加速度在 v 方向上承载粒子，通量fv 和fa 在它们各自方向的散度导致粒子通量离开元 $\mathrm{d}v\mathrm{d}x$

$$\frac{\partial f}{\partial t}+\nabla_{ps}(f\boldsymbol{v}_{ps})=\frac{\partial f}{\partial t}+\frac{\partial}{\partial \boldsymbol{x}}(f\boldsymbol{v})+\frac{\partial}{\partial \boldsymbol{v}}(f\boldsymbol{a})=S. \tag{8.7}$$

其中，$\boldsymbol{v}_{ps}$是“相空间速度”，它是一个包括了空间速度和加速度的六维向量. ∇_{ps}是相空间的梯度算子，也是个六维向量，且

$$\boldsymbol{v}_{ps}=\begin{pmatrix}\boldsymbol{v}\\ \boldsymbol{a}\end{pmatrix}\begin{pmatrix}v_x\\ v_y\\ v_z\\ a_x\\ a_y\\ a_z\end{pmatrix},\nabla_{ps}=\begin{pmatrix}\nabla\\ \nabla_v\end{pmatrix}=\begin{pmatrix}\dfrac{\partial}{\partial \boldsymbol{x}}\\ \dfrac{\partial}{\partial \boldsymbol{v}}\end{pmatrix}=\begin{pmatrix}\partial/\partial x\\ \partial/\partial y\\ \partial/\partial z\\ \partial/\partial v_x\\ \partial/\partial v_y\\ \partial/\partial v_z\end{pmatrix}. \tag{8.8}$$

最常用的记法是分别写出空间和速度的导数：

$$\frac{\partial}{\partial \boldsymbol{x}}(f\boldsymbol{v})=\frac{\partial(fv_x)}{\partial x}+\frac{\partial(fv_y)}{\partial y}+\frac{\partial(fv_z)}{\partial z}; \tag{8.9}$$

$$\frac{\partial}{\partial \boldsymbol{v}}(f\boldsymbol{a})=\frac{\partial(fa_x)}{\partial v_x}+\frac{\partial(fa_y)}{\partial v_y}+\frac{\partial(fa_z)}{\partial v_z}. \tag{8.10}$$

它们提醒我们正在研究的是相空间. 式（8.7）说明相空间元中粒子数目的变化率等于通过边界流入的粒子数加相空间元中的某个源项 S（每单位体积）. 粒子跨过相空间元边界或是通过在空间移动跨过空间 d^3x 的边界，或是通过加速（在速度空间移动）跨过时间 d^3v 的边界.

式（8.7）最后的简化来源于偏微分的定义，它是假设其他相空间坐标为常数时求导的结果. 换句话说，对 x 求偏微分时，可把 y，z，v_x，v_y，v_z 都看作常数. 于是，任何 v_j 对任意 x_k 的导数为零，这说明在空间散度式（8.9）中，速度因子可以提到空间导数外，即

$$\frac{\partial}{\partial \boldsymbol{x}}(f\boldsymbol{v})=\boldsymbol{v}\frac{\partial f}{\partial \boldsymbol{x}}=v_x\frac{\partial f}{\partial x}+v_y\frac{\partial f}{\partial y}+v_z\frac{\partial f}{\partial z} \tag{8.11}$$

这样的重新排列总是可能的. 如果粒子的加速度与速度无关（或者虽然有关，但是$\nabla_v\boldsymbol{a}=0$，洛伦兹力就是这样的），那么就可以对加速度项也做同样的处理.

然后就得到了玻耳兹曼方程

$$\frac{\partial f}{\partial t}+\boldsymbol{v}\frac{\partial f}{\partial \boldsymbol{x}}+\boldsymbol{a}\frac{\partial f}{\partial \boldsymbol{v}}=S=C. \tag{8.12}$$

方程右侧的源项不仅包含了粒子的生成和湮灭（例如化学或核反应），还包括了速度的瞬间变化，也就是*碰撞*. 不会使粒子生成或者湮灭的碰撞仍然会突然改变它们的速度㊀，这个速度变化立刻把粒子从一个速度变化到另一个速度. 粒子跳到相空间的另一个位置，这构成了旧速度下的“汇”和新速度下的“源”. 当然，碰撞也可能引起化学反应或者核反应. 于是，从本质上来说，玻尔兹曼方程所有的源项都是碰撞（除了粒子自然的放射性衰变）；源项通常叫做“碰撞”项，用 C 而不是 S 记.

碰撞项 $C(\boldsymbol{v},\boldsymbol{x},t)$ 就是每单位体积相空间在位置 $\boldsymbol{x}$ 和速度 $\boldsymbol{v}$ 粒子的产生（或者消失）率. 自然地，它取决于分布函数 f. 例如，每单位体积移除某个速度粒子的碰撞率与这个速度的粒子数目成正比.

8.3　求解双曲型玻尔兹曼方程

8.3.1　沿轨道积分

如果已知碰撞项 C 和 $\boldsymbol{a}$，那么显然玻尔兹曼方程是一阶线性偏微分方程（包括时间总共有七维，如果有能忽略的维数，也可能更低）. 由于这是一个一阶线性方程，而且因变量是一个标量 f㊁，所以它是一个双曲型方程. 这说明我们可以把它当作一个初值问题来求解.

最自然的方法是跟踪相空间中的粒子轨迹，我们称之为粒子轨道. 每个粒子的运动根据

$$\frac{\mathrm{d}\boldsymbol{x}}{\mathrm{d}t}=\boldsymbol{v},\frac{\mathrm{d}\boldsymbol{v}}{\mathrm{d}t}=\boldsymbol{a};即\frac{\mathrm{d}}{\mathrm{d}\boldsymbol{v}}\begin{pmatrix}\boldsymbol{x}\\ \boldsymbol{v}\end{pmatrix}=\begin{pmatrix}\boldsymbol{v}\\ \boldsymbol{a}\end{pmatrix}. \tag{8.13}$$

㊀ “多么突然”是一个很微妙的问题. 毕竟，任何速度的变化都是在有限时间内发生的，而且与某个加速度有关. 那么为什么不包括在 $\boldsymbol{a}$ 之内呢？出于目前的目的，我们绕过这个问题，只是通过说源包含加速度中未包含的任何速度变化.

㊁ 不是写成向量形式的若干因变量，这样特征值就可能不是实数.

这是一个常微分方程，给出初始相空间的位置$\boldsymbol{x}_0$和$\boldsymbol{v}_0$，就可以求出它的解. 可是这个轨道怎么能帮我们从玻尔兹曼方程解出分布函数呢？玻尔兹曼方程是关于f沿粒子在相空间轨道变化率的方程，从而可解出f.

假设追踪一个六维空间的粒子. 观察其附近的相空间，并且测量相空间中的粒子密度；我们研究密度随时间的变化. 分布函数的变化率恰好是玻尔兹曼方程的左侧，如图 8.4 所示. 首先，假设这是对的，并假设在追踪过程中，测量f变化的时间间隔是一个小的 dt，那么f有变化的原因可以是

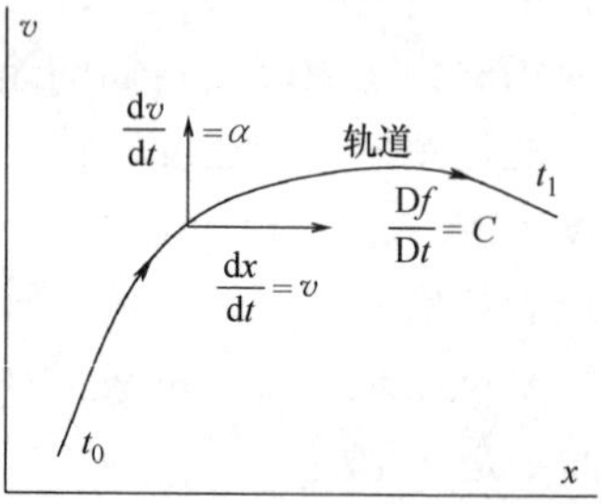

图 8.4　相空间轨道由一阶常微分方程决定，玻尔兹曼方程说明分布函数沿相空间轨道的变化率等于碰撞项

①它本身随时间变化，总变化量是 $\mathrm{d}t\partial f/\partial t$；②它在空间不同点处的值也不同，所以粒子的运动把我们带出长为 $\mathrm{d}t\boldsymbol{v}$的距离，所以$f$的值变化了 $\mathrm{d}t\boldsymbol{v}\partial f/\partial \boldsymbol{x}$；③它的值在不同的$\boldsymbol{v}$处不同，所以速度空间中的运动（加速度）把我们带到了一个速度“距离” $\mathrm{d}t\boldsymbol{a}$ 远的位置，这里f的值差为 $\mathrm{d}t\boldsymbol{a}\partial f/\partial \boldsymbol{v}$. 所以，这三个量的总和除以 d$t$，就是$f$沿轨道的变化率，这就是方程（8.12）的左侧.

其次，为什么全微分是等式中的样子呢？这是因为相空间中的流动无散度$\nabla_{ps}\boldsymbol{v}_{ps}=0$. 对满足$\nabla(\rho\boldsymbol{v})=\boldsymbol{v}\nabla\rho$ 的三维流体，当$\nabla\boldsymbol{v}=0$ 时，$\mathrm{D}\rho/\mathrm{D}t=0$. 相空间中无维的流动也是类似的. 如果加速度具有性质$\nabla_v\boldsymbol{a}=0$，则相空间流是无散度的，这可以解释为没有消散.

然后，这个等式对我们有什么用呢？它可以把玻耳兹曼方程简化成沿着轨道的常微分方程，把全微分写成 D/Dt 得

$$\frac{\partial f}{\partial t}+\boldsymbol{v}\frac{\partial f}{\partial \boldsymbol{x}}+\boldsymbol{a}\frac{\partial f}{\partial \boldsymbol{v}}=\frac{\mathrm{D}f}{\mathrm{D}t}=C, \tag{8.14}$$

对上述第二个等式进行积分，立得

$$f(\boldsymbol{v}_1,\boldsymbol{x}_1,t_1)-f(\boldsymbol{v}_0,\boldsymbol{x}_0,t_0)=\int_0^1 C\mathrm{d}t. \tag{8.15}$$

这是相空间中沿轨道，从初始位置（0）到最终位置（1）的积分. 分布函数在最终速度，位置和时间的最终值，等于分布函数在初始速度，位置和时间的初始值，加上碰撞项沿轨道的积分. 最简单的情况是没有碰撞时的情况，也就是 $C=0$ 时. 这时初始分布函数值和最终分布函数值相等. 可以说，没有碰撞时，分布函数“沿轨道是常数”.

沿轨道是常数一般来说并不表示分布函数在速度为 1 时和在速度为 0 时是同一个函数，这一点非常重要. 由于轨道速度在不同位置之间改变了，所以即使 f 的高度一样，这个高度不在同一个速度出现，如图 8.5 所示.

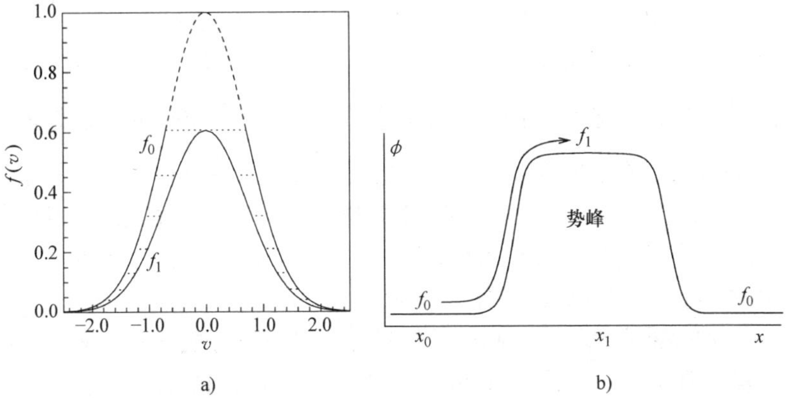

图 8.5 在无碰撞的玻尔兹曼方程中，分布函数沿轨道是常数. 由于轨道上的速度小一些（保留能量），分布 a）的顶部与 b）中可能的峰不同，分布值 $f_0=f(x_0)$ 和 $f_1=f(x_1)$ 相等，但是速度不同. 在 a）中，轨道把分布沿水平的虚线移动. 分布 f_0 最小速度的轨道（上方虚线部分）不能达到 f_1 所在的峰顶，所以对它没有贡献

8.3.2 轨道是特征线

每个双曲型方程都可以用这种沿轨道积分的方式分析，这种方法叫作特征线法. “特征线”是玻尔兹曼方程中“轨道”的推广，考虑一个一阶线性，有源平流方程

$$\boldsymbol{v}\frac{\partial}{\partial \boldsymbol{x}}\psi = S. \tag{8.16}$$

N 维向量$\boldsymbol{v}$的分量是已知函数 ψ 和 N 维自变量 $\boldsymbol{x}$，引入一个新参数 t，它相当于时间（如果原来的方程已经有了自变量时间，则把它看成向量$\boldsymbol{v}$的一个分量，然后用新的 t 作为参数）．把$\boldsymbol{v}$想成 N 维空间中的速度，也就是 $\mathrm{d}t/\mathrm{d}t=\boldsymbol{v}$．记住，在原本的公式中，$\boldsymbol{v}$只是各个方向偏微分的系数．在引入了新参数 t 的情况下，考虑“如果系数$\boldsymbol{v}$是速度会怎样?”．答案是，从任何位置 $\boldsymbol{x}$ 出发，以速度$\boldsymbol{v}$运动，我们可以追踪出 $\boldsymbol{x}$ 空间中的一条轨道．这个轨道就叫作微分方程的特征线．沿着特征线，需要满足的方程是

$$\boldsymbol{v}\frac{\partial}{\partial \boldsymbol{x}}\psi = \frac{\mathrm{d}\boldsymbol{x}}{\mathrm{d}t}\frac{\partial}{\partial \boldsymbol{x}}\psi = \sum_{j=1}^{N}\frac{\mathrm{d}x_j}{\mathrm{d}t}\cdot\frac{\partial}{\partial x_j}\psi = \left.\frac{\mathrm{d}\psi}{\mathrm{d}t}\right|_{\text{轨道}} = S. \tag{8.17}$$

这是一个沿特征线的常微分方程，于是在特征线上积分 $\psi_1 - \psi_0 = \int_0^1 S\mathrm{d}t$，而这正是求解玻尔兹曼方程的方法．唯一的区别是玻尔兹曼方程已经有时间变量了．幸运的是，玻尔兹曼方程中$\partial/\partial t$ 的系数是 1．所以，将实际物理上的时间作为类时变量．不过，也可以做其他选择，我们还用了类似流体理论中的“对流”导数记号 $\mathrm{D}/\mathrm{D}t$，不过沿轨道，它和 $\mathrm{d}/\mathrm{d}t$ 没有什么区别.

正如之前看到的，更高阶的标量方程可以改写成一阶的向量方程（有若干因变量）．如果它们是双曲型的，那么它们的特征线就对应于方程特征向量的系数．这些特征向量必定是实数的，否则实数特征线的假设就不成立了．于是，如果一个向量系统可以对角化，且特征向量是实数的，那么它就是双曲型的.

8.4 碰撞项

玻尔兹曼方程中碰撞项的重要程度取决于具体的应用．在某些等离子和重力应用中，它可以被完全忽略掉，对碰撞不会产生任何影响．这时我们感兴趣的方程叫作弗拉索夫方程

$$\frac{\partial f}{\partial t}+\boldsymbol{v}\frac{\partial f}{\partial \boldsymbol{x}}+\boldsymbol{a}\frac{\partial f}{\partial \boldsymbol{v}}=0. \tag{8.18}$$

另外一种极端情况是，作用的外力可以忽略，所以 $\boldsymbol{a}=\boldsymbol{0}$，问题是齐次

的，并且是稳态的，即$\partial/\partial \boldsymbol{x}=0$，$\partial/\partial t=0$，那么玻尔兹曼方程就只剩下 $C=0$ 了，所以碰撞决定一切！

此外碰撞的形式取决于具体的应用. 特别地，它取决于重要的碰撞是对同样的粒子还是不同分布函数描述的不同粒子.

8.4.1　自散射

比如自散射会主导简单的非活性单原子气体，这时只有一种粒子. 于是弹性自散射是唯一存在的碰撞类型. 那么对 C，$\boldsymbol{v}C$ 和$\boldsymbol{v}^2 C$ 对整个速度空间的积分都是零. 这是粒子、动量和能量守恒的一个简单推论，不过对自散射来说，其他的问题就很复杂了. 碰撞的发生率取决于$f(\boldsymbol{v}_1)f(\boldsymbol{v}_2)$，这是两个速度不同（所以非线性）的相撞粒子分布函数的积. 它和碰撞率相乘，也就是截面（相对速率的函数）乘以相对速率 $\sigma|\boldsymbol{v}_1-\boldsymbol{v}_2|$，然后把它对目标粒子的速度$\boldsymbol{v}_2$ 积分（所以玻尔兹曼方程就变成了积分 - 微分方程）. 一般来说，为使碰撞好处理，我们需要很多的近似，即使是数值解也是如此.

8.4.2　非自散射

不过，如果主要的粒子运动是和其他的粒子之间的互动，那么第一种粒子的动量和能量就不一定守恒了. 它可以变成第二种粒子，但碰撞项至少对 f 是线性的，而且如果第二种粒子的初始速度分布是已知的或者可以忽略，那么需要积分的部分就可以减少很多.

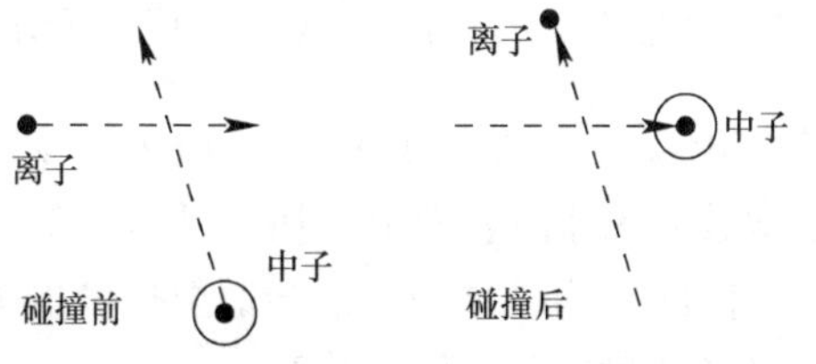

图 8.6　电荷交换碰撞中，一个电子从某个中子转移到某个离子，然后产生了一个简单的碰撞项. 如果这样的碰撞以恒定速率 ν 出现，式（8.19）就是适用的

比如，像图 8.6 中的那样，这种形式的碰撞项，大致代表在单电荷离子（在玻尔兹曼方程中我们要解的粒子）和同一元素的中性粒子之间以固定速率 ν 进行的电荷交换碰撞是

$$C(f) = -\nu f(\boldsymbol{v}) + \nu f_2(\boldsymbol{v}). \tag{8.19}$$

有时候称它为 BGK 碰撞. 它代表原来的离子在给定 $\nu f(\boldsymbol{v})$ 时消耗率为 ν，而且它们又在同一速率被新离子替换. 在碰撞之前，这些新生的离子是中性粒子，它们保持碰撞之前的速度分布 $f_2(\boldsymbol{v})$，因为碰撞只是把一个电子变成另外一个电子.

另外一种理想状况（见图 8.7）是与重的静止目标相撞（所以只要求可以忽略不计的反冲能量），于是在各个方向各向同性地散射. 在碰撞中，粒子只是改变速度的方向，而不是大小. 如果目标的密度是 n_2，碰撞横截面是 σ，那么

$$C(f) = -n_2\sigma v\left(f(\boldsymbol{v}) - \int f(\boldsymbol{v})\,\mathrm{d}^2\Omega/4\pi\right). \tag{8.20}$$

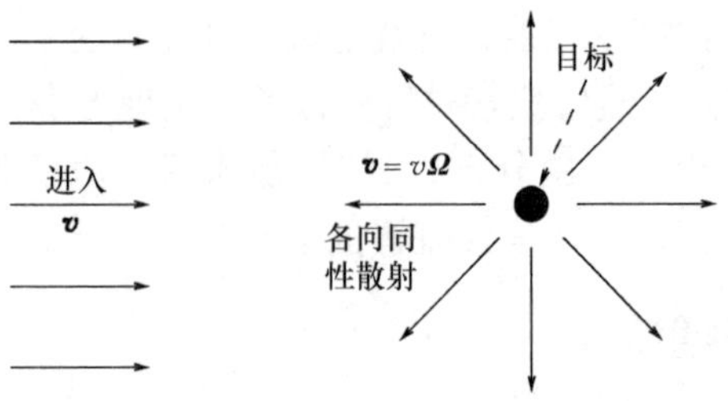

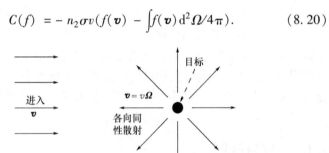

图 8.7　各向同性散射（理想化的近似）中的粒子在各个方向 Ω 均等出现. 在目标很重的情况下，v 的大小不会改变，只会改变方向，这时所得结果是式（8.20）

其中 $\mathrm{d}^2\Omega = \sin\theta\mathrm{d}\theta\mathrm{d}\chi$ 是角元，对（θ, χ）的积分在速度空间中全速度是常数 v 的球面表面上. 换句话说，第二项是在 v 处，分布函数在各个方向的平均. 这种碰撞会散射速度的方向，所以会消除任何各向异性（随角度 θ 和 χ 的变化）.

注意到，这些例子里自碰撞都可以被忽略，而碰撞项通常包括两个部分. 第一部分是负的，它表示粒子与任何存在的目标（式（8.20）中的 $-n_2\sigma vf$）碰撞时被移除或者“汇集”的速度. 第二部分是正的，是从任何可能性粒子生成的“源流”速度. 当处理非活性气体时，源只是碰撞中粒子的重新出现，但在其他情况下，例如反应堆中的中子输送，从反应产生新的粒子或从目标介质中的自发发射可能

同样重要.

对若干目标粒子 j，汇集项是与所有种类目标碰撞的和. 我们常常把它简写成 $-\Sigma_t\times(vf)$，其中

$$\Sigma_t = \sum_j n_j\sigma_j. \tag{8.21}$$

它在反应堆物理学文献中称为“宏观横截面”. 可惜这个名字比较无奈，因为 Σ_t 的单位是 m^{-1}，而不是 m^2，它其实是衰减长度的倒数，而不是横截面. 当目标静止时，Σ_t 是各向同性的：碰撞的速度与粒子速度的方向无关. 不过，源项一般不是各向同性的，因为它包括了纯粹散射而重新出现的粒子. 就算是来源于静止的目标，散射也常常保留一些分布函数自带的各向异性（式（8.20）的条件是非典型性的理想化）.

例子详解：求解弗拉索夫方程

考虑稳态情况，空间和速度都是一维的，加速度只来源于随位置变化的势能 $\phi(x)=\phi_0\exp(-x^2/w^2)$，所以 $a=\dfrac{1}{m}\mathrm{d}\phi/\mathrm{d}x$，而碰撞是可以忽略的. 如果分布函数在 $|x|\to\infty$ 时，等于 $f_\infty(v)=\exp(-mv^2/2T)$，而且 $\phi_0\geqslant 0$，对所有 x 和 v 求分布函数 $f(v,x)$，如果 $\phi_0<0$，能求解分布函数吗？

稳态无碰撞一维玻尔兹曼（弗拉索夫）方程是

$$0=\frac{\mathrm{D}t}{\mathrm{D}t}=v\frac{\partial f}{\partial x}+a\frac{\partial f}{\partial v}. \tag{8.22}$$

方程的轨道（特征线）是

$$\frac{\mathrm{d}x}{\mathrm{d}t}=v;\ \ \frac{\mathrm{d}v}{\mathrm{d}t}=a=-\frac{1}{m}\frac{\mathrm{d}\phi}{\mathrm{d}x}. \tag{8.23}$$

用第二项乘以第一项得

$$v\frac{\mathrm{d}v}{\mathrm{d}t}+\frac{1}{m}\frac{\mathrm{d}\phi}{\mathrm{d}x}\frac{\mathrm{d}x}{\mathrm{d}t}=0. \tag{8.24}$$

然后立刻积分得

$$\frac{1}{2}mv^2 + \phi = \text{const.} \tag{8.25}$$

我们推导出了能量守恒，这包括动能和势能. 常数可以想成是无穷远处的动能，$mv_\infty^2/2$，而这里势能（ϕ_∞）是零.

对弗拉索夫方程，分布函数沿轨道是常数. 所以，

$$f(v,x) = f_\infty(v_\infty) = \exp(-mv_\infty^2/2T) = \exp(-[mv^2 + 2\phi(x)]/2T). \tag{8.26}$$

代入 $\phi(x)$ 得

$$f(v,x) = \exp(-[mv^2 + 2\phi_0 e^{-x^2/w^2}]/2T) = \exp\left(-\frac{mv^2}{2T}\right)\exp\left(-\frac{\phi_0}{T}e^{-x^2/w^2}\right). \tag{8.27}$$

如果 $\phi_0 > 0$，无论 v^2 多么小，守恒方程

$$\frac{1}{2}mv^2 + \phi = \frac{1}{2}mv_\infty^2$$

都有实数解 v_∞.

于是，这个 f 的表达式就对所有 v 都有效. 分布函数处处有麦克斯韦（Maxwellian）分布的性质，但是它的密度随位置变化而变化. 然而如果 $\phi_0 < 0$，那么 ϕ 处处为负，于是有个最小速率 $\sqrt{-2\phi/m}$，低于这个速率时，没有实数 v_∞ 解. 这些是困住的轨道，它们不会延伸到无穷大，但因为它们位于势阱中，会被反映出来. f 在这些被困住的轨道上的值没办法用无穷处的边界条件定义，所以我们必须用其他方法求得，比如用初值条件. 图 8.8 给出了一个解的例子.

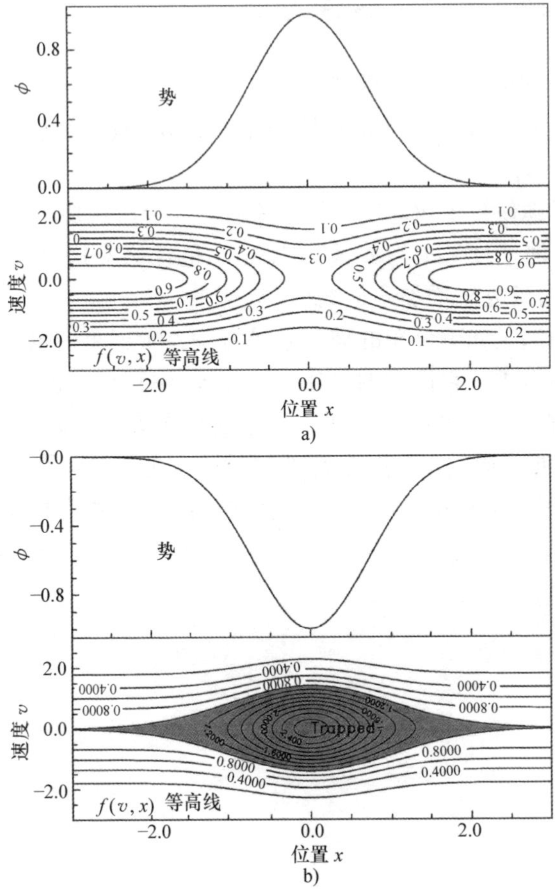

图 8.8　$f(v,x)$ 的常数等高线也是轨道. 于是，轨道可以通过画 f 的等高线得到，它们的值由相空间中任意点的总能量（动能加势能）决定. 当势能有峰值 a）时，所有的轨道延伸到 $x\to\infty$，f 由边值条件决定. 当势能有谷值 b）时，f 在被困的轨道（阴影轨道）的值是不确定的

【图中用到的参数是 $\phi_0/m=\pm1$，$w=1$，$T/m=1$】

8.5 习题8 玻尔兹曼方程

1. 相空间中加速度的散度.

(1) 证明：带电荷量 q 的粒子在磁场 $\boldsymbol{B}$ 中运动时受力 $qv\times\boldsymbol{B}$ 作用，但$\nabla_v\boldsymbol{a}=\boldsymbol{0}$；

(2) 考虑使粒子运动变慢的摩擦力，其表达式是 $\boldsymbol{a}=-K\boldsymbol{v}$，其中 K 是常数. 加速度$\nabla_v\boldsymbol{a}$ 的“速度散度”是什么？这会使分布函数 f（作为时间的函数）增加还是减小？

2. 写出满足如下分布的玻尔兹曼方程：考虑重力场 $g\hat{\boldsymbol{x}}$中，质量为 m 的中性粒子，它们在两种密度 n_a，n_b 中穿行，密度的唯一效果是：a 在横截面 σ_a 处吸收粒子，这与速率无关；b 按照低温 T_b 时的麦克斯韦分布，通过半衰期为 t_b 的放射性衰变发射粒子.

在均匀稳态($\partial/\partial t=\partial/\partial\boldsymbol{x}=0$)中(解析地)求解方程得到$f_x(v_x)$，其中 $kT_b\ll mg/n_a\sigma_a$.

第 9 章 能量分辨扩散传输

当某个强大的过程驱动速度分布函数远离平衡时，通常考虑粒子速度的完全分布非常重要，这样我们才能解它们的传输. 原子能高于典型（例如热）能量的动能的粒子源将具有该效果. 例子包括各种反应：例如，燃烧中发生的化学反应，或者，正如我们将在本章中讨论的那样，涉及中子的核反应㊀.

9.1 中子碰撞

由于中子本身不带点电荷，所以它不受电力或磁力影响，而且它的重力常常是可以忽略的，所以玻尔兹曼方程中与加速度 $\boldsymbol{a}$ 成正比的项常常可以忽略. 自碰撞也可以忽略不计，中子运动的背景物质为它们提供了碰撞的目标，这些背景物质可以看成是由几乎静止的原子组成.

碰撞提供了玻尔兹曼方程中关键的项，它们来自一些不同的核物质，相关的横截面对中子动能（或者，等价的，v）具有很强的依赖性. 我们通常把所有相关的物质都加起来，以得到单位体积内相空间全部合理的来源和汇流率. 除了中子的汇点，也就是从所有可能来源得到的 $-\Sigma_t vf$，源项还可能来源于散射和裂变反应㊁. 如图 9.1 所示，

㊀ 放射的传播，光子的传播，也可以这样考虑，但对它的研究需要用能量（或者动量）表达式，而不是速率，这是因为所有的光子都在同一速度运动.

㊁ 还有其他的自然衰变或者裂变（延迟的中子），但是目前忽略它们.

对裂变和散射，我们考虑以小撇（′）记的进入的中子，它的速度由速率 v' 和单位方向向量 Ω' 决定（于是 $\boldsymbol{v}'=v'\Omega$）. 然后它生成了一个离开（有源）的中子，它的速率是 v，方向是 $\boldsymbol{\Omega}$. “宏观截面”分别由 Σ_f 和 Σ_s 记. 它们是进入和离开速度的方程，记（$v'\to v$，$\boldsymbol{\Omega}'\to\boldsymbol{\Omega}$），也有可能是位置（$\boldsymbol{x}$）的隐式函数. 每次裂变产生的离开的中子个数 $\boldsymbol{\nu}$ 往往多于一个，所以源项要求的数量其实是 $\boldsymbol{\nu}\Sigma_f$. 还有，算源项的时候要对所有可能地进入速度积分，记通量密度为㊀ $v'f'$，速度元为 $\mathrm{d}^3v'=v'^2\mathrm{d}^2\Omega'\mathrm{d}v'$. 于是玻尔兹曼方程变成了中子输运方程：

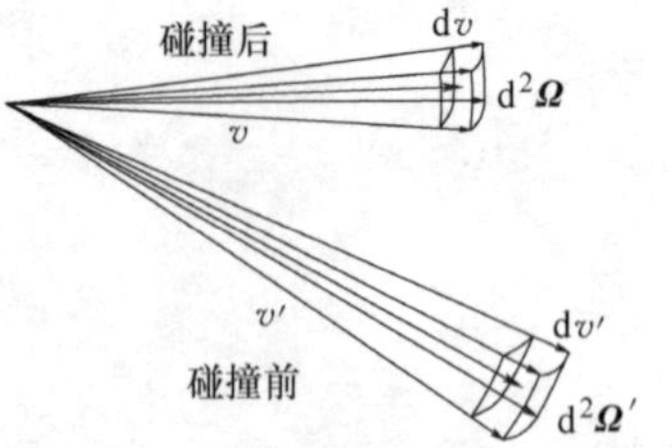

图 9.1　（碰撞前）$\mathrm{d}v'\mathrm{d}^2\Omega'$ 中粒子的碰撞是 $\mathrm{d}v\mathrm{d}^2\Omega$ 中粒子的来源之一. 诱发裂变（由平均中子产量 ν 加权）和散射都有贡献. $\mathrm{d}v\mathrm{d}^2\Omega$ 中的沉项是所有把 $\mathrm{d}v\mathrm{d}^2\Omega$ 中粒子移除的碰撞项之和

$$\frac{\partial f}{\partial t}+v\boldsymbol{\Omega}\frac{\partial f}{\partial \boldsymbol{x}}=\underbrace{-\Sigma_t vf}_{\text{汇点}}+$$

$$\int\underbrace{\boldsymbol{\nu}\Sigma_f(v'\to v,\boldsymbol{\Omega}'\to\boldsymbol{\Omega})}_{\text{裂变}}+\underbrace{\Sigma_s(v'\to v,\boldsymbol{\Omega}'\to\boldsymbol{\Omega})}_{\text{散射}}]v'f'v'^2\mathrm{d}^2\Omega'\mathrm{d}v'. \quad (9.1)$$

这种碰撞项形式也可以用于混合气体中中性分子的碰撞和化学反应㊁. 对分子来说，横截面可能是速率 v' 的非常复杂的函数，为了得到精确的碰撞项，尽管已知 f，仍然可能会要求非常大量的数据和小心的积分. 还有，我们需要处理积分 - 微分方程. 如何一致地解方程并求出 f 并不明显.

9.2 简化为多群扩散方程

在数值上求解六维或七维积分 - 微分方程是一项重大挑战. 如

㊀ 绝大多数反应物理文献对速度分布记法不同，它们用通量密度 $\phi=vf$ 作为因变量. 我们想保留和玻尔兹曼方程的相关性，所以这里仍然用 f 作为因变量，结果和标准的反应物理方程等价.

㊁ 这时候还有可能有自碰撞.

果我们不假思索地在每个维度的有限格点上将分布函数 $f(\boldsymbol{v},\boldsymbol{x},t)$ 离散化，数据马上就会大得超过我们的处理能力. 长为 100 的网格因为 $100^6=10^{12}$ 需要好几个兆的字节，于是解相空间的全部离散值就会变成一个非常大的计算挑战. 尽管接受这个挑战是有某些意义的，但通常地，也更有意义的方法是通过选择合理的描述，降低问题的维度.

当分布函数接近热力学平衡状态时，只用少数几个低维的速度矩就是合理的. 它的效果是把三维的速度空间简化为几个应变参数. 它们是密度 $n=\int f\mathrm{d}^3v$、平均速度 $\int \boldsymbol{v}f\mathrm{d}^3v/n$，以及与温度等价的单位粒子平均动能 $\int \frac{1}{2}mv^2f\mathrm{d}^3v/n=3T/2$. 从形式上来讲，取相应的玻尔兹曼方程的矩（动差）给出标准的流体方程；连续性、动量和能量守恒. 于是，这样的简化已经在之前对流体问题的数值解法中讨论过了.

不过，如果速度分布函数远不是热力学平衡，比如裂变反应时呢？我们必须保留速度变量，因为碰撞横截面是速度的函数. 由于碰撞占主导而在中子运输中非常有用的另一种近似，是把速度中的各向异性取得很小，分布函数 f 几乎是球面对称的：它几乎与 $\boldsymbol{\Omega}$ 无关；于是我们没有必要把 f 对速度方向的依赖仔细地表述出来.

我们必须保留 $f(\boldsymbol{v})$ 足够的各向异性信息，用以表达中子的有向通量密度，而它决定了中子的运输. 考虑以某个速率 v 运动的中子（例如，在 v 处的 $\mathrm{d}v$ 元中）. 对全输运方程（9.1）$v^2\mathrm{d}^2\Omega(=\mathrm{d}^3v/\mathrm{d}v$,因为 $\mathrm{d}^3v=v^2\mathrm{d}^2\Omega\mathrm{d}v)$ 在球面速度空间元积分，如图 9.2 所示. 虽然总速度 - 空间体积是 $4\pi v^2\mathrm{d}v$，我们只简单地记这些元为 $\mathrm{d}v$，用来提醒我们对速率的选择. 现在，记对方向积分的分布函数为

$$F(v)=\int_{\mathrm{d}v}fv^2\mathrm{d}^2\Omega=\int_{\mathrm{d}v}f\mathrm{d}^3v/\mathrm{d}v. \tag{9.2}$$

所以，速度范围在 $\mathrm{d}v$ 内每单位体积的粒子个数是 $F(v)\mathrm{d}v$.

沿角度积分的玻尔兹曼方程中的第一项就是 $\frac{\partial F}{\partial t}$，第二项是

$$\int_{dv} v\boldsymbol{\Omega}\nabla f \mathrm{d}^3 v/\mathrm{d}v = \nabla\left[\int_{dv}\boldsymbol{\Omega} v f \mathrm{d}^3 v/\mathrm{d}v\right] = \nabla\boldsymbol{\Gamma}(v). \tag{9.3}$$

其中，$\Gamma(v)\mathrm{d}v = \int_{dv}\boldsymbol{\Omega} v f \mathrm{d}^3 v$ 是速度元 $\mathrm{d}v$ 中粒子的通量密度；所以，$\boldsymbol{\Gamma}(v)$ 是通量密度的速度分布，它是一个矢量.

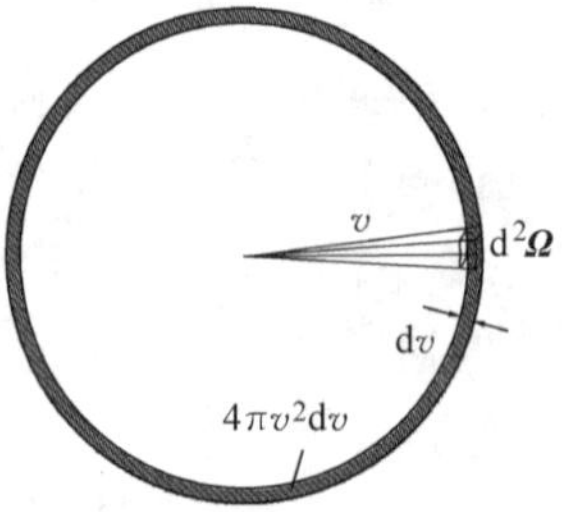

图 9.2　速度空间中计算方向积分的球面体积

由于所有的 Σ 都与 $\boldsymbol{\Omega}$ 无关（只与差 $\boldsymbol{\Omega}-\boldsymbol{\Omega}'$ 有关），式（9.1）右侧的第一项（汇点）变成了 $-\Sigma_t vF(v)$，第二项（能源）可以写成 Σ_f 和 Σ_s 对所有方向的积分

$$Q(v) = \int[\nu\Sigma_f(v'\to v) + \Sigma_s(v'\to v)]v'F(v')\mathrm{d}v'. \tag{9.4}$$

对方向积分的输运方程为

$$\frac{\partial F(v)}{\partial t} + \nabla\boldsymbol{\Gamma}(v) = -\Sigma_t vF(v) + Q(v). \tag{9.5}$$

如果通量密度和密度梯度成正比，该方程就变成了扩散方程. 这种近似常常叫作菲克（Fick）定律. 由 $F(v)$ 表示，这个比例就是

$$\boldsymbol{\Gamma}(v) = -D\nabla F(v) \tag{9.6}$$

其中 D 是“扩散系数”，它的值大约是 $v/3\Sigma_t$.

于是速率分辨的（或能量分辨的）扩散方程为

$$\frac{\partial F(v)}{\partial t} - \nabla[D\nabla F(v)] = -\Sigma_t vF(v) + Q(v). \tag{9.7}$$

$f(\boldsymbol{v})$ 最低次的各向异性性包含在 $\boldsymbol{\Gamma} = D\nabla F(v)$ 中，但是，这个近似中的碰撞项与各向异性无关. 该方程对所有速率的值 v 都有效.

拓展：扩散系数的推导

中子（动力）传输方程（9.1）可以通过考虑固定的速率 v 变成空间扩散方程. 考虑 f 对角度依赖的最低阶近似，一个常数加与 $\mu=\cos\theta$ 成比例的项：即 $f = f_0 + f_1\mu$，其中 f_0 和 f_1 与 $\boldsymbol{\Omega}$ 无关. 它们是球谐函数按角度变量展开的前两项，反应物理文献中叫这种逼近为 P_1 逼近. 显然，这种逼近只在分布对极角 θ 测量时，有柱状对称的（速度）近似轴时才有意义. 在没有内在的材料各向异性时，局部对称轴必须在密度梯度 ∇f_0 的方向.

对球面速度进行元积分，其中 $\mu = \cos\theta$，而且角度 θ 在 ∇f_0 方向测量.

如果代入式（9.1）并且令 μ 的阶相等，忽略时间偏微分（我们假设角度方向的分布迅速松弛），我们于是得到 μ 阶的

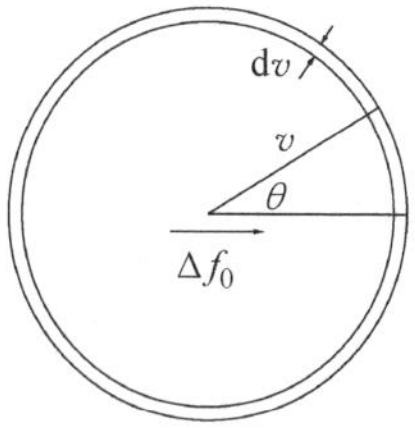

$$|\nabla f_0| = (-\Sigma_t + \Sigma_{s1}) f_1,$$

其中，Σ_{s1} 是与 μ 成比例的散射项部分，它总是小于 Σ_t 的（有时候 Σ_{s1} 基本可以忽略）. 与散射不同，裂变不对 Σ_t 之外的各向异性项做贡献，因为我们通常假设核裂变产生的中子发射方向和进入的中子方向没有显著的关联【裂变反应产生中子的各向异性不高，但是形式上非零，特别是进入的中子能量很高时】.

速率元 dv 对有向空间通量密度（沿对称轴方向）的贡献是

$$\Gamma(v)\mathrm{d}v = \int fv\mu \mathrm{d}^3 v = \int fv\mu 2\pi v^2 \mathrm{d}\mu \mathrm{d}v = 2\pi v^3 \mathrm{d}v \int (f_0 + f_1\mu)\mu \mathrm{d}\mu = \frac{1}{3} v f_1 4\pi v^2 \mathrm{d}v,$$

又考虑到之前的方程，于是得

$$\boldsymbol{\Gamma}(v) = -\frac{v}{3(\Sigma_t - \Sigma_{s1})}\nabla(f_0 4\pi v^2).$$

这是菲克定律，它把通量密度 $\boldsymbol{\Gamma}\mathrm{d}v$ 和密度梯度 $f4\pi v^2 \mathrm{d}v$ 通过乘以扩散系数

$$D = \frac{v}{3(\Sigma_t - \Sigma_{s1})}$$

联系起来.

9.3　多群方程的数值表达

通过把维数从相空间的六维降到四维（三维空间，一维速率），我们已经把输运方程简化了很多. 即便是这样，我们仍然需要选择速率（或能量）分布的表达和空间的表达.

9.3.1　群

对速率离散的自然方法是用速率的范围，或能量的范围. 在反应物理中，这些范围叫作“群”. 这就好像是用直方图表达速率分布（见图 9.3）. 如果相空间中的一点（一个粒子）的速率满足 $v_{g-1/2} \leqslant v < v_{g+1/2}$，那么它就在（整数）群 g 中. 半整数下标速率是群 g 速率范围的极限值，我们说，这个群的典型或者平均速率是 v_g. 换种说

法，群可以想成是对有限速率元 $\Delta v_g = v_{g+1/2} - v_{g-1/2}$ 的积分. 假设共有 N_G 个群. 那么每个中子群分别满足类似式（9.7）的扩散方程，每个群的源积分 $Q(v)$ 都包括了所有其他群的贡献. 这些贡献包括其他群裂变产生，然后进入某个群的中子，或者直接从某个群（速率）散射的中子

$$\frac{\partial F_g}{\partial t} - \nabla[D_g \nabla F_g] + \Sigma_{tg} v_g F_g = Q_g. \tag{9.8}$$

因为 Q 对 F_g 的依赖是线性的，通过积分 $\int v' F'(v') \mathrm{d}v'$，离散方程可以自然地表达成矩阵方程，将其乘以群通量列向量得

$$\frac{\partial \boldsymbol{F}}{\partial t} + (-\boldsymbol{L} + \boldsymbol{\Sigma}_t \boldsymbol{V})\boldsymbol{F} = \boldsymbol{Q} = \boldsymbol{A}\boldsymbol{F}. \tag{9.9}$$

其中，$N_G \times N_G$ 矩阵 $\boldsymbol{L}$，$\boldsymbol{\Sigma}_t$ 和 $\boldsymbol{V}$ 都是对角阵，而是它们的第 g 个对角元素分别是$\nabla D_g \nabla$，Σ_{tg} 和 v_g. 矩阵 $\boldsymbol{A}$ 不是对角阵，它乘以矩阵 $\boldsymbol{F}$ 得到源项 $\boldsymbol{Q}$. 它把矩阵等式的行，也就是不同的群耦合起来. 重点是碰撞矩阵 $\boldsymbol{\Sigma}_t$ 和 $\boldsymbol{A}$ 在任何位置 $\boldsymbol{x}$ 的值可以通过对速率 v 积分并且对所有核物质相加而得到. 这要求对不同碰撞截断面的全面信息，但是速度积分只需要做一次.

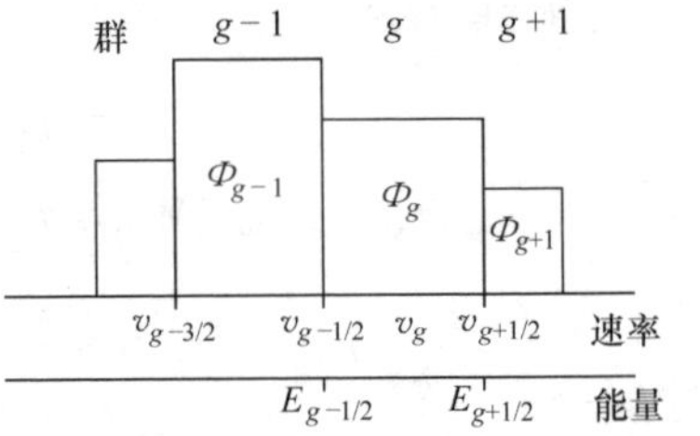

图 9.3 群是中子团块速率（与能量等价）的范围，它们很少在速率或者能量上有相同的宽度

空间均匀问题 如果考虑一个理想化的“无穷均匀”反应，那么所有“漏算子”$\boldsymbol{L}$ 的系数都是零：$\nabla D_g \nabla = 0$ 空间微分项可忽略. 我们不需要表达空间中多于一个的位置，所以多群通量表达我们需要解的唯一不同的因变量分量. 我们有一个一阶常微分向量方程，而唯一的自变量是时间[㊀]. 在这种情况下，我们可以用很多速率群 N_G，这个系统可以用第 2 章的方法求解.

㊀ 在实际应用中，延迟中子会带来严重的麻烦.

非均匀问题　对一个不均匀或者有限大小的反应堆，我们就不能忽略扩散输运项了. 原则上，我们可以对反应堆在空间离散化，从而得到（比方说）N_S 个元素. 当然，对一个有结构的二维网格，$N_S = N_1 \times N_2$，或者三维网格：$N_S = N_1 \times N_2 \times N_3$. 对这 N_S 个空间元，每个都有 N_G 个群，每个群对应一个速率分布 F_g，所以总共需要解 $N_S \times N_G$ 个 $F_g(\boldsymbol{x})$ 值㊀. 原则上，可以把这些值排列起来写成一个列向量；然后就可以把扩散项 LF 用空间中的相邻分量写成有限差分形式了. 最后，这就变成了一个真正的矩阵相乘，而不再是一个微分算子矩阵了.

用显式算法在时间上对扩散方程推进. 这时，数值算法的稳定性取决于 D 项的扩散性质. 考虑第5章中研究抛物扩散方程时需要注意的问题. 显式时间向前空间中间（FTCS）算法要求满足稳定条件 $\Delta t \leqslant \Delta x^2/2N_dD$，其中，$N_d$ 是空间维数. 于是有 $D \approx \frac{1}{3}vl_c$，其中 l_c 是碰撞平均自由程. 于是，稳定性条件是

$$\Delta l \equiv v\Delta t \leqslant \frac{3}{2N_d}\frac{\Delta x}{l_c}\Delta x. \tag{9.10}$$

为确定稳定性，中子在时间步长里移动的距离一定要小于 Δx 乘以 $3\Delta x/2N_dl_c$. 超热中子对 Δt 的限制最紧，因为它们的速率 v 更大（能量更高），而且 l_c 要长（碰撞横截面更小）.

9.3.2　稳态特征值

当用于裂变反应堆时，中子扩散方程最重要的特征就是齐次性㊁，也就是式（9.9）中的每一项都与 $\boldsymbol{F}$ 成正比. 这是因为反应堆中的几乎所有中子都是由中子通量本身造成的裂变反应所生成的. 除非相乘矩阵是奇异矩阵，或者说行列式的值为零，齐次方程的稳态解恒为

㊀ 减小计算数量，保留空间依赖性可能只需要很少的速率群. 也许甚至只要一个群 $N_G=1$，那么中子输运就减少到一个单一的扩散方程.

㊁ 而且边界条件也是齐次的. 其中，齐次是指没有常数项. 在英文中，齐次和均匀都是 homogeneous，所以作者特意澄清，请读者在阅读英文文献时注意区别.

零. 所以，存在非平凡稳态解，也就是反应堆稳定反应的条件是

$$\det(\boldsymbol{L}-\boldsymbol{\Sigma V}+\boldsymbol{A})=0. \tag{9.11}$$

这样的条件不是碰运气就能碰到的. 我们必须通过使用控制棒等调节反应器，小心地调整反应堆. 如果这个“临界”条件不满足，那么解就是不稳定的，能量随时间或是增加或是减少. 通常，这种条件在数学中表示的方式是通过理想化的假设，即我们有办法调整所有裂变反应的有效中子产率；特别是，它们可以乘以某个反应因子 $1/k$. 还记得 $Q(v)$ 来自于两项：散射和裂变，把它们分别写成 $\boldsymbol{\Sigma}_s\boldsymbol{VF}$ 和 $\boldsymbol{\nu\Sigma}_f\boldsymbol{VF}$，其中对角矩阵 $\boldsymbol{\nu}$ 包含系数 ν_g，它们代表速率在 g 的范围之内时中子的数目（每个裂变反应）. 引入反应乘积因子 k 得到

$$\boldsymbol{Q}=\boldsymbol{AF}=\boldsymbol{\Sigma}_{\mathrm{s}}\boldsymbol{VF}+\frac{1}{k}\boldsymbol{\nu\Sigma}_f\boldsymbol{VF}. \tag{9.12}$$

然后稳态扩散方程就变成了(广义)特征值问题

$$\left[(-\boldsymbol{L}+\boldsymbol{\Sigma}_t\boldsymbol{V}-\boldsymbol{\Sigma}_s\boldsymbol{V})-\frac{1}{k}\boldsymbol{\nu\Sigma}_f\boldsymbol{V}\right]\boldsymbol{F}=0. \tag{9.13}$$

用中子通量 $\boldsymbol{\Phi}\equiv\boldsymbol{VF}$ 可以写成

$$\left[(-\boldsymbol{LV}^{-1}+\boldsymbol{\Sigma}_t-\boldsymbol{\Sigma}_s)-\frac{1}{k}\boldsymbol{\nu\Sigma}_f\right]\boldsymbol{\Phi}=0. \tag{9.14}$$

一般来说，总有一些 k 值可以使这个矩阵等式的行列式为零，它们是特征值㊀. 其实我们只需要对应最大 k 值的特征解. 这对应于原来与时间相关的方程（9.9）中增长最快（或衰减最慢）的项. 如果这个 k 比 1 大，那么我们需要减小原扩散方程中子产率这么多倍，而达到稳态. 换句话说，在引入 k 之前，反应太多了. 特征值 k 大于 1 的反应堆是超临界的：中子通量随时间的增加而增加. 同样的论证表明，小于 1 是亚临界的：中子的数目随时间增加而减少.

我们如何求特征值呢？一种方法是简单地使用设计来解广义特征值的库程序㊁，只需要代入矩阵. 不过，这个方法不是很高效，除非这些例程可以利用这些矩阵的稀疏性，就连碰撞矩阵 $\boldsymbol{\Sigma}_s$ 和 $\boldsymbol{\Sigma}_f$ 也非常

㊀ 严格来说，是矩阵$(\boldsymbol{\nu\Sigma}_f\boldsymbol{V})^{-1}(-\boldsymbol{L}+\boldsymbol{\Sigma}_t\boldsymbol{V}-\boldsymbol{\Sigma}_s\boldsymbol{V})$特征值的逆.

㊁ 广义特征值是$(\boldsymbol{A}-\lambda\boldsymbol{B})\boldsymbol{v}=\boldsymbol{0}$ 的解，其中 $\boldsymbol{A}$ 和 $\boldsymbol{B}$ 是任意矩阵.

稀疏，它们把所有的不同速率群耦合起来，在这个意义下，这些矩阵局部是满阵. 不过，不同的空间位置没有交叉项，于是，在空间指数的意义下，它们是对角的. 换个说法就是，如果把所有的项列在一个大的向量 $\boldsymbol{F}$ 里，使得每个具体位置处的所有群都相邻，那么可以把每个矩阵看成是 $N_S \times N_S$ 的分块矩阵，而每块子矩阵是 $N_G \times N_G$ 的. 这个形式由式（9.15）给出：

$\Sigma_S =$

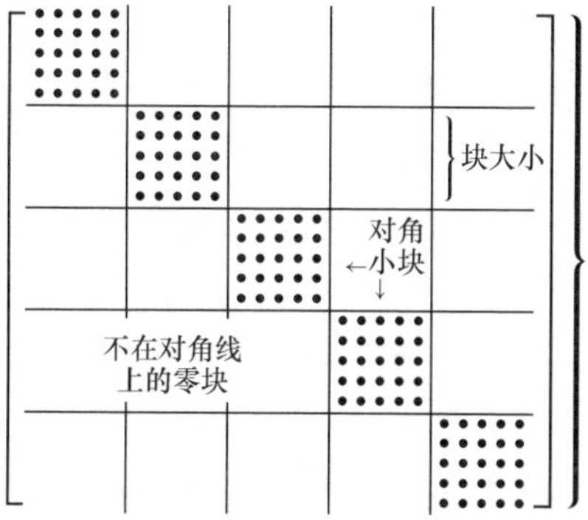

（9.15）

对 $N_S \times N_S$ 结构，$\boldsymbol{\Sigma}_s$，$\boldsymbol{\Sigma}_f$ 和 $\boldsymbol{\Sigma}_t$ 都是分块对角矩阵，而且 $\boldsymbol{\Sigma}_t$ 中连每个 $N_G \times N_G$ 小块都是对角的. 与之对比，$\boldsymbol{L}$ 是三对角分块矩阵，次对角线上代表多维空间；就像式（5.18），每个字母元素代表一个（对角）块.

由于稀疏的性质，对大尺寸的问题，最有效的解法是用迭代法求特征值，这里我们只需要乘以原矩阵，而不是对它们求逆. 在这个意义下，这个问题和解大的椭圆型问题遇到的挑战类似.

我们只关心大特征值是非常有用的㊀. 实际应用中，任何它们相应特征模主导的迭代方案都可以用. 为简便起见，定义 $-\boldsymbol{L}+\boldsymbol{\Sigma}_t\boldsymbol{V}-\boldsymbol{\Sigma}_s\boldsymbol{V}=\boldsymbol{M}$ 和 $\nu\boldsymbol{\Sigma}_f\boldsymbol{V}=\boldsymbol{G}$，一个典型的方法是用以下算法解 $[\boldsymbol{M}-\boldsymbol{G}/k]\boldsymbol{F}=0$：

$$\boldsymbol{M}\boldsymbol{F}^{(n+1)}=\frac{1}{k^{(n)}}\boldsymbol{G}\boldsymbol{F}^{(n)}. \tag{9.16}$$

㊀ 事实上，如果是 $\boldsymbol{M}$ 最大的特征值，那对一个单一的群或者对角的 $\boldsymbol{G}$，我们可以直接用"幂法"（Power method），也就是式（9.16）中 $\boldsymbol{F}$ 指标（n，$n+1$）互换. 不过，因为我们想要最小的特征值 $1/k$，我们必须有效地对 $\boldsymbol{M}$ 求逆（需要内部迭代），因为 $\boldsymbol{M}$ 从来都不是对角的.

在每一外在步 n，已知 $\boldsymbol{F}^{(n)}$ 时，用某个迭代法[一]求 $\boldsymbol{F}^{(n+1)}$（等价于对 $\boldsymbol{M}$ 求逆，但没有算出 $\boldsymbol{M}^{-1}$ 的具体形式）. 那么特征值估计就用加权比例更新

$$k^{(n+1)}=\frac{(\boldsymbol{GF}^{(n+1)})^{\mathrm{T}}\boldsymbol{GF}^{(n+1)}}{(\boldsymbol{GF}^{(n+1)})^{\mathrm{T}}\boldsymbol{MF}^{(n+1)}}. \tag{9.17}$$

然后重复以上步骤. 就像我们讨论过的非线性解法，在内在步中，只用很少循环可能是比较好的.

例子详解：均匀裸反应堆

考虑有三个中子速率组的反应堆，材料相互作用的性质在长方体 $0<x<L_x$，$0<y<L_y$，$0<z<L_z$ 中是均匀的，边界处的中子密度是 $F(v)=0$. 逆碰撞长度矩阵的非零项（单位：m^{-1}）可以取如下所示的形式[二]

群（g） 能量	1 10keV ~ 10MeV	2 0.4eV ~ 10keV	3 0 ~ 0.4eV
$\Sigma_{tg}=V_g/3D_g$	20	53	94
$(\Sigma_t-\Sigma_g)_{gg}$	6.4	9.5	12
$(\Sigma_s)_{g+1,g}$	6.0	6.5	0
$(\nu\Sigma_f)_{1,g}$	0.9	1.8	18

所以

$$\boldsymbol{DV}^{-1}=\begin{pmatrix}0.015 & 0 & 0\\ 0 & 0.0063 & 0\\ 0 & 0 & 0.0035\end{pmatrix}\mathrm{m},\quad \boldsymbol{\Sigma}_t-\boldsymbol{\Sigma}_s=\begin{pmatrix}6.4 & 0 & 0\\ -6.0 & 9.5 & 0\\ 0 & -6.5 & 12\end{pmatrix}\mathrm{m}^{-1},$$

$$\boldsymbol{\nu\Sigma}_f=\begin{pmatrix}0.9 & 1.8 & 1.8\\ 0 & 0 & 0\\ 0 & 0 & 0\end{pmatrix}\mathrm{m}^{-1}. \tag{9.18}$$

[一] 例如 SOR.

[二] 非对角线矩阵中的零是因为散射几乎从不把中子推向更高能. 或者把它们的能量减少到一个群以外，而裂变只产生有能量的中子. 表中给出的数据大概对应高压水反应堆.

对以下两种情况求解反应特征值和特征模：①反应堆非常大，也就是 L_x，L_y，$L_z \to \infty$，② $L_x = L_y = L_z = 1\text{m}$. 尽管我们可以构造一个大的有限差分分块矩阵，然后用数值方法求解它的特征值，不过材料相互作用性质（碰撞长度）在空间均匀时，情况非常特别. 这时，我们可以推导出特征模的空间变化，而与其速度依赖性无关. 特征模的速度依赖性和空间依赖性是可分的，并且有如下形式的分布函数

$$F(\boldsymbol{x}, v) = h(\boldsymbol{x})\Phi(v)/v. \tag{9.19}$$

其中，h 与 v 无关，Φ 与空间无关. 现在我们不再考虑一个巨大的联合特征值计算，而是要解两个分开的，而且小很多的特征值问题，所以这个形式可以大大减少计算要求. 这两个函数必须满足

$$\frac{1}{h}\nabla^2 h = B^2 = \frac{v}{D(v)\Phi(v)}[-\Sigma_t\Phi(v) + Q^{(k)}(v)]. \tag{9.20}$$

其中 B^2 是分离常数㊀；与 $\boldsymbol{x}$ 和 v 都无关. $Q^{(k)}$ 记调整过的源项，这里我们用 ν/k 取代 ν，作为裂变产量.

任何形状的反应堆都有满足边界条件和 $\nabla^2 h = B^2 h$ 的特征模. 这是一个空间特征值问题，其中 B^2 是特征值. 如果形状复杂，要找算子 ∇^2 的有限差分矩阵的特征值就需要数值算法. 在我们的简单长方体的例子中，空间特征模有简单的解析形式

$$h(\boldsymbol{x}) = \sin(\pi n_x x/L_x)\sin(\pi n_y y/L_y)\sin(\pi n_z z/L_z). \tag{9.21}$$

其中，n_x，n_y，n_z 都是整数. 对波长最长的模（$n_x = n_y = n_z = 1$），有

$$B^2 = \left(\frac{\pi}{L_x}\right)^2 + \left(\frac{\pi}{L_y}\right)^2 + \left(\frac{\pi}{L_z}\right)^2. \tag{9.22}$$

一旦有了 B^2，速度分布的特征模就是

$$\begin{aligned} 0 &= B^2(D(v)/v)\Phi(v) + \Sigma_t\Phi(v) - Q^{(k)}(v) \\ &= (B^2\boldsymbol{D}\boldsymbol{V}^{-1} + \boldsymbol{\Sigma}_t - \boldsymbol{\Sigma}_s - \frac{1}{k}\nu\boldsymbol{\Sigma}_f)\boldsymbol{\Phi}. \end{aligned} \tag{9.23}$$

的解，其中最后的形式是 N_G 阶碰撞矩阵的多群近似表示.

对更大的反应堆，$B^2 \to 0$. 于是，多群特征值问题就是 $[\boldsymbol{\Sigma}_t - \boldsymbol{\Sigma}_s]\boldsymbol{\Phi} = \frac{1}{k}[\boldsymbol{\nu\Sigma}_f]\boldsymbol{\Phi} = 0$. 由于矩阵的特殊形式，我们可以很快地手动解这个

㊀ 反应物理中，B 叫作“屈曲”.

方程. 它们于是变成了 $\Phi_2=(12/6.5)\Phi_3, \Phi_1=(9.5/6.0)\Phi_2$ 和 $6.4\Phi_1-\frac{1}{k}[0.9\Phi_1+1.8\Phi_2+18\Phi_3]=0$. 令 $\Phi_1=1$，特征模就是 $\boldsymbol{\Phi}^{\mathrm{T}}=(1,0.632,0.342)$，特征值是 $k_\infty=k=(0.9+1.8\times0.632+18\times0.342)/6.4=1.28$，其中 k_∞ 是无穷大反应堆的特征值. 把这些矩阵输入 Octave，调用 eig 函数验算这些值. 它会寻找三个特征模，但事实上只有一个是非奇异的，我们必须小心地选择：请读者注意.

对 1 – m 反应堆，$B^2=3\pi^2$，而我们必须把 $B^2\boldsymbol{D}\boldsymbol{V}^{-1}$ 加到矩阵 $\boldsymbol{\Sigma}_t-\boldsymbol{\Sigma}_s$ 上. 这不改变任何的零值，只把对角线改成（6.84，9.69，12.1）. 重新计算得到新的特征模 $\boldsymbol{\Phi}^{\mathrm{T}}=(1,0.619,0.333)$ 和特征值 $k=1.20$，于是这种情况下有限区域的尺寸只对反应堆能量谱（特征模）有很小的影响，只减小特征值一点点. 通常，增加 B^2 会减小 k. 于是，小规模空间模（比如 $n>1$）B^2 就更大些，在均匀反应堆中增加的就更少. 为了使该反应器以稳定的功率运行，我们必须引入控制棒或进行其他调整来降低因子反应性 $1/k=1/1.20$ 倍.

9.4 习题 9　分子传输

1. 考虑长为 $2L$ 的一维反应堆厚板中中子传输的单群表示. 反应堆的材料形式均匀；所以稳态扩散方程就是

$$-D\nabla^2F+(\Sigma_t-S)F-\frac{1}{k}GF=0,$$

其中扩散系数（除以速度）D，总衰减“宏观截面”Σ_t，散射和裂变源项 S、G，都是标量常数. 由于只有一个群，F 是总中子密度. 为了简单起见，记 $\Sigma_t-S=\Sigma$. 我们必须找到这个方程的特征值 k.
中子密度在 $x=\pm L$ 处的边界条件满足

$$F=-2D\,\hat{n}\nabla F=\mp2D\frac{\partial F}{\partial x},$$

其中 $\boldsymbol{n}$ 是边界处的向外法向向量，这本质上是一个无反射条件. 它说明没有从外界进入反应堆的中子，在含有 N_x 个节点的均匀网格，建立有限差分扩散方程；节点间的距离是 $\Delta x=2L/(N_x-1)$. 把它写成

矩阵方程为

$$\left[\boldsymbol{M}-\frac{1}{k}\boldsymbol{G}\right]\boldsymbol{F}=0.$$

然后在 $N_x=5$($\boldsymbol{M}$ 是 5×5 的)的情况下，写出矩阵 $\boldsymbol{M}$ 的具体形式，认真考虑怎样实现有限差分的边界条件.

$\boldsymbol{M}$ 的第一行和最后一行对应边界条件，并且它们与特征解方程无关. 换句话说，矩阵 $\boldsymbol{G}$ 的第一行和最后一行为零. 于是，用边界条件消去 F_1 和 F_{N_x} 可以把矩阵的维数减小两维. 最后，得到 3×3 特征值方程 $[\boldsymbol{M}'-G/k]\boldsymbol{F}=0$，其中 $\boldsymbol{M}'$ 是考虑了边界信息的 3×3 矩阵，而 G 只是一个标量（等价于数量矩阵）.

2. 用（某些函数库中的）有限差分方法求解特征值 k，取 $D=1$，$\Sigma=1$，$G=1$ 和 $L=2$ 或 $L=10$. 在所编写的程序中用足够大的 N_x 来保证解收敛.

【Octave/MATLAB 小贴士：（Octave）中有两个计算特征值的子程序：eig( )和 eigs( ). 引用 eigs(M,K)给出 M 的 K 个最大特征值. 别忘了特征值是 $[\boldsymbol{M}-\lambda]\boldsymbol{\Phi}=0$ 的解 λ；也就是，k 的倒数. 我们只想要最小的 λ，它对应最大的 k，我们可以通过推广的特征形式 $\boldsymbol{I}-k\boldsymbol{M}=0$ “骗”这个子程序算最大的 k 值，所以引用 eigs(eye(Nx)),M,1). eig( )子程序给出所有的特征值. 它使用直接求解技巧，于是得到最小的特征值，然后求它的倒数来得到 k】.

第 10 章 原子和质点网格（PIC）模拟

之前介绍玻尔兹曼方程时，我们说过粒子的数量太多，因而无法一个个地追踪它们，所以需要采用分布函数法. 不过，在有些情况下，需要考虑的粒子数目不是太多，这时候，我们可以用一种叫作广义原子模拟法的计算建模法. 简而言之，这种模型包括了遵循牛顿力学的、在时间推进的、经典意义下的粒子个体（有时候也包括相对论情况下，爱因斯坦对它们的推广）.

还有些情况下，用伪粒子方法解玻尔兹曼方程是比较好的. 这里，每个伪粒子代表很多个粒子，这些伪粒子按照真的粒子来建模. 我们将来会讨论到更一般的题目. 现在，只考虑真的粒子就好.

10.1 原子模拟

如果考虑的粒子刚好是真的原子或者分子，那么要同时追踪几亿或者几十亿个粒子，计算上很快就会多到不可操作. 所以，可以考虑的模型体积大小就非常有限. 1 亿是 $10^9 = 1000^3$；所以我们最多可以模拟一个每边有 1000 个原子的三维晶体. 于是，可以模拟的区域大概是一个边长为 100nm 的固体. 纳米级而已. 在可预见的计算能力之内，我们都不能对一块宏观（1mm）的材料进行全局的原子模拟. 当然了，很多有趣而重要的固体缺陷现象发生在 100nm 级，比如能量粒子相互反应引起的原子置换、开裂、表面运动等. 材料行为和设计是这种直接原子或分子模拟的重要应用领域.

原子相互作用的时间尺度跨度很大，可能从 γ 射线穿过原子核所

需要的时间约 10^{-23} s，到地质现象所需的时间约 10^{14} s. 建模时，必须在这个巨大范围中选择可控的一部分，因为粒子时间步长必须比要建模的最快现象发生的时间短，但我们只能计算适度数量的步骤，通常可能可以算 10^4 步，但一般不会到 10^6 步，而只有旷古难见的情况下才能算到 10^8 步. 我们考虑的时间跨度之外的现象是无关紧要，就是由某个简化的近似在我们的时间跨度之内表达. 图 10.1 显示空间和时间计算上可达到的区间（阴影区域）并标出了几个重点现象区域.

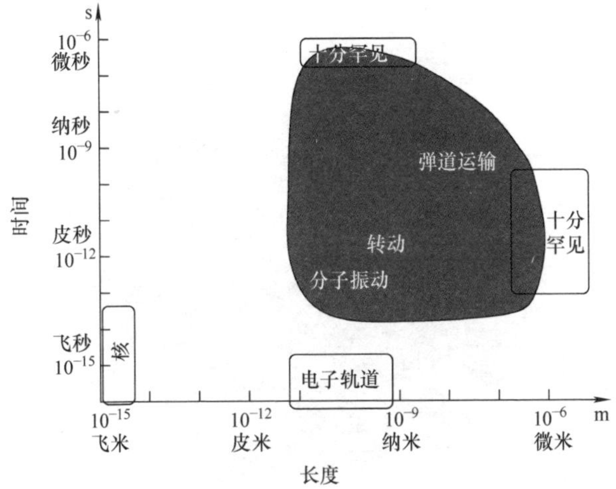

图 10.1　对压缩物质进行分子动力原子模拟的近似空间－和时间－阶. 我们必须考虑分子震动，那么对几个数量级以上的计算要求极大的计算量

有时候材料模型考虑热运动速度为 1000m/s 的原子，穿过 10^{-7} m 的距离，对分子穿越，所需的时间大概是 10^{-10}s. 这远远超过了原子本身内电子运动的特征时间，特征时间大约是原子尺寸，10^{-10}m，除以 10eV 能量时的电子速度，10^6m/s：也就是电子配置的时间为 10^{-16}s. 这个 100 万倍的时间跨度太大了，不能常常使用. 所以原子建模常常需要对分子中电子配置的原子物理进行某种近似的表达. 这个表达有时可以根据量子力学的数值解来计算，不过我们在这里不处理问题的这个部分. 另一方面来说，由分子振动引起的原子核运动典

型情况下的时间尺度约是 10^{-13} s：至少比电子长 1000 倍. 如果要对点阵的动力进行建模，这个程度不但是可以掌控的，而且其实也是必须解决的.

于是，原子建模只近似地表达电子轨道相互作用引起的原子间力，这个近似是时间上随原子环绕运动或者碰撞的近似，不过它仍然遵循原子间力引起的原子运动. 原子用通过立场相互作用的经典粒子来表示，这种方法有时也叫作分子动力学，它的历史可以追溯到 1956 年㊀，图 10.2 中给出了一个现代的例子.

模拟的大致步骤如下：

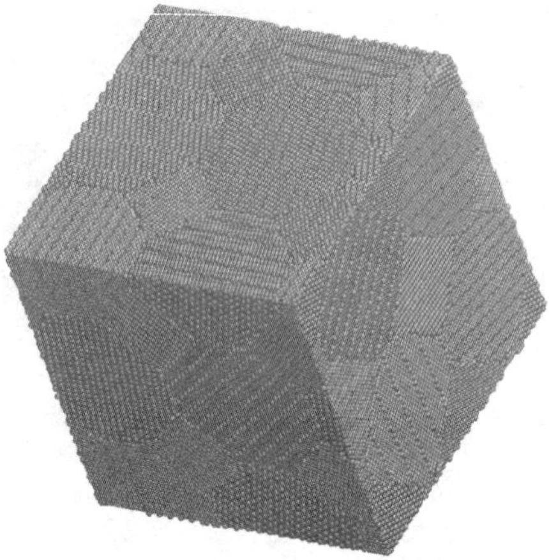

图 10.2　三维中晶体原子模拟的例子. 对即将变形的，具有 84 万个原子的纳米晶体金属区域的研究（感谢：Ju Li，麻省理工学院.）

（1）对每一个粒子，计算当前位置 $\boldsymbol{x}$ 处其他所有粒子导致的力；

（2）加速，并且把粒子移动 Δt，并且得到新的速度 $\boldsymbol{v}$ 和位置 $\boldsymbol{x}$；

（3）从第一步开始重复.

通常，我们需要快速的二阶精确算法来计算加速度和运动（第二步）. 我们常常使用蛙跳算法，另外一个算法称为 Verlet 算法，它可

㊀ B. S. Alder 和 T. E. Wainwright（1957），Phase transition for a hard sphere system, *J. Chem. Phys.* 27. 分子动力学在液体中的特性非常有用.

以由以下方程表示：

$$\begin{aligned} \boldsymbol{x}_{n+1} &= \boldsymbol{x}_n + \boldsymbol{v}_n \Delta t + \boldsymbol{a}_n \Delta t^2/2, \\ \boldsymbol{v}_{n+1} &= \boldsymbol{v}_n + (\boldsymbol{a}_n + \boldsymbol{a}_{n+1}) \Delta t/2, \end{aligned} \tag{10.1}$$

其中 $\boldsymbol{a}_n$ 是位置 $\boldsymbol{x}_n$ 处的加速度㊀.

我们还需要存储粒子的去向，毕竟这是我们模拟的主要结果. 我们会从模拟中得到大量的数据：它们有步数 N_t 乘以粒子数 N_p 乘以至少六（三个空间，三个速度）项，我们需要分析和可视化它们的方法.

10.1.1　原子/分子力和势

粒子间的吸引力和排斥力是最简单的力，但它们仍然在广泛的物理情景中非常有用. 这些力沿粒子位置之间的方向量作用 $\boldsymbol{r} = \boldsymbol{x}_1 - \boldsymbol{x}_2$，并且模只取决于它们之间的距离 $r = |\boldsymbol{x}_1 - \boldsymbol{x}_2|$. 与两个带电粒子 q_1 和 q_2 之间与距离平方成反比的力 $\boldsymbol{F} = (q_1 q_2 / 4\pi\varepsilon_0)\boldsymbol{r}/r^3$ 就是一个例子. 不过，在原子模拟中需更多地考虑中性粒子，它们之间的力在间距很远时是相互吸引的，然后在间距很近时变成相互排斥. 给出这种吸引和排斥的原子间力的一个常见形式是伦纳德－琼斯（12:6）势（见图 10.3a）：

$$\boldsymbol{F} = -\nabla U, \quad U = \varepsilon_0 \left[\left(\frac{r_0}{r}\right)^2 - 2\left(\frac{r_0}{r}\right)^6 \right]. \tag{10.2}$$

伦纳德－琼斯形式只依赖两个参数——典型能量 ε_0 和典型距离 r_0，这既是一个简便之处，也是一个弱点. 对应于力（$-\mathrm{d}U/\mathrm{d}r$）为零的平衡距离是 r_0，这时结合能是 ε_0. 最强的吸引力在 $\mathrm{d}^2U/\mathrm{d}r^2 = 0$ 时产生，也就是 $r = 1.109 r_0$ 时，力的模大小为 $2.69\varepsilon_0/r_0$. 只有两个参数的弱点是，力的劲度系数 $\mathrm{d}^2U/\mathrm{d}r^2$ 在平衡位置处不能定义为与结合能无关的量. 另外一种方法是莫尔斯形式，通过使用三个参数，它

㊀ 对固定的 Δt，Verlet 和蛙跳算法是等价的，其中 $\boldsymbol{v}_n = (\boldsymbol{v}_{n-1/2} + \boldsymbol{v}_{n+1/2})/2$. 当 Verlet 算法如式（10.1）中那样对速度实现时，它需要更多的存储空间或者更多加速度的计算：因为我们需要两个 $\boldsymbol{a}$ 的值. Verlet 算法可以只对位置推进实现 $\boldsymbol{x}_{n+1} = 2\boldsymbol{x}_n - \boldsymbol{x}_{n-1} + \boldsymbol{a}\Delta t^2$，这样存储空间和蛙跳算法相同.

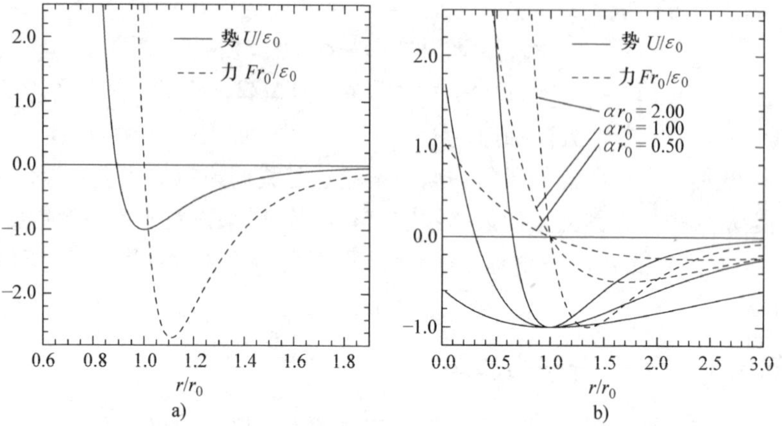

图 10.3　电势和对应的力 a）伦纳德－琼斯（式（10.2））和 b）莫尔斯（式（10.3））形式的表达

允许这种无关性（见图 10.3b）：

$$U=\varepsilon_0\left(\mathrm{e}^{-2\alpha(r-r_0)}-2\mathrm{e}^{-\alpha(r-r_0)}\right). \tag{10.3}$$

它的力在 r_0 处为零，结合能为 ε_0；不过劲度系数可以通过参数 α 来调整，如图 10.3b 所示.

这些简单的两粒子，径向力形式忽略了好几种自然界分子相互作用的重要现象. 这些另外的现象包括高阶势的相互作用，它们由所有粒子的总势能按照不同等级若干粒子的相互作用和得到

$$U=\sum_i U_1(\boldsymbol{x}_i)+\sum_{ij} U_2(\boldsymbol{x}_i,\boldsymbol{x}_j)+\sum_{ijk} U_3(\boldsymbol{x}_i,\boldsymbol{x}_j,\boldsymbol{x}_k)+\cdots \tag{10.4}$$

其中下标 i，j，…指不同的粒子，某个粒子 l 的受力即是 $-\frac{\partial}{\partial \boldsymbol{x}_l}U$，第一项 U_1 表示背景力场，第二项表示讨论的粒子对的力. U_2 只取决于 $r=|\boldsymbol{x}_i-\boldsymbol{x}_j|$ 的具体情况，第三（更高）项代表可能的多粒子相关力. 它们通常叫作“聚集”势项.

其他多原子分子间的势法则可能包括分子键的方向. 那时，需引入内在的方向参数，否则分子的各个原子需要由受力合理的粒子模拟，它们可以用势的三阶或者至少四阶级数表示.

10.1.2　计算要求

如果有 N_p 个粒子，那么求所有其他粒子 j 对粒子 i 的力就要求计算 N_p 对分子间力（U_2 项）. 三个粒子（U_3）的项要求 N_p^2 次计算，以此类推. 我们需要对所有粒子在每一步计算受力情况，所以就算只计算两个粒子之间的力，我们仍然需要计算 N_p^2 个力，这显然太多了. 比如，一百万个粒子每时间步就需要计算 10^{12} 个粒子间力. 这样，计算资源将不堪重负. 所以，实用的原子模拟最重要的简化是把力计算的次数减少到差不多 N_p 的线性函数次. 中性原子之间的力影响范围通常很小，所以我们可以忽略超过某个适度距离的粒子间力，从而达到简化的目的. 在实际中，我们只需要计算少量附近粒子对粒子 i 贡献的力，在每一步观察所有其他粒子的位置，然后决定它们是不是在需要考虑力的范围之内，这是不够的. 光是对每个粒子做这些决定就是 N_p 次计算（总共是 N_p^2）. 就算做这些决定比实际对力的计算要成本低也是不够的. 相反，我们只近似地记录对粒子 i 足够近而有影响的粒子.

广泛地说起来，有两种办法；或者我们对每个粒子的近邻域做一份记录，或者，我们把考虑的体积，进一步分成小很多的小块，并且只考虑粒子所在的小块和相邻的小块中的粒子. 这两种办法显然都对模拟固体的晶体 - 点阵类问题适用，这是因为原子的邻域和小块几乎不会发生变化，但是液体和气体中的粒子可移动的范围大到它们的邻域和小块会发生变化. 重新计算哪些粒子在邻域中需要约 N_p^2 次计算. 不过，我们也有办法避免每步重新计算新的邻域，如果重新计算足够少，我们就可以减小计算成本的阶.

邻域列表算法　下面介绍一个常见的算法，它可以给出足够精度的邻域列表，如图 10.4 所示. 假设 r_c 是截断半径，r_c 以外的粒子作用力可以忽略. 对每个粒子 i，把更大的球面 $|\boldsymbol{x}_j-\boldsymbol{x}_i|=r<r_l$ 之内的粒子作为邻域. 假设粒子的最大速度是 $v_{\max}$；那么可知，没有粒子可以在时间（r_l-r_c）$/v_{\max}$ 内从球面 r_l 之外到达球面 r_c，也就是说，在时间步数 $N_l=(r_l-r_c)/v_{\max}\Delta t$ 之内. 所以，每 N_l 步，我们就需要更

新邻域列表．邻域列表的成本是每步 N_p^2/N_l，这比 N_p^2 小，而且如果 N_l 很大（因为最大速度非常小），就比 N_p^2 小多了，不过，它的阶仍然是 N_p^2.㊀

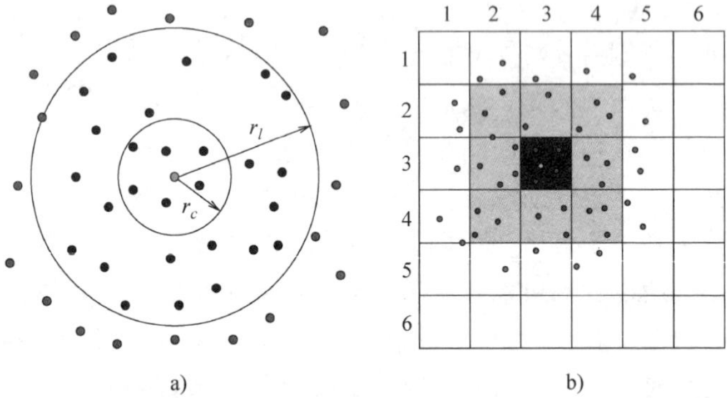

图 10.4　邻域列表算法 a）和分块算法 b）允许我们只对附近的粒子检测受力．必须计算影响的邻域在半径 r_l 内，或者阴影区域内

分块算法　如果一个区域被分成了大量的小块，每块比截断半径大，那么我们只需要考虑粒子所在的小块或者相邻小块就可以．但是我们必须考虑相邻小块，这是因为小块边缘处的粒子可能被边界另一边相邻小块的粒子影响．假设共有 N_b 个小块，它们平均各有 N_p/N_b 个粒子，随着计算区域的增长，我们可以保持这个比例为常数．对每个粒子 i，我们总共需要研究的相邻粒子总数（三维中）是 $3^3N_p/N_b \propto$ 常数．所以，这个分块算法每步的成本 $\propto N_p$，这是粒子数目的线性关系，但是比例常数可能很大．还有一个有趣的问题，那就是怎么保留小块中粒子的列表．方法之一是使用链表指针，不过，这种链表指针不会自然地推广到平行数据实现，而且现在有一些前沿的研究问题专注于找到解决这个问题最好的实际方法.

㊀ 由于大小 $\propto N_l$ 的相邻区域每步计算的成本 $\propto N_pN_l^3$，而且每步邻域更新的成本 $\propto N_p^2/N_l$，形式上，最优在它们相等时达到：所以 $N_l \propto N_p^{1/4}$．所以，形式上，这个 N_l 最优算法每步的成本 $\propto N_pN_p^{3/4}$：比 N_p^2 稍微好一点.

10.2 质点网格法

如果粒子间力的范围是无穷的，比如等粒子体中带电粒子间与距离平方成反比的相互作用，或者受重力影响的恒星，那么近邻简化的方法就行不通了，这是因为没有一个截断半径，使我们可以忽略半径之外的力. 这样的问题可以用另外的方法解决，我们把远距离的相互作用看成网格上的势. 这个方法叫做“质点网格”算法，简称 PIC. ㊀

为了简单起见，我们考虑一种带电荷量为 q，质量为 m 的粒子（若是电子，这时 $q=-e$）. 正离子也可以因粒子建模，但是现在将它们用正电荷密度为 $-n_i q$ 的光滑中和背景来表示. 电子在划分为若干网格的区域运动，位置 x_j 处由下标 j 表示（绝大部分现代的 PIC 建模是对多维的，不过一维解释起来比较方便）. 它们引起电势 ϕ，忽略个体粒子的离散性，则有总电量密度 $\rho_q(x)=q[n(x)-n_i]$. 电势满足泊松方程

$$\nabla^2\phi=\frac{\mathrm{d}^2\phi}{\mathrm{d}x^2}=-\frac{\rho_q}{\varepsilon_0}=-\frac{q[n(x)-n_i]}{\varepsilon_0}. \tag{10.5}$$

我们在网格上离散地表达这个电势：ϕ_i 并且用标准的椭圆型方程算法求数值解. 唯一的新特点是我们需要获得网格上的平滑密度的度量. 我们通过系统地将各个电子的电荷密度加到网格上来做到这一点. 最简单的方法是把电子的电量加到*最近的网格点* NGP，这相当于是说，每个电子看成是一个长为格点长度 Δx 的小棒，它对电荷密度的贡献沿它的长度方向等于 $q/\Delta x$，如图 10.5 所示. 网络的体积是 Δx，电荷密度等于加到该网格点的带电粒子数除以网格体积. 通常需要连续的线性插值，也就是*质点云网格法* CIC. 在 x_j 处的电子有电荷密度 $q/\Delta x$，并且线性地减小，在粒子达到 $x_{j\pm1}$ 处为零. 所以，粒子像是一个长度为 $2\Delta x$，电荷密度呈三角形分布的小棒.

㊀ 见 C. K. Birdsall 和 A. B. Langdon（1991），*Plasma Physics via Computer Simulation*，IOP Publishing，Bristol；或者 R. W. Hockney 和 J. W. Eastwood（1988），*Computer Simulation using Particles*，Taylor and Francis，New York.

PIC 算法的步骤为：

（1）把粒子的电荷分配到网格格点上；

（2）求关于势 ϕ_j 的泊松方程；

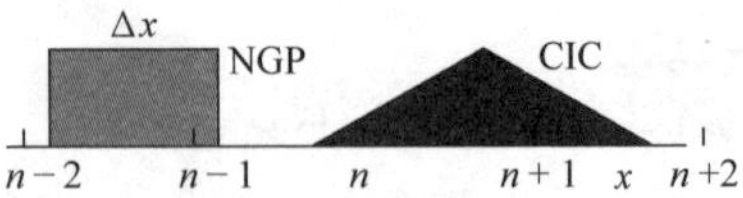

图 10.5　NGP 和 CIC 电荷分布的有效形状

（3）对每个粒子，通过对 x_j 处插值，计算位置 x_i 处$\nabla\phi$ 的值；

（4）通过相应的力进行加速，并且移动粒子；

（5）从第一步开始重复.

这个过程将现实地模拟等离子体中粒子的运动，所以它也算是原子模拟. 图 10.6 给出了计算区域为球面的一个例子.

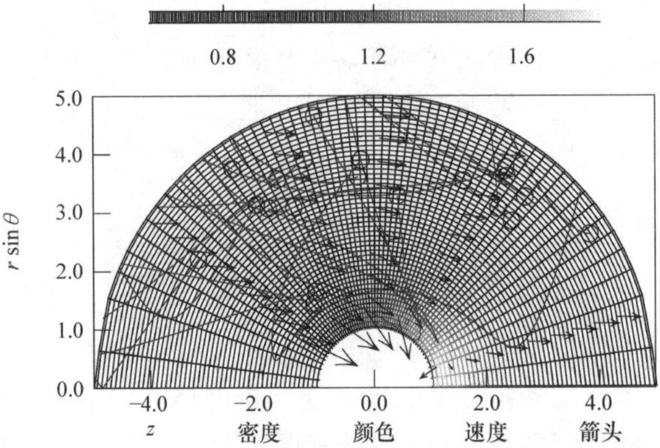

图 10.6　加阴影的弯曲网格（对 PIC 比较少见）用来代表对距离标准化的密度. 图中球形物体的附近给出一些代表性的粒子轨道，箭头表示平均离子速度

为什么要介绍这种网格呢？是因为这个方法在计算上比把粒子间平方反比的力相加高效很多，原子间力法的每步计算成本 ~ N_p^2. 相比而言，一旦我们知道力的大小，粒子运动步 ~ N_p. 如果势网格总共有 N_g 个点，那么在 N_d 维中，高效的迭代泊松解每步计算成本约 $N_g N_g^{1/N_d}$，或者在一维中，可以由三角消去在 ~ N_g 步中完成. 一般来说，每个网格中粒子的数目很大，所以 N_g 比 N_p 小很多，泊松计算成本的阶大概是 N_g 的线性或者近似线性函数. 于是，出于实用目的，

计算成本绝大部分来源于对电场中粒子和它们运动的插值：它的阶是 N_p，而不是粒子间力方法的 N_p^2 阶.

有时候，离子的动力学模型与电子的一样重要，那么我们需要用 PIC 方法，把离子当作另一种符合牛顿定律的粒子来处理. 其实，有时候只对离子这样建模，而把电子看作是密度为已知函数 ϕ 的连续体是有好处的，这种方法通常叫作“混合”PIC.

10.2.1　玻尔兹曼方程伪粒子表达

在 PIC 程序中，我们对粒子的运动在相空间中进行追踪：($\boldsymbol{x}$，$\boldsymbol{v}$) 在每时间步都知道. 相空间中粒子的运动方程是

$$\frac{\mathrm{d}}{\mathrm{d}t}\begin{pmatrix}\boldsymbol{x}\\\boldsymbol{v}\end{pmatrix}=\begin{pmatrix}\boldsymbol{v}\\\boldsymbol{a}\end{pmatrix}. \tag{10.6}$$

这也是玻尔兹曼方程[式(8.12)、式(8.13)]的特征的运动方程. 于是，向前推进 N_p 个粒子的 PIC 程序和沿 N_p 个玻尔兹曼方程的特征线积分等价. 不过，碰撞的情况又怎样呢?

PIC 方法的奇妙之处在于，在简单的实现过程中，它本质上去除了所有带电粒子的碰撞. 在网格上加电荷然后求解 ϕ 的过程中，电子像沙子似的离散性就被光滑化了. 所以，除非我们把碰撞加回去，PIC 程序其实表达了沿弗拉索夫方程特征线的积分，而它正是无碰撞的玻尔兹曼方程. 反之，如果我们使用（非常低效率的）粒子间力，那么带电粒子的碰撞就会保留.

正是因为问题移除了碰撞，每个粒子的实际电荷量和质量大小不再重要；只有它们的比 q/m 会出现在弗拉索夫方程的加速度 $\boldsymbol{a}$ 中. 这表明我们可以在计算过程中把实际情况中多到难以处理的电子（或离子）看成伪粒子. 每个伪粒子对应大量实际的粒子，这样，我们就把伪粒子的总数减少到可控的数量，并且把计算成本控制在允许的范围内. 为使计算准确地表达实际的物理情况，我们只要求相空间的分辨率对所研究的现象足够高，这取决于随机分布电子的总数. 当然，我

们还要求势网格的空间分辨率足够高.

PIC 算法是大量计算等离子物理的脊梁骨，它对模拟半导体处理工具、空间相互作用、加速器和融合实验都非常重要. 一维 PIC 计算的例子如图 10.7 所示，它们对这个领域中常见的无碰撞或几乎无碰撞的问题格外有用. 如果需要，我们也可以修改它们来包括各种不同的碰撞. 不过，在等离子物理中，带电粒子碰撞常常充满了小角度散射，并且由福克－普朗克扩散模拟比用离散模拟要好很多.

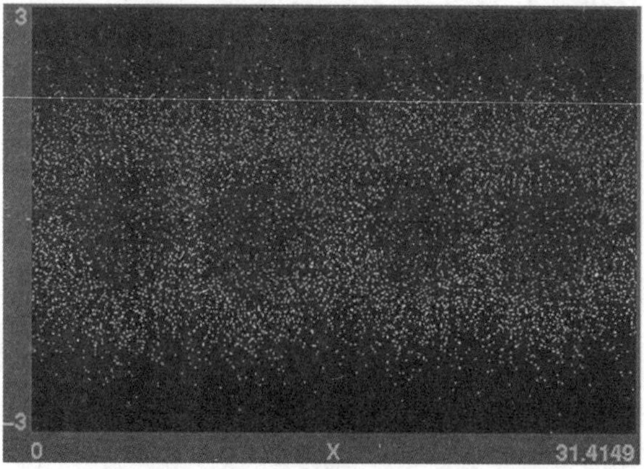

图 10.7 电子在相空间位置的例子. 这个一维的 v 和 x 计算由 XES1 编码得出（作者是 Birdsall、Langdon、Verboncoeur 和 Vahedi，最初在 Birdsall 和 Langdon 的书中发表），计算的是两族粒子引起的不稳定性，它们的波长是区域长度的四倍，每个电子位置用一个点标出，它们的运动可以由影片记录

10.2.2 粒子的直接模拟蒙特卡罗方法

有一种方法结合了 PIC 和原子模拟的一些特点，它就是用来研究稀薄中性气体的直接模拟蒙特卡罗方法（DSMC）. 我们在分子平均自由程和特征空间尺寸（克努森数）的比为单位阶（大概过 100 倍左右）时使用它们. 这样的情况在气体非常稀薄（例如，由轨道再入空间的过程）或者特征在显微阶时发生. DSMC 和 PIC 的共同特点是，区域被分成了大量伪粒子使用的小网格，碰撞由减小计算成本的简化

来代表，而且这些简化仍然可以近似物理现象. DSMC 其实也是在对玻尔兹曼方程沿特征线积分，但这里没有加速度，所以特征线是直线。

代表分子的伪粒子在时间上推进，不过在每一步我们考察它们是否发生了碰撞，这里，选定的步长比典型的碰撞时间短. 为了避免 N_p^2 的计算成本，仅考虑同一个网格里粒子间的碰撞（网格只用来分区）. 我们把网格的大小选择得比平均自由程小一些，每个这样的网格里通常有不多数目的伪粒子（大概 20 ~40 个左右），我们调整每个伪粒子代表的分子数目来达到以上的要求.

两个粒子间是否发生了碰撞只取决于它们的相对速度，而不是它们在网格中的位置. 这是很大程度的逼近. 使用随机数字的统计测试决定碰撞是否发生以及哪些粒子碰撞. 根据碰撞横截面的数据和相应的运动学原理，碰撞改变每个相撞粒子的速度. 这样，每个网格作为整体的动量和能量就合理地守恒了. 我们一步步地迭代，观察和分析全部粒子的整体运动情况，然后得到有效的流体参数，例如密度、速度、有效的黏度等. 图 10.8 给出了 DSMC 的一个例子，版本是 v3.0，由 Graema Bird 开发.

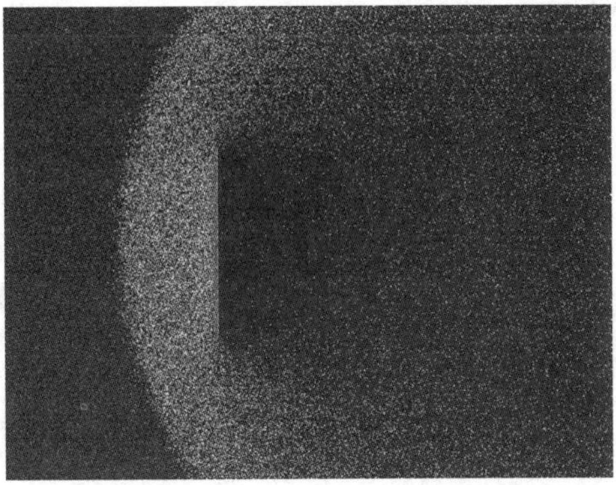

图 10.8 稀薄气体在二维空间中穿过一个平面的例子. 不同颜色（阴影）表示因为碰撞而受到平面影响的分子

10.2.3 粒子边界条件

粒子计算区域内的物体具有物理边界的性质，在这样的边界处，我们需要加上合理的近似条件. 比如对 DSMC，气体粒子常常被反射，而等离子体碰到固体的表面时，我们通常假设电子通过中性化而去除了.

大多数粒子模拟方法中都会产生一个重要的问题. 我们对计算区域的外边界做何处理？如果粒子离开区域，会发生什么？还有，我们怎么表达进入区域的粒子？

有时候区域的边界是真实的物理边界，不过更常见的区域边界仅仅是我们的计算结束的地方，而不是物理上有什么变化. 这时我们应该怎么办呢？

合适的答案取决于具体情况，不过一般来说周期边界条件都是合理的. 粒子的周期边界条件和 3. 3. 2 节讨论过的微分方程的周期边界条件类似. 周期边界条件下的粒子穿过边界时，好像从对面边界的同一个位置穿越. 粒子在计算区域内移动，x 方向的范围是从 0 到 L. 当粒子超过 L 时，它在一个区间外的新位置 $x=L+\delta$，然后我们把它重新安置到位置 $x=\delta$ 处，靠近相反的边界，但是在区域内部. 当然，粒子的速度是它本来的速度，并不受重新安置的影响，周期边界条件适用于任何维数.

周期边界条件说明，计算代表的现象是相互连接在一起的区域做着一样的事，有时候这正是我们想要的. 不过更常见的情况是，这样的计算是对一个更大区域的逼近. 如果在计算的小区域之外没有发生什么有趣的现象，那么人工加上的周期性就不重要，而且周期条件可以方便地表达一个大的均匀介质中小区域的计算，如图 10. 9 所示。

不过，有时候用周期边界条件是不合理的. 这时候离开区域的粒子仅从计算中移除，如果计算大约是稳定的，那么显然一定有粒子在区域内生成或者从区域外进入. 那么我们必须使用一个合理的方法把这些粒子包括在计算中. 例如，它可能表示满足某个速度分布的粒子穿过某个表面的通量.

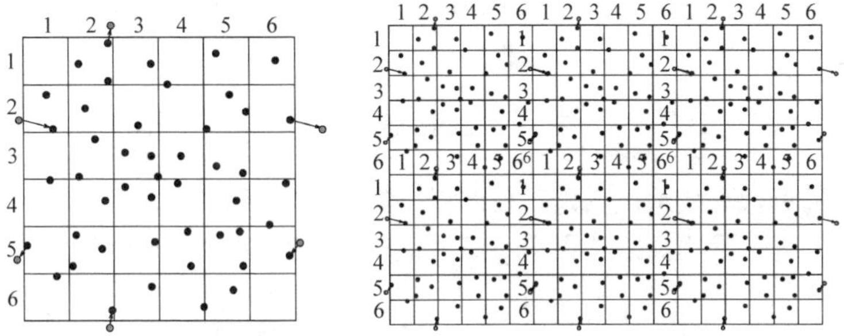

a)　　　　　　b)

图 10.9　穿过外边界的粒子 a）被重置在区域的另外一边．这和 b）模拟（无穷长）周期排列的重复小区域等价

例子详解：PIC 网格的分辨率要求

对电子使用 PIC 方法时，需要把电势网格取得多细才行呢？

这取决于电势的变化有多精细，而这又取决于粒子（电子）的参数．假设它们遵循温度 T_e 时的麦克斯韦－玻尔兹曼速度分布．可以如下估计电势最精细的变化，我们只考虑一维问题．假设在平衡状态，在密度为 $n_e=n_\infty=n_i$ 的情形中，以选定的参考值 $\phi_\infty=0$ 来测量，在位置 x 处，有受到扰动的电势 $\phi(x)$，且满足 $|\phi| \ll T_e/e$（我们用 ∞ 代表背景处，这个记法避免与 $x=0$ 处的值混淆；它表示的是远处的值）．那么 x 处的电子密度可以由 $f(v)$ 沿（特征）轨道为常数推导出来．在没有碰撞的稳定状态，能量是守恒的；所以对任何轨道都有 $\frac{1}{2}mv^2-e\phi=\frac{1}{2}mv_\infty^2$，其中 v_∞ 代表“无穷远”处轨道上的速度，相应的 $\phi=0$．于是，

$$
\begin{aligned}
f(v) &= f_\infty(v_\infty) = n_\infty\sqrt{\frac{m}{2\pi T_e}}\exp(-mv_\infty^2/2T_e) \\
&= n_\infty\sqrt{\frac{m}{2\pi T_e}}\exp(-mv^2/2T_e+e\phi/T_e).
\end{aligned}
$$

所以在 x 处 $f(v)$ 是麦克斯韦的，而且密度是 $n=\int f(v)\,\mathrm{d}v=n_\infty\exp(e\phi/T_e)$．

下面给定电势的斜率在 $x=0$ 处为 $\mathrm{d}\phi/\mathrm{d}x=-E_0$，对 $x>0$ 处的电势求解析解. 一维的泊松方程是

$$\frac{\mathrm{d}^2\phi}{\mathrm{d}x^2}=-\frac{en_\infty}{\varepsilon_0}[1-\exp(e\phi/T_e)]\approx\left(\frac{e^2n_\infty}{\varepsilon_0T_e}\right)\phi \tag{10.7}$$

最终的近似形式给出亥姆霍兹方程. 它由指数函数泰勒展开的第一项得到，这是因为高阶项很小. 满足 $x=0$ 处条件的解于是就是

$$\phi(x)=E_0\lambda\mathrm{e}^{-x/\lambda}，其中\ \lambda^2=\left(\frac{e^2n_\infty}{\varepsilon_0T_e}\right). \tag{10.8}$$

根据这个模型的计算，德拜长度 $\lambda=\sqrt{e^2n_\infty/\varepsilon_0T_e}$ 就是空间中电势变化的特征长度. PIC 计算的网格必须足够精细，使得分辨率可以区分较小的 λ，以及问题中任何引起电势的物体，简言之，$\Delta x\leqslant\lambda$.

如果我们有可以运行的 PIC 程序，那么可以用不同大小的 Δx 做一系列运算. 我们会发现当 Δx 足够小时，计算的结果与 Δx 无关，这是空间分辨率够好的数值表现. 对我们考虑的简单问题，这个要求可以解析地计算出来. 其实，条件 $\Delta x\leqslant\lambda$ 对很多等离子体 PIC 计算都适用.

10.3 习题 10 原子模拟

1. 推进粒子的 Verlet 算法是

$$\begin{aligned}\boldsymbol{x}_{n+1}&=\boldsymbol{x}_n+\boldsymbol{v}_n\Delta t+\boldsymbol{a}_n\Delta t^2/2,\\ \boldsymbol{v}_{n+1}&=\boldsymbol{v}_n+(\boldsymbol{a}_n+\boldsymbol{a}_{n+1})\Delta t/2.\end{aligned} \tag{10.9}$$

假设整数步和半步处速度的关系是 $\boldsymbol{v}_n=(\boldsymbol{v}_{n-1/2}+\boldsymbol{v}_{n+1/2})/2$. 用这个关系，由蛙跳算法推导 Verlet 算法，

$$\begin{aligned}\boldsymbol{x}_{n+1}&=\boldsymbol{x}_n+\boldsymbol{v}_{n+1/2}\Delta t,\\ \boldsymbol{v}_{n+3/2}&=\boldsymbol{v}_{n+1/2}+\boldsymbol{a}_{n+1}\Delta t,\end{aligned} \tag{10.10}$$

由此证明它们等价.

2. 在三维立方体区域中，我们用分块算法进行了原子模拟，区域中大约有 $N_p=1000000$ 个均匀分布的原子.

这里我们只考虑粒子间力，粒子间作用力的截断范围是平均粒子

间距的四倍，求：

（1）为使程序最快地执行，把区域划分成小块时小块的最优尺寸；

（2）每时间步需要多少次对力的求值；

（3）如果对力的求值需要五次求乘积，一次 Verlet 推进，计算由单个处理器进行，而且处理器的平均速度是 1ns 求一次乘积. 估算每步计算需要的时间（计算所有 1000000 个粒子）.

3. 用特征线的定义（8.3.2 节）证明无碰撞玻尔兹曼方程的特征方程是

$$\frac{\mathrm{d}}{\mathrm{d}t}\begin{pmatrix}\boldsymbol{x}\\ \boldsymbol{v}\end{pmatrix}=\begin{pmatrix}\boldsymbol{v}\\ \boldsymbol{a}\end{pmatrix}. \tag{10.11}$$

（1）进一步证明，一个粒子（或者伪粒子）在某个固定电势场内的轨道只取决于初速度，和电荷与质量的比 q/m，所以如果 PIC 正确地模拟给定速率和势处的力，伪粒子的运动方程必须用和实际粒子相同的 q/m 值.

（2）带电荷量 q 的伪粒子有一个特征线，但它要代表很多附近的粒子（特征线）. 如果 PIC 模拟中伪粒子的平均密度比实际模拟系统的密度小 $1/g$（其中 $g>>1$），每个伪粒子需要在势网格上加多少电荷才能给出泊松方程决定的电势？做 PIC 模拟的方法之一是用物理单位表示所有长度、时间、电量和质量，但是用这个加电量的因子，和对应的低粒子密度.

第 11 章 蒙特卡罗方法

到目前为止，我们把重点放在了粒子发射之后的数值计算，讨论了它们的运动，以及自洽力的计算. 我们还没有考虑如何合理地发射它们，并且在模拟中重新引入它们. 我们也没有解释在统计意义下我们怎么确定是否有粒子碰撞的发生，或者碰撞对应的散射角度. 这些问题都必须在计算物理和工程学中，由使用随机数字和统计分布来解决[1]. 建立在随机数字上的技巧由蒙特卡罗（Monte Carlo）著名的赌场命名.

11.1 概率和统计

11.1.1 概率和概率分布

概率，在严格的数学意义下，是一个对样品或者其他集合反复试验的理想化. 每个个案都应该在某种程度上不可预测，但是反复试验的平均趋势应该是概率要表达的某种分布. 比如说，抛一次硬币给出一个不可预测的结果：正面或者反面；但是反复抛一个（均匀的）硬币给出大约相同数目的正面和反面. 概率理论对这种规律的描述是正面和反面的概率相等. 一般来说，我们把一类结果（例如银币正面）的概率定义为这类结果在大量试验中出现的结果分数. 例如，抛均匀

[1] S. Brandt（2014）, Data Analysis Statistical and Computational Methods for Scientists and Engineers, fourth edition, Springer, New York, 给出了对统计和蒙特卡罗方法（也称统计模拟方法）更详细的介绍.

硬币的试验，正面出现的概率是抛掷大量硬币时正面出现的结果分数，0.5. 又如，抛掷一个六面骰子，得到某个值的概率，比方说 1 是在大量抛掷之后，结果为 1 的分数. 如果骰子是均匀的，是六分之一. 不管是什么情况，由于概率定义为分数，所有可能结果的概率之和总是一.

更常见地，描述物理系统时，我们处理连续实值结果，例如随机选择的粒子的速度。在这种情况下，概率由“概率分布”$p(v)$描述，它是某个随机变量的函数（其中随机变量是 v）. 对小的 $\mathrm{d}v$，求出范围 $v \to v + \mathrm{d}v$ 内速度的概率就是 $p(v)\mathrm{d}v$. 为了使所有结果概率的和为一，则需

$$\int p(v)\,\mathrm{d}v = 1 \tag{11.1}$$

每个样本㊀可能会给出若干结果. 例如，样本粒子的速度可能是三维向量$\boldsymbol{v} = (v_x,\ v_y,\ v_z)$. 这时，概率分布是一个多维参数空间中的函数，那么得到多维元 d^3v 中在$\boldsymbol{v}$处的样本的概率就是 $p(\boldsymbol{v})\mathrm{d}^3v$. 相应的单位化是

$$\int p(\boldsymbol{v})\,\mathrm{d}^3v = 1. \tag{11.2}$$

显然地，它表示，如果样本包含了速度分布函数为$f(\boldsymbol{v})$的随机选择的粒子，那么对应的概率函数就是

$$p(\boldsymbol{v}) = f(\boldsymbol{v}) \Big/ \int f(\boldsymbol{v})\,\mathrm{d}^3v = f(\boldsymbol{v})/n, \tag{11.3}$$

其中，n 是粒子密度. 所以单位化的分布函数是速度概率分布.

累积概率函数可以看成是样本值小于某个具体值的概率，累积概率是

$$P(v) = \int_{-\infty}^{v} p(v')\,\mathrm{d}v'. \tag{11.4}$$

在多维情况下，累积概率是对概率分布所有维度积分的多维函数

$$P(\boldsymbol{v}) = P(v_x, v_y, v_z) = \int_{-\infty}^{v_x}\int_{-\infty}^{v_y}\int_{-\infty}^{v_z} p(\boldsymbol{v}')\,\mathrm{d}^3v'. \tag{11.5}$$

㊀ 统计学家用“样本”泛指一个试验或者测量得到的某个具体结果.

相应地，概率分布是累积概率的导数：$p(v)=\mathrm{d}P/\mathrm{d}v$，或 $p(\boldsymbol{v})=\partial^3 P/\partial v_x \partial v_y \partial v_z$.

11.1.2 均值、方差、标准差和标准误差

假设对概率分布 $p(v)$ 中的某个随机变量进行大量的独立测量，比如 N 次，每次得到一个值 v_i，$i=1, 2, \cdots, N$，那么样本 N 的样本均值定义为

$$\mu_N = \frac{1}{N}\sum_{i=1}^{N} v_i. \tag{11.6}$$

样本方差定义[㊀]为

$$S_N^2 = \frac{1}{N-1}\sum_{i=1}^{N}(v_i-\mu_N)^2. \tag{11.7}$$

样本标准差定义为 S_N，方差的平方根，样本标准误差是 $S_N/\sqrt{N}$. 均值显然是用来测量平均值，方差或者标准差测量反映了随机值分布的分散程度. 它们是矩分布最简单的无偏估计. 这些矩是概率分布的性质，而不是某个具体样本的性质. 分布均值[㊁]定义如下：

$$\mu = \int v p(v)\,\mathrm{d}v. \tag{11.8}$$

分布方差是

$$S^2 = \int (v-\mu)^2 p(v)\,\mathrm{d}v \tag{11.9}$$

显然对大的 N，我们期望样本均值大约等于分布均值，样本方差等于分布方差.

由于统计波动的影响，有限样本的样本均值不会恰好等于分布均值. 如果把样本均值 μ_N 本身看成一个随机变量，并且随包含 N 个测

㊀ 除法的分母是 $N-1$ 而不是 N，这样我们就得到了分布方差的无偏估计. 一种解释是，$\sum_{i=1}^{N}(v_i-\mu_N)^2$ 的自由度是 $N-1$ 而不是 N. 使用 $N-1$ 有时也叫作“贝塞尔校正”.

㊁ 常常叫作 v 的“期望”.

试的样本随机变化，那么 μ_N 的概率分布大约是一个高斯分布[1]，而且它的标准差等于标准误差 $S_N/\sqrt{N}$. 这是高斯分布也叫作“正态”分布的原因之一. 一维的高斯概率分布只有两个[2]独立参数 μ 和 S.

11.2 计算的随机选择

计算机可以生成伪随机数，通常它们由一个“种子”数（或者种子“状态”，有可能含有若干个数字）开始，依靠复杂的非线性运算生成. 每个按顺序产生的数字其实已经由算法完全确定，不过由于 v 值在 $0\leqslant v\leqslant 1$ 之间变动，而且没有明显的规律，数列看上去是随机的. 如果这个随机数字生成器比较好，那么下一个值不对前一个值有可测的统计依赖性，而且生成的值在给定范围内均匀分布，这表达了 $p(v)=1$ 的概率分布. 很多程序语言和数学软件包含了生成随机数的库函数，但并不是所有这样的函数都是“好的”随机数字生成器（C 语言的自带函数就臭名昭著）. 我们应该非常小心，调试程序的时候，知道每次得到的“随机”数列都一样的情况下，能重复拟随机计算是非常有用的. 不过要小心，如果你想要通过增加样本的数量来提高计算的精确性，那么一定要保证样本之间是独立的. 显然，这表示随机数字必须不是你已经用过的. 换句话说，种子必须是不同的. 这对并行计算也是成立的，不同的并行处理器一般应该使用不同的种子.

---

[1] 拓展：**中心极限定理**分布趋于高斯分布并不明显. 不过，很容易证明样本均值的方差就是分布方差除以 N. 由 μ_N的定义，立得

$$(\mu_N-\mu)^2=\left(\frac{1}{N}\sum_{i=1}^{N}(v_i-\mu)\right)^2=\frac{1}{N^2}\sum_{i,j=1}^{N}(v_i-\mu)(v_j-\mu).$$

对这个量取期望 $<\cdots>$ 得到样本均值分布的方差：

$$<(\mu_N-\mu)^2>=\frac{1}{N^2}\sum_{i,j=1}^{N}(v_i-\mu)(v_j-\mu)=\frac{1}{N^2}\sum_{i=1}^{N}(v_i-\mu)^2=\frac{S^2}{N}.$$

第一个值是期望的性质：和的期望是期望的和. 第二个值是因为，$(v_i-\mu)$ 统计独立且均值为零，当 $i\neq j$ 时，$<(v_i-\mu)(v_j-\mu)>=0$. 这就足够得到我们想要的结果了. 对分布方差的估计是 $S^2=S_N^2$. 所以，μ_N 方差的无偏估计是 $<(\mu_N-\mu)^2>=S_N^2/N$. 标准误差是它的平方根.

[2] 没有标准化的高斯分布有三个参数，还要包括高度.

显然，如果我们的计算任务需要 0 和 1 之间，满足 $p(v)=1$，均匀分布的随机数字，那么使用自带或者第三方库函数就是可取的方法. 可惜在实际情况中，我们常常需要非均匀的概率分布，例如指数的高斯分布，或者其他函数分布. 这时我们应该怎么办呢？

我们用两个相关的随机变量；记为 u 和 v. 变量 u 在 0 和 1 之间均匀分布（它叫作“均匀偏离”）. 变量 v 由某种一对一的函数关系与 u 相关. 如果从均匀偏离 u 中取某个样本值，就得到一个相应的 v 值. 更进一步地，在 u 元 $\mathrm{d}u$ 中取到某一个具体值的分数值和在 v 元 $\mathrm{d}v$ 中取到某一个具体值的分数值相等. 于是，这两个分数刚好是 $p_u(u)\mathrm{d}u$ 和 $p_v(v)\mathrm{d}v$，其中 p_u 和 p_v 分别是 u 和 v 的概率分布，故有

$$p_u(u)\mathrm{d}u = p_v(v)\mathrm{d}v \Rightarrow p_v(v) = p_u(u)\left|\frac{\mathrm{d}u}{\mathrm{d}v}\right| = \left|\frac{\mathrm{d}u}{\mathrm{d}v}\right|. \quad (11.10)$$

最后一个等式是因为均匀偏离满足 $p_u=1$.

于是，如果需要找到概率分布为 p_v 的随机变量 v，则只需要找到 u 和 v 之间满足 $p_v(v)=|\mathrm{d}u/\mathrm{d}v|$ 的函数关系. 不过我们已经知道一个满足该性质的函数了，考虑累积概率 $P_v(v)=\int^v p_v(v')\mathrm{d}v'$. 它是一个值在 0 和 1 之间的单调函数. 于是，有

$$u = P_v(v), \text{其中}\frac{\mathrm{d}u}{\mathrm{d}v} = p_v(v). \quad (11.11)$$

所以如果 $u=P_v(v)$，变量 v 就以概率 $p_v(v)$ 随机分布，那么问题就解决了. 其实，还没有完全解决，因为选择 u，然后求相应 v 的过程要求对 $P_v(v)$ 求逆. 那就是

$$v = P_v^{-1}(u). \quad (11.12)$$

图 11.1 展示了这个过程. 虽然有时候我们不能解析地求函数的逆，但可以求数值逆. 方法之一是求根，也就是二分法. 由于 P_v 是单调函数，对任意 0 和 1 之间的 u，方程 $P_v(v)-u=0$ 有唯一解. 假如可以快速地求出这个根，那么给定 u，就可以求出 v. 快速求根的一个方法是，在 u 值（不是 v）中均匀地列出 v 值和 $u=P_v(v)$ 值，做成长为 N_t 的表格. 然后，给定任意 u，它之下的点下标为整数值 $i=uN_t$，我们可以把它和下一个点用分数值 uN_t 做插值. ㊀

㊀ 于是线性插值就等同于把 p_v 用直方图表示，所以，达到足够的分辨率可能需要很大的 N_t 值.

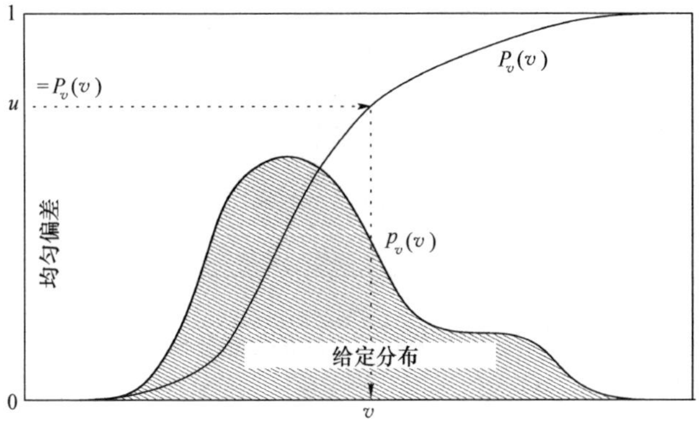

图 11.1　要得到满足概率分布 p_v（不按比例）的随机变量 v，需通过数值积分计算函数 $P_v(v)$ 的积分表. 从均匀偏差 u 中取出一个随机数，通过插值找到满足 $P_v(v)=u$ 的 v. 这就是随机的 v

拒绝采样另一种从某个概率分布中得到随机值的方法是"拒绝采样"，如图 11.2 所示. 这个过程包括另外选取第二个随机数来决定是否保留第一个选定的随机数. 第二个随机数用来对第一个随机数的概率加权. 这其实是在选择第一个缩放后分布之下的点，在图示的长方形分布中，它们是均匀分布的，而我们只选择 $p_v(v)$ 以下的点（缩放之后都小于 1）. 所以，低效率有时候是不能避免的. 如果 $p_v(v)$ 之下的面积是总面积的一半，那么我们总共需要两倍的选择，而且每个都需要两个随机数字，这样对每个接受的点，总共给出四倍随机数字. 要改进第二个低效率，我们可以由使用对 $p_v(v)$ 拟合更好的可逆函数. 即使如此，这仍然比函数列表法要慢，除非随机数生成器计算成本很低.

蒙特卡罗积分　注意到，第二个技巧刚好显示"蒙特卡罗积分"的用法. 在一条线上，或二维的矩形区域，或三维的长方体空间中随机选择点. 决定每个点是否在我们感兴趣的区域内. 如果在区域内那么把要积分函数的值加入名单，否则不加入. 重复以上过程，最后，用矩形/长方体的面积/体积乘以总数，除以考察的随机点总数（总

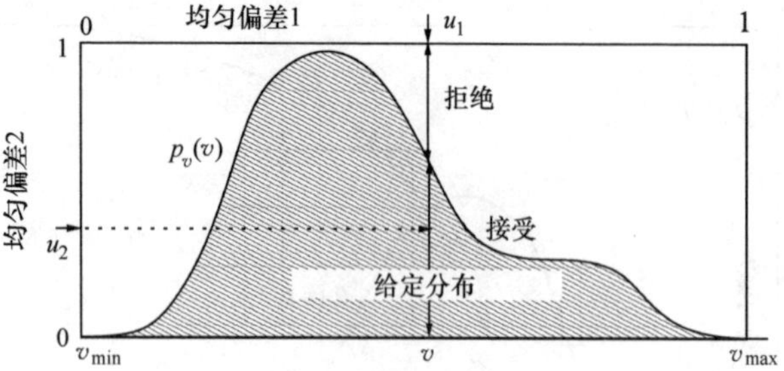

图 11.2　拒绝采样法从一个简单分布（也就是常数分布）中随机选择一个 v 值，它的积分是可逆的．然后第二个随机数字决定它是被拒绝还是被接受．v 处被接受的分数和 $p_v(v)$ 与简单可逆分布的比例相等．$p_v(v)$ 必须用常数缩放到处处小于简单分布（这里是 1）

数，而不仅是面积/体积内的点数），这就是积分了．应用这种技巧在某些区间上积分时可以高效地使用和编程，这些区间的特点是我们很容易确定它们的内部，但是却很难系统地描述它们的边界．比如，考虑立方体内某个偏心球面之外的体积．这个方法的缺点是，它的精确度按取样点个数的平方根分之一增长．所以，如果我们要求高精确度，其他的方法效率要高得多．㊀

㊀ **拓展：安静开始和拟随机选择**．当我们启动一个质点网格模拟（PIC）时，粒子的初始位置可以由选取随机数字决定．不过，在模拟很多步之后，它们波长的密度浮动就会比现在的大得多．这种差异的原因是，自洽电势的反馈效应倾向于平滑密度波动，因此在完全启动的模拟中噪声水平低于纯粹随意的情况．简单来说就是，单个粒子会排斥其他相同类型的粒子，防止颗粒结块．因此，在物理上，开始 PIC 模拟时，选择比纯粹随机更均匀的间隔位置是合理的．实际上，对于某些计算，以低于稳定等离子体的最终水平的初始密度波动作为初始条件甚至是有利的（但非物理的）．不管怎样，"安静开始"可以由"拟随机"数字而不是（伪）随机数字得到（见 *Numerical Recipes*）．拟随机数字在某种程度上是随机的，但是分布要平滑得多，这是因为每个新的数字通过尽力避免已经生成的数字而依赖于它们．所以，连续相邻的数字是相关的．对蒙特卡罗积分，这种空间上更光滑的分布常常更加合理，并且在样本数相同的情况下，给出更低噪音的结果，从而超过 $1/\sqrt{N}$ 的分数误差减少．

11.3 通量积分和注入选择

假设我们模拟一个大区域中的一小块体积. 粒子可能进入或者离开这个小体积. 在小体积内，我们模拟一些有趣的现象，比如某个物体和粒子的相互作用. 如果这个体积足够大，它之外的区域基本上不受它内部物理的影响，那么我们已知或者可以确定体积边界处外区域粒子的分布函数. 用周期边界条件这时就不合理了，这是因为它们不能很好地表达一个独立的相互作用. 我们应该如何统计地选择哪些粒子通过边界注入体积呢?

假设体积是图 11.3 所示的长方体，它有六个面，每个面和一个坐标轴垂直，并且在 $\pm L_x$， $\pm L_y$，或 $\pm L_z$ 处. 我们考虑在 $-L_x$ 处，与 x 垂直的面，于是正速度 v_x 对应进入模拟小体积. 我们计算粒子跨过界面进入小体积的速率. 如果分布函数是 $f(\boldsymbol{v},\boldsymbol{x})$，那么 $+v_x$ 方向的通量密度是

$$\Gamma_x(\boldsymbol{x}) = \iiint_{v_x=0}^{\infty} v_x f(\boldsymbol{v},\boldsymbol{x})\,\mathrm{d}v_x\mathrm{d}v_y\mathrm{d}v_z, \tag{11.13}$$

而单位时间通过界面进入的粒子（通量）是

$$F_{-L_x} = \int_{-L_y}^{L_y}\int_{-L_z}^{L_z} \Gamma_x(-L_x,y,z)\,\mathrm{d}y\mathrm{d}z. \tag{11.14}$$

假设外面的区域是稳定的，不随时间而变化. 我们用以上表达式分别计算六个面对应的通量 F_j. 在模拟的每个时间步，我们决定对体积每个面注入多少粒子. 每个时间步 Δt 在面 j 注入的平均粒子数是 $F_j\Delta t$. 如果这个数字很大㊀，那么只注入这个数目就是合理的（尽管在处

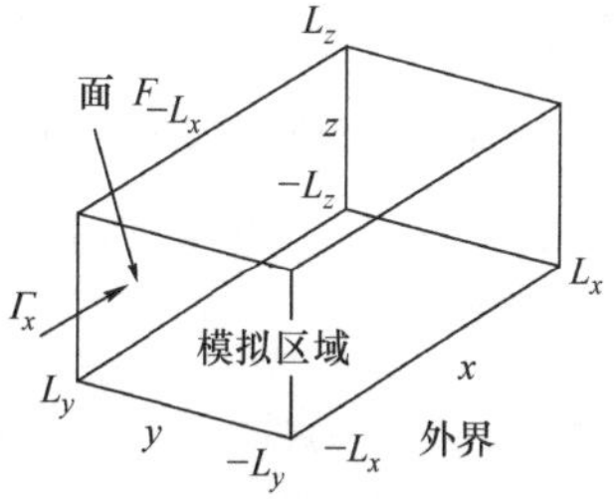

图 11.3 对大区域中的某个小区域进行拟，我们需要决定怎样从外界对小区域注入粒子，而令这些粒子统计上符合外界分布

㊀ 或者如果我们希望得到比纯粹随机更光滑的“安静注入”.

理非整数的部分时需要认真考虑）．不过，如果数字的数量级是一或者更小，那么这就不能正确地反映统计的情况了．这时，我们需要一步步统计地决定注入多少粒子：0，1，2，….

概率论中的一个常见结果告诉我们[㊀]如果事件（这里是注入）以平均速率 r（每个样本，这里是每时间步）随机发生，并且相互之间无关，那么在某个具体样本中发生的数字 n 就是一个遵循“泊松分布”的整数随机变量：它是一个离散概率分布

$$p_n = \exp(-r)r^n/n!. \tag{11.15}$$

表示速率的参数 r 是实数，但表示每个样本的数字 n 是整数．容易验证，由于 $\sum_{n=0}^{\infty} r^n/n! = \exp(r)$，概率已经标准化了：$\sum_n p_n = 1$．这表示速率是之前说过的 $\sum_n np_n = r$，我们发现，方差也刚好是 r，所以标准差是$\sqrt{r}$．p_n 恰好是通量为 $r = F_j$ 时，注入 n 个粒子所需的概率．所以决定注入的第一步是由式（11.15）的泊松分布随机选择要注入的粒子数．我们有很多选择方法（包括库函数），求根方法很容易应用，

㊀ **拓展：离散泊松分布**假设大量类似的无关事件即将发生．在比等待一个具体事件发生的时间短很多的某个时间段里（比如半衰期），单个事件发生的概率很小，比如说是 $p = r/N$．那么 r 是这个时间段事件发生的平均总数．于是在具体时间样本中事件发生的实际总数就是整数，而我们想找到每个可能整数的概率．每个样本包括对单个事件的 N 个选择：是或不是．“是”事件的个数服从二项分布，所以 n 个“是”事件的概率由从 N 中选取 n 的不同方法给出，也就是$\frac{N!}{n!\,(N-n)!}$，乘以每个 n 个“是”事件和 $N-n$ 个“不是”事件的具体排列的概率，$p^n(1-p)^{N-n}$．总数是

$$p_n = \frac{N!}{n!\,(N-n)!}p^n(1-p)^{N-n} = \frac{r^n}{n!}\left(1-\frac{r}{N}\right)^N\left[\frac{1}{N^n(1-r/N)^n}\frac{N!}{(N-n)!}\right].$$

方括号内对 N 取趋向无穷（取 n 为常数）的极限是1；同时$\left(1-\frac{r}{N}\right)^N$ 的极限是 $\exp(-r)$．于是，得到 n 个完全无关（$N\to\infty$）的，平均发生率为 r 的事件的概率是

$$p_n = \frac{r^n}{n!}\exp(-r).$$

这就是离散泊松分布．

因为累积概率函数 $P_u(u)$ 可以看成是在整数 n 处高为 p_n 的梯步（中间是常数）.

下一步，我们需要决定每次注入要在表面上的哪里发生. 如果通量密度是均匀的，那我们只需要随机选择一个对应 $-L_y \leqslant y \leqslant L_y$ 和 $-L_z \leqslant z \leqslant L_z$ 的位置. 不过，不均匀的通量密度需要烦人的分布函数求逆. 工作量是大了，不过很直接.

最后，我们需要选择粒子的实际速度. 非常重要的一点是，这个选择的概率分布并不仅仅是速度分布函数，或者限制在正 v_x 的速度分布. 不，它是正通量分布 $v_x f(\boldsymbol{v}, \boldsymbol{x})$ 与法向速度 v_x（对 x 面）加权得到的（非正时取零）. 如果分布像麦克斯韦分布那样是可分的，也就是有 $f(\boldsymbol{v}) = f_x(v_x) f_y(v_y) f_z(v_z)$，那么切向速度 v_y，v_z 可以分别考虑：从它们各自对应的分布中选择两个不同的速度，并且从与 $v_x f_x(v_x)$ 成正比的概率分布中选择 v_x（正的）.

如果 f 不是可分的，那么就需要更加缜密的随机选择方法了. 假设有速度累积概率分布 $P(v_x, v_y, v_z)$，而且它涵盖了所有我们感兴趣的速度. 注意到，如果用 $v_{x\max}$，$v_{y\max}$，$v_{z\max}$ 记有关的 v_x，v_y，v_z 的最大值，而且超过它们之后 $f=0$，那么 $P(v_x, v_{y\max}, v_{z\max})$ 就只是 v_x 的函数，而且它刚好是累积概率分布对其他速度分量在整个有关区间上积分的结果. 那就是说，它是关于 v_x 的一维累积概率分布. 我们可以通过如下积分（数值离散地积分）把它转化成一维通量累积概率：

$$
\begin{aligned}
F(v_x) &= \int_0^{v_x} v'_x \frac{\partial}{\partial v'_x} P(v'_x, v_{y\max}, v_{z\max}) \mathrm{d}v'_x \\
&= v_x P(v_x, v_{y\max}, v_{z\max}) - \int_0^{v_x} P(v'_x, v_{y\max}, v_{z\max}) \mathrm{d}v'_x
\end{aligned}
\tag{11.16}
$$

之后，我们可以通过除以 $F(v_{x\max})$ 标准化 $F(v_x)$，然后得到 v_x 的累积通量 - 加权概率.

我们可以按以下步骤继续.

（1）从累积通量加权概率 $F(v_x)$ 中选择一个随机的 v_x；

（2）我们把已经选择的 v_x 的累积概率，也就是 $P(v_x, v_y, v_{z\max})$ 看成只是 v_y 的函数，并且从中选择一个随机的 v_y；

(3) 我们把已经选择的 v_x 和 v_y 的累积概率，也就是 $P(v_x, v_y, v_z)$ 看成只是 v_z 的函数，并且从中选择一个随机的 v_z.

自然地，对其他 y 和 z 面我们从相应的速度分量开始，然后依次考虑其他分量，对外部稳定条件，所有的累积速度概率只需要算一次，然后存储下来，以备将来的时间步使用.

离散 - 粒子表达 这种连续方法有一个替代方案，那就是，假设外部速度分布函数由大量 N 个代表性“粒子”表示，（有可能是几百万）这些代表性粒子符合外部速度分布函数. 粒子 k 有速度 $\boldsymbol{v}_k$，相空间的粒子密度与分布函数（即概率分布）成比例. 如果从粒子分布中随机地选择一个速度，则只需要按顺序排列粒子然后从中随机挑选一个. 不过，举例来说，当我们想要法向方向 $\hat{\boldsymbol{n}}$ 的通量加权粒子时，选择的概率必须与 $v_n = \hat{\boldsymbol{n}}\boldsymbol{v}$ 成比例（仅当是正的时，如果是负的，则取零）. 于是，对这个法向方向，为了得到合理的加权，我们必须考虑每个粒子. 我们给每个粒子一个实际[㊀]标 r，r 满足 $r_k \leqslant r < r_{k+1}$ 时代表粒子 k. 粒子 k 分配的区间长度与它的权重成比例，所以 $r_{k+1} - r_k \propto \hat{\boldsymbol{n}}\boldsymbol{v}_k$. 那么选择包括一个随机数字 x，乘以总实标范围并且指标指向粒子的下标，于是得到了它的速度：$x(r_{N+1} - r_1) + r_1 = r \rightarrow k \rightarrow \boldsymbol{v}_k$. 粒子分布的离散性一般不会对已经随机表示的粒子表示造成重要的限制. 就算代表粒子的速度选择若干次，选择注入的位置也总是不同的.

例子详解：高维积分

蒙特卡罗技巧在高维问题中常常用到：积分大概是最简单的例子. 原理大概是这样的，有 d 维时，一个每个方向大小都是 M 的网格中总点数是 $N = M^d$. 估计只有孤立不连续点的一维函数的积分时，根据它在 M 个点处的值，积分的分数值不确定性可以估算成 $\propto 1/M$. 如果这个估算仍然应用于多维积分（而这是存疑的部分），那么分数值不确定性 $\propto 1/M = N^{-1/d}$. 通过比较，基于 N 个计算的蒙特卡罗积分估算的不确定性 $\propto N^{-1/2}$. 当 d 大于 2 时，蒙特卡罗的平方根收敛速度比网格估计要好，而如果 d 很大时，蒙特卡罗要好很多. 这个推理对吗？我们计算一个四维空间超球的体积，然后比较网格方法和蒙

㊀ 或者如果 N 很大，用双精度.

特卡罗方法的结果.

四维中半径为 1 的球包括所有满足 $r^2 = x_1^2 + x_2^2 + x_3^2 + x_4^2 \leqslant 1$ 的点. 它的体积有解析解：$\pi^2/2$. 我们通过考察满足 $0 \leqslant x_i \leqslant 1$ 的单位超立方体，数值地计算它的体积，其中 $i=1, \cdots, 4$. 它们是超立方体 $-1 \leqslant x_i \leqslant 1$ 的 $1/2^4 = 1/16$，超球体可以内嵌在这个超立方体内，所以超球的体积在 $0 \leqslant x_i \leqslant 1$ 超立方体内的部分是超球总体积的 1/16，也就是 $\pi^2/32$. 我们用如下数值积分来计算这个体积.

对体积的确定性（非随机）积分包括在充满单位立方体的小格子中心构建等间距点阵. 如果每边有 M 个点，那么 i 维（$i=1, \cdots, 4$）网格中心的点阵位置是 $x_{i,k_i} = (k_i - 0.5)/M$，其中 $k_i = 1, \cdots, M$ 是（i 维）位置指数. 我们通过考虑单位超立方体中点阵处的值来积分求球的体积. 如果点在超球面 $r^2 \leqslant 1$ 中，值就是一；否则值就是零. 我们把点阵处所有的值（0 或 1）加起来，得到超球面内点数的整数值. 点阵的点总数是 M^4. 总数的和对应于超立方体的体积为一，于是对超球体积$\frac{1}{16}$的离散估计是 S/M^4 我们可以用这个数值积分的结果和解析值比较，并且把分数值误差表达成数值值除以解析值，减去 1：

$$\text{分数值误差} = \left| \frac{S/M^4}{\pi^2/32} - 1 \right|.$$

蒙特卡罗积分本质上是一样的，不过点的选择是随机的，而不是一个正规的点阵. 每个点由四个坐标值 x_i 的四个新的均匀变量值（在 0 和 1 之间）选择. 如果 $r^2 \leqslant 1$，那么点给出的值是 1，否则是 0. 我们得到不同的计数 S_r，尽管我们可以选择任意 N 个随机点的位置，这里我们选择 $N = M^4$，刚好是点阵的总点数，蒙特卡罗积分估算的体积是 S_r/N.

我写了一个实现这个简单过程的计算机程序代码，然后比较 M 从 1 到 100 的分数值误差，结果如图 11.4 所示.

四维点阵积分和蒙特卡罗积分对球体积的计算效果同样好. 点阵积分不像可疑的分数值不确定性假设 $1/M = N^{-1/d}$那么坏，对 $d>1$ 它更像是 $N^{-2/d}$. 试验表明，只要在维度高于 $d=4$ 时，蒙特卡罗积分的

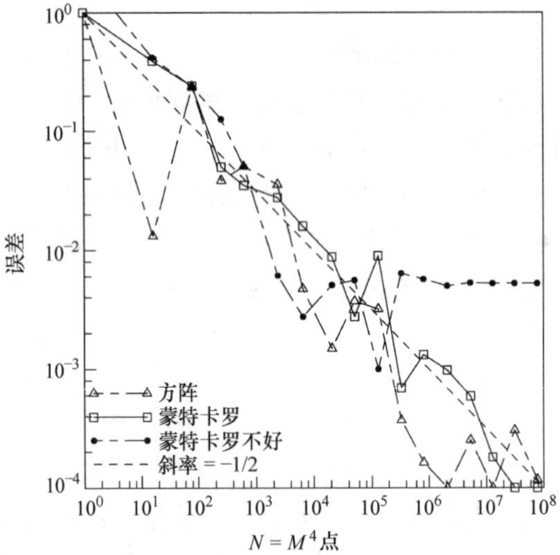

图 11.4 比较用点阵和蒙特卡罗积分数值求解球体积得到的误差. 观察到与预期相反，蒙特卡罗积分并没有比点阵积分收敛快很多. 它们的收敛速度都是 $1/\sqrt{N}$（斜率 = −1/2）. 更甚，如果我们用了“不好的”随机数字生成器（图中的蒙特卡罗不好那条线），积分在某些点处甚至可能会不收敛，这是因为它只给出有限长的独立随机数字串，而这里大概在一百万处就全部取完了

优越性才会明显地显示出来. 作为额外的好处，这个积分试验可以检测到低质的随机数字生成器.[㊀]

11.4 习题 11 蒙特卡罗方法

1. 区间 $0 \leqslant x < \infty$ 上的一个随机变量，它服从分布 $p(x) = k\exp(-kx)$，其中 k 是常数. 市面上有给出均匀分布随机变量 y（也就是有均

㊀ 我这里用到的两个随机数字生成器都是可以引用的，好生成器是 M. Luscher (1994) 在 *Computer Physics Communications* 79 100 和 F. James (1994) 在 *Computer Physics Communications* 79 111 中描述的 RANLUX 程序，这里我们用 luxury level 参数的最低一级. 坏的是第一版（FORTRAN）*Numerical Recipes* 中的 RAN1 程序，之后的版本中它被更好的程序取代了.

匀概率 $0 \leqslant y \leqslant 1$）的库函数. 给出由 y 值得到随机分布的 x 值的公式和算法.

2. 服从麦克斯韦分布

$$f(\boldsymbol{v}) = n\left(\frac{m}{2\pi kT}\right)^{3/2} \exp\left(-\frac{mv^2}{2kT}\right) \tag{11.17}$$

的粒子穿过某个边界进入模拟区域.

（1）对注入的粒子，找到边界法速度 v_n 的合理累积概率分布；

（2）每单位面积总注入率应该是多大?

（3）如果时间步长是 Δt，总穿越率 r 满足 $r\Delta t = 1$，我们应该用什么概率分布决定每步实际注入的整数个数的粒子呢?

（4）0，1 或者 2 次注入的概率应该是多大?

3. 编写一个程序，用蒙特卡罗积分算区间 $-1 \leqslant x \leqslant 1$ 内，曲线 $y = (1 - x^2)^{0.3}$ 下的面积. 用不同的采样点总数实验确定面积，精确到 0.2% 内，然后估计要达到这个精确度所需要的采样点数.

第 12 章 蒙特卡罗放射输运

12.1 输运和碰撞

考虑不带电粒子在物质中传输的通道．例子可能是中子，或者类似光子的 γ 射线．物质可能是固体、液体，或者气体，并且可能包括若干种可以和粒子相互作用的不同物质．我们可能对粒子从源头进入物质的情况感兴趣，比如某个位置的粒子通量，又或者某些类型粒子与物质反应的程度，例如辐射损伤或电离，这种问题用蒙特卡罗方法建模本来就是合理的．

由于粒子不带电，它们在与物质的碰撞之间以匀速沿直线运动．其实，这个技巧可以推广到受力而沿曲线运动的粒子．不过，带电粒子一般会碰撞很多次，而且这些碰撞对它们的速度只有很小的影响．那些小角度碰撞用蒙特卡罗方法建模不容易也不高效，所以我们忽略碰撞之间粒子的加速度．

粒子在物质中随机游走，如图 12.1 所示．它沿直线走某个距离，然后碰撞，碰撞之后，它有了一个不同的方向和速率．它在新的方向再走一步，往往这个距离与之前不同，然后再碰撞．最终，粒子遇到吸收性（非弹性）碰撞，或者离开系统，或者衰退（比如能量）到不需要继续追踪，游走结束．

12.1.1 随机游走步长

碰撞之间的任意步长都是随机的．对任意的碰撞，碰撞过程中一个粒子每单位长度的平均碰撞数我们用下标 j 记，并且碰撞数是 $n_j\sigma_j$，其中 σ_j 是平截面，n_j 是碰撞类型 j 目标物质的密度. 例如，如果粒子是中子，碰撞过程是铀核裂变，那么 n_j 是铀核的密度. 单位长度内所有种类的平均碰撞总数则是

$$\Sigma_t = \sum_j n_j\sigma_j, \quad (12.1)$$

这里我们对所有可能的碰撞过程相加，和以前一样，Σ_t 是衰减长度分之一.

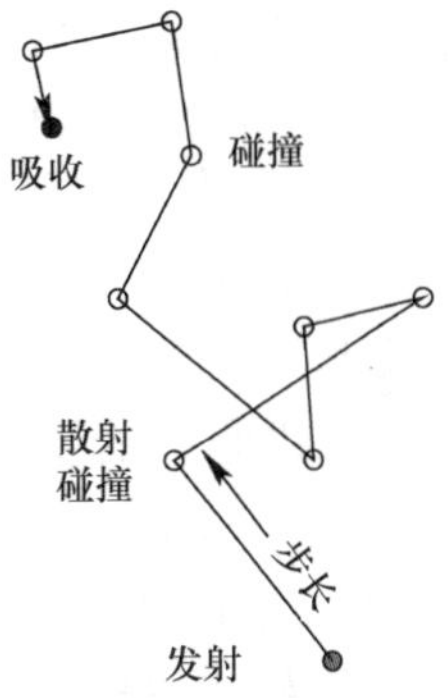

图 12.1　一个粒子在散射和碰撞间随机游走，步长在变化. 最终，它会被完全吸收，散射角度的统计分布由碰撞过程决定

碰撞之前粒子走了多远呢？好吧，就算是粒子的位置和速度完全相同，这在统计上也是不可预测的. 不过，假定粒子的初始位置是 l（换句话说，我们剔除之前的碰撞），那么在小距离 $l \to l + \mathrm{d}l$ 中碰撞会发生的概率是 $\Sigma_t\mathrm{d}l$. 增量碰撞概率 $\Sigma_t\mathrm{d}l$ 与已发生的事件无关，于是（见图 12.2），如果粒子到达 l 时仍然没有发生碰撞的概率是 $\overline{P}(l)$，那么粒子到达 $l+\mathrm{d}l$ 处仍没有碰撞的概率是 $\overline{P}(l)$ 乘以在 $\mathrm{d}l$ 内不发生碰撞的概率 $1-\Sigma_t\mathrm{d}l$：

$$\overline{P}(l + \mathrm{d}l) = \overline{P}(l)(1 - \Sigma_t\mathrm{d}l). \quad (12.2)$$

于是，

$$\frac{\overline{P}(l + \mathrm{d}l) - \overline{P}(l)}{\mathrm{d}l} \xrightarrow[\mathrm{d}l \to 0]{} \frac{\mathrm{d}\overline{P}}{\mathrm{d}l} = -\Sigma_t\overline{P}. \quad (12.3)$$

这个微分方程的解是

$$\overline{P}(l) = \exp\left(-\int_0^l \Sigma_t\mathrm{d}l\right), \quad (12.4)$$

其中 l 从起始位置开始测量，所以 $\overline{P}(0)=1$. 另一个定义 $\overline{P}(l)$ 的等价方法是：第一次碰撞不在区间 $0 \to l$ 的概率. 那么补概率 $P(l)=1-\overline{P}(l)$ 就是第一次碰撞发生在 $0 \to l$ 的概率. 换句话说，$P(l)=1-\overline{P}(l)$

是一个累积概率，它是（第一次）碰撞在 l 处发生并且持续 $\mathrm{d}l$ 的概率分布 $p(l)\mathrm{d}l$ 积分的结果，所以

$$p(l) = \frac{\mathrm{d}P}{\mathrm{d}l} = \frac{\mathrm{d}\overline{P}}{\mathrm{d}l} = \Sigma_t \overline{P} = \Sigma_t \exp\left(-\int_0^l \Sigma_t \mathrm{d}l\right). \qquad (12.5)$$

所以，对任意一个粒子，要在统计的意义下确定它第一次碰撞的位置，我们只需要抽取一个随机数（均匀变化）然后按 11.2 节的内容，图 11.1 所示的解释从累积分布 $P(l)$ 中选择 l. 如果 Σ_t 可以取作是均匀的，那么 $P(l) = 1 - \exp(\Sigma_t l)$，而累积函数可以解析地求逆得到 $l(P) = -\ln(1-P)/\Sigma_t$.

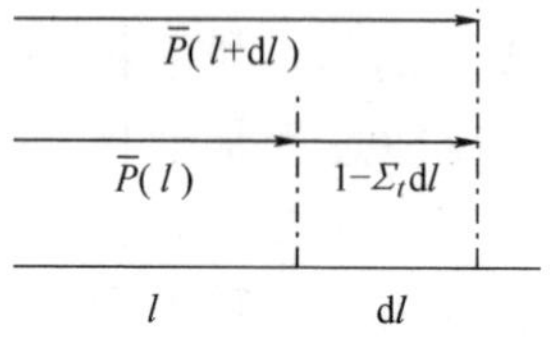

图 12.2　到达 l 处而不碰撞的概率 $\overline{P}$（l）在前进距离 $\mathrm{d}l$ 后减小 $1-\Sigma_t\mathrm{d}l$ 倍

12.1.2　碰撞种类和参数

确定下一次碰撞的位置之后，我们还需要确定碰撞的种类. 每类碰撞 j 发生的局部速率是 $n_j\sigma_j$，而全部 $n_j\sigma_j$ 的和是 Σ_t. 于是，j 类碰撞的分数是 $n_j\sigma_j/\Sigma_t$，如果我们把所有可能的碰撞类型列成一长列，如图 12.3 所示，并且对每类指定一个实数 x_j 使得 $x_{j+1} = x_j + n_j\sigma_j/\Sigma_t$，也就是

$$x_j = \sum_{i=1}^{j-1} n_j\sigma_j/\Sigma_t, \qquad (12.6)$$

那么单个的随机选择 x 根据条件 $x_j \leqslant x < x_{j+1}$ 决定 j. 这只是从离散概率分布中选择的过程，我们之前的例子是泊松分布，并且用到了离散粒子通量注入的权重.

确定了碰撞类型 j 之后，（通常）其他碰撞参数也需要确定. 例如，如果碰撞是散射，那么将决定下一步初始条件的散射角度和新的散射速度 $\boldsymbol{v}$㊀是什么呢？这些随机参数也是统计地从合理的概率分布中得出的，比如标准化的微分横截面每单位散射角度.

㊀ 对光子来说，“速度”应该考虑成能量（频率或者波长）和传播方向的组合，这是因为粒子的速度总是光速.

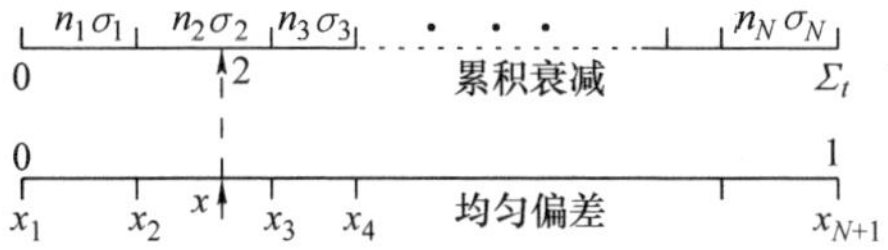

图 12.3　由随机数字 x 决定碰撞种类

12.1.3　迭代和新粒子

除非发生的是吸收，一旦碰撞参数确定了，粒子就会从碰撞位置以新的速度重新出发，然后我们计算下一步. 如果粒子被吸收了，或者离开了建模的区间，那么我们重新启动一个全新的粒子. 怎么启动取决于我们求解的放射传输问题类型. 如果传输来源于局部的已知源，那么它就决定了初始位置，然后我们再合理地选择方向. 如果物质在排放，新的粒子就会产生，并且遍布整个体积区域. 媒介中产生的自发排放与辐射水平无关，并且只是一个分布的源. 它可以决定新粒子的分布，而新粒子在所有追踪的活性粒子被吸收或者离开之后发射. 自发排放的例子包括来自激发原子的辐射，产生 γ 射线的自发放射性衰变，或产生中子的自发裂变. 不过，新的粒子常常被输运粒子的碰撞“刺激”（图 12.4 展示了这个过程）. 核理论中的经典例子是诱导裂变产生额外的中子，受刺激的排放是某种碰撞的结果.

任何由碰撞产生的新粒子必须像原本的粒子一样追踪，它们形成了新的追踪. 在串行码中，新的第二级粒子必须初始化，并且在碰撞步中留在一边. 然后当原来的追踪因为吸收或者离开而结束时，串行码必须开始追踪第二级粒子. 第二级粒子可能会产生第三级粒子，而之后这些新的第三级粒子可能变成追踪对象，以此类推. 并行码可能把追踪第二级和第三级粒子的工作分配给其他处理器（或计算线程）.

我们可能会担心如果粒子的生成比消失快，这个过程永远不会结束. 这是真的，确实永远不会结束. 不过粒子生成比消失快对应物理上失控的状况，比如瞬发超临界反应堆. 所以真实世界的问题比我们

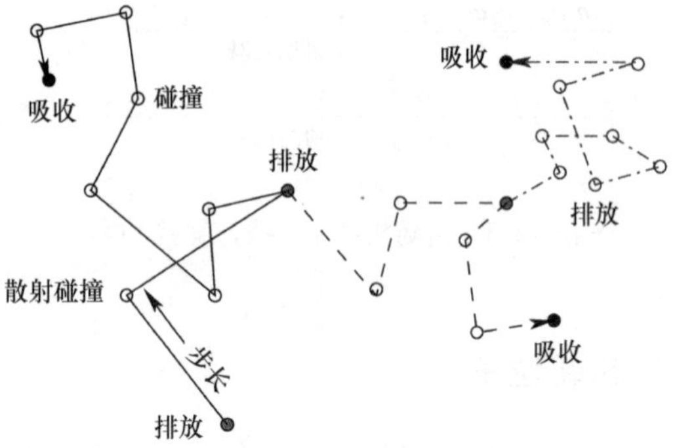

图 12.4　旧粒子碰撞引起的“刺激”排放是产生新粒子的一种源头. 它可以使粒子的数目在一代代间成倍增长，这里新粒子（图中用不同的线表示）又排放额外的粒子

考虑的计算问题复杂多了!

12.2 追踪、记账和统计不确定性

蒙特卡罗模拟是为了确定放射性粒子或者物质本身的某些平均批量参数而产生的. 这些参数可能包括：作为位置函数的放射通量、粒子能量的谱、某些类型碰撞的发生率，或者有辐射通过的物质的最终状态等. 为了确定这类参数，我们需要留意粒子穿过空间区域的路线和在区域内的碰撞. 记录事件的发生和对统计数量的贡献常常叫做“记账”.

一般在实际情况中，我们把感兴趣的区间划分成若干个离散的小区间，然后把小区间中感兴趣的记账内容加起来汇总. 每次这些小体积中有事件发生时，我们都对它们记账. 然后，如果有足够多的这样的事件发生，我们就可以得到平均事件发生率. 例如，如果我们想知道核反应堆中裂变能量的分布，那就需要对每个体积中裂变碰撞的总数记账. 裂变反应平均释放总能量 ε，所以如果在某个小体积 V 中时间 T 内发生事件的总数是 N，那么裂变能量密度就是 $N\varepsilon/VT$.

我们能够追踪得起的数值随机游走常常比所模拟的物理系统中实际发生的事件数少很多. 每个数值粒子可以看成是大量的粒子一起在做一样的运动. 这样小很多的计算数会带来统计波动、不确定性、或者噪声，这纯粹是数值计算的限制.

统计不确定性　蒙特卡罗计算的统计不确定性通常由如下的观察确定. 对标准差为 S 的某个分布，考虑包含该分布中 N 个随机选择的样本. 这个样本的样本平均值是 μ_N，标准差等于标准误差 $S/\sqrt{N}$. 每次记账事件都可以看成一个单一的随机选择. 所以，N 个记账事件的不确定性比内在的不确定性或者统计范围小 $1/\sqrt{N}$. 换句话说，假设已知某种统计确定事件的平均发生率是常数，给定时间 T 内平均有 N 个某种统计确定事件发生，那么任意时间长度 T 内事件发生的总数 n 遵循式（11.15）的泊松分布 $p(n) = \exp(-N)N^n/n!$. 泊松分布的标准差是$\sqrt{N}$. 于是，使用实际观察到的事件发生数 n，就可以到事件平均发生率 N 的精确估计，当然这是在 N（于是 n）很大的时候.

第一个结论是我们不能把记账的离散体积选得太小，它们越小，其内部发生的事件就越少，所以事件发生率的统计估计就越不精确.

在对碰撞记账的时候，我们的第一反应可能是，每当某个体积元中有某类碰撞发生，我们就在那项之后打钩记录就好. 这个方法的缺点在于因为打的钩太少（数据太少），得到的统计结果不够好. 比方说要得到 1% 的不确定性，我们需要在每个离散的小体积中打 10^4 个钩. 如果事件在各处发生，比如在 100^3 个小体积中，那么对每种考虑的类型我们需要 10^{10} 个总碰撞. 如果有 100 个碰撞类型，这就已经是 10^{12} 个碰撞了，这样算下来成本很高，不过我们可以使用比单纯的打钩更好的方法.

不需要费太多额外的力气就能做到的是，任何碰撞一旦发生，我们就对每种碰撞的记账算总数. 这样，记账时我们需要加变量而不是 1（不仅是打个钩）. 我们应该加在每种碰撞账面上的量是所有碰撞中那类碰撞的分数，也就是 $n_j\sigma_j/\Sigma_t$. 当然，这些分数值应该用局部体积对应的 n_j，以及所考虑粒子的速度（会影响 σ_j）去计算. 平均来说，这个过程会产生一样的正确碰撞记账值，但是用到的有贡献的总数大很多，大的倍数是碰撞的种类，这就大大改善了统计数据.

不只对碰撞记账还有更进一步的统计优势. 如果我们不但想得到粒子通量的性质，也想得到物质受到的影响，我们就不能只对碰撞，还需要对所有离散体积的平均通量密度记账. 这要求我们确定每个体积中每个粒子通过的通道 i，在体积中的时间 Δt_i 和通过体积的速度 v_i，如图 12.5 所示. 当模拟追踪了足够多个粒子后，体积中粒子的密度就与和 $\sum_i \Delta t_i$ 成比例，而且标量通量密度[㊀]与 $\sum_i v_i \Delta t_i$ 成比例. 如果碰撞长度（随机游走步的长度）与离散体积的尺寸相比要大很多，那么对通量性质贡献的记账就要比游走的步数，也就是模拟的碰撞要多. 因此通量密度测量的统计精确性就要比碰撞记账（即使把所有碰撞种类对每个碰撞记账）好很多，并且好的程度大概是碰撞步长和离散体积边长的比例倍. 所以，对我们感兴趣的碰撞种类 j，把通过每个体积的每个通道对它的贡献记账可能是值得花力气的. 换句话说，对每个体积，我们要得到对所有通道 i 的和 $\sum_i \Delta t_i v_i n_j \sigma_j$. 这个过程需要的额外工作是几何上确定一条线在某个体积内的长度，但是如果我们想要通量性质，这些额外工作是必需的，那么其实用这种方法对碰撞概率记账也没有做额外的工作.

重要性加权 统计精确性还有一个方面与粒子的初始分布选择有关，尤其是在速度 - 空间里. 在某些输运问题中，可能从源开始穿过很长距离的粒子主要是高能粒子，而在初始速度分布尾部的主要是低能粒子. 表达输运问题最直接的方法是发射粒子时按初始的物理分布，成比例地发射. 这样每个数值粒子就代表物理上相同数量的粒子，但是这个选择也代表只有很少量的高能粒子决定离源很远的通量. 如果是这样，那么远处通量的统计不确定性就很高. 我们可以通

㊀ 离散速度数组 d^3v_k 中的速度分布 f_k 可能也是我们感兴趣的. 它由只对加速度数组 $f_k d^3 v_k = \sum_{v_i \in d^3 v_k} \Delta t_i$ 中的通道相加得到. 由于每个数组样本更少，它会有更多的统计不确定性.

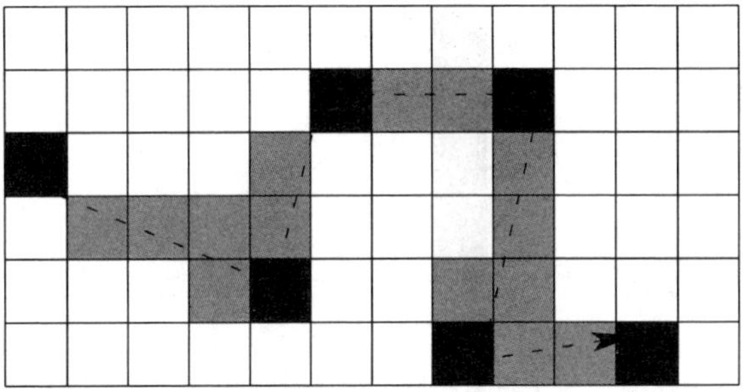

图 12.5　记账在离散的小体积上完成，我们可以对每个碰撞记账，但如果步长大于体积，对粒子穿过的每个小体积记账得到的统计结果就会好很多

过对粒子加权来补偿这个问题，如图 12.6 所示．我们可以发射高于概率分布比例的高能量粒子，然后用超过概率分布的粒子数分之一作为重要性权重 w 来补偿过剩的粒子数，这样我们可以得到更好的远通量统计．加权粒子之后的随机游走，以及任何由于该粒子碰撞排放的额外粒子，它们对通量或者反应率的所有贡献就要乘以 w．于是，在任何位置计算的总通量就包括了所有初始粒子的平均贡献，不过高初始能粒子（低权重的）实际贡献其实更多．这样，通过把初始低能粒子的计算成本转移到初始高能粒子上，我们就达到了减少依赖高能粒子的通量的统计不确定性．

记账过程中，把对各种通量的贡献相加，这里除了每个贡献用对应粒子的重要性加权 w_i 相乘外和以前一样，于是重要性加权在记账过程中马上就得到了实现，所以密度满足 $\propto \sum_i w_i \Delta t_i$，标量通量密度 $\propto \sum_i w_i v_i \Delta t_i$ 等．

通过刺激排放发射的粒子从它们的母粒子继承权重，第 n 代新发射的粒子本能地获得前一代粒子的权重 w_{i-1}，其中，正是这个前一代粒子的碰撞导致了新粒子的发射．不过，在决定第 n 代新粒子的初始速度时，我们给它一个额外的发射权重，这取决于发射参数．例如，

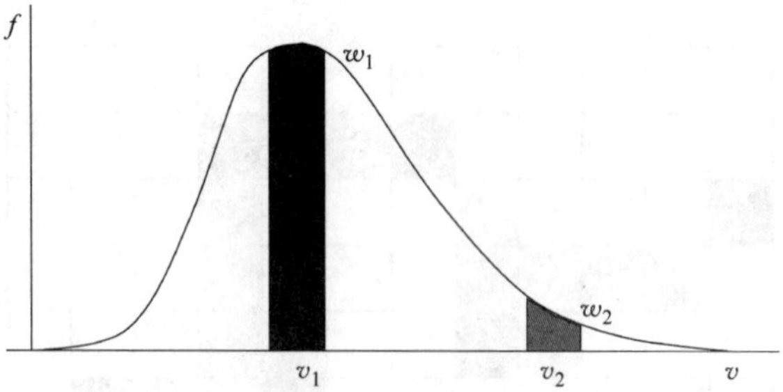

图 12.6 如果所有的粒子重量相同，那么整体速度（v_1）的粒子就比尾部速度（v_2）的多很多. 对尾部改进的统计表达由降低尾部速度的权重 w_2 达到，如果权重和 f 成比例，那么等量的粒子就在相等的速度范围内

它可能与发射速率（或能量）的概率分布 $p(v_n)$ 成正比. 如果是这样，新发射粒子的权重就是

$$w_n = w_{n-1}p(v_n). \tag{12.7}$$

代与代之间的权相乘的过程会吹成*加权扩散*现象. 相邻两代最大权重和最小权重的比例由初始权重比例相乘，所以权重范围比例按几何增长. 当最小和最大权重的范围很大时，追踪权重小到可以忽略的粒子就是浪费时间，所以模拟进行了一段时间以后，我们必须采取一些特殊措施剔除权重非常小的粒子来限制权重范围.

例子详解：密度和通量记账

假设某源以稳定的排放率每秒钟排放 R 个粒子，放射运输的蒙特卡罗计算对周围区间每个粒子每次经过网格的事件都估记账. 某个网格的密度记账包括粒子每次穿过网格时在它之内的时间 Δt_i，通量密度记账时要对时间区间和速度的乘积相加 $v_i\Delta t_i$. 在发射和追踪大量随机排放的 N 个粒子之后，总和是

$$S_n = \sum_i \Delta t_i, \quad S_\phi = \sum_i v_i\Delta t_i.$$

下面我们推导粒子和通量密度的定量物理公式（不仅是它们与这些总和的比例），以及它们的不确定因素，并且给予详细的理由.

从源处追踪的 N 个粒子（不包括追踪的碰撞中新产生的粒子）

是时间 $T = N/R$ 内排放的粒子数. 假设典型的物理情况下，粒子持续“飞行”的时间（粒子和它所有的后代从发射到吸收/消失的时间）是 τ.

如果 $T \gg \tau$，那么明显地，这个计算时间和物理上时间持续 T 等价. 这时，几乎所有粒子的飞行都可以在物理时间 T 内完成. 只有在时间 T 的最后 τ 时段内开始的粒子不能完成飞行，而只有在对时间 T 记时开始之前 τ 时段内开始的粒子在记时 T 开始之后还在飞行. 受影响的比例很小，约是 τ/T. 但其实，就算 T 不比 τ 大很多，这个计算还是和在时间 T 内模拟等价. 在实际的 T 时段内，本来就会有很多粒子在结束时没有结束飞行，也有很多粒子已经飞了一段时间. 不过平均算起来，这些不完整的飞行拼拼凑凑加起来也可以代表总共 N 个粒子的飞行. 虽然物理上这些不完整的飞行是针对不同的粒子来说，而蒙特卡罗计算中它们是同一个粒子，但这并不影响平均记账.

如果我们的计算有效地模拟了时间段 T，那么体积为 V 的网格中粒子和通量密度的物理公式就是

$$n = S_n/TV = S_nR/NV, \phi = S_\phi/TV = S_\phi R/NV.$$

为了得到不确定性，我们需要额外的样本和. 我们把所研究网格的记账总数叫作 $S_1 = \sum_i 1$. 我们还有可能需要贡献记账的平方 $S_{n^2} = \sum_i \Delta t_i^2$ 和 $S_{\phi^2} = \sum_i (v_i \Delta t_i)^2$. 这样求解 S_n 和 S_ϕ 的过程可以看成对网格随机选择 S_1 个穿越的过程，这些穿越来自于每次穿越平均贡献分别是 S_n/S_1 和 S_ϕ/S_1 的概率分布. 当然，一般来说概率分布是未知的，它们由蒙特卡罗计算隐性地表达. 不过我们并不需要知道这些概率分布，这是因为如果总体方差是 σ^2，那么大量（S_1）样本均值的方差就是 σ^2/S_1. 我们需要密度和通量密度总体方差的估计，这个估计由方差的标准形式给出：

$$\sigma_n^2 = \frac{1}{S_1 - 1}[S_n^2 - (S_n/S_1)^2], \sigma_\phi^2 = \frac{1}{S_1 - 1}[S_\phi^2 - (S_\phi/S_1)^2].$$

所以当给定 $S_1 \approx S_1 - 1$ 个记账时，记账和中的不确定性是

$$\sigma/\sqrt{S_1}, \sigma_\phi/\sqrt{S_1}.$$

不过不确定性还可能是因为记账总数 S_1 不是完全给定的，而且对不同的包含 N 次飞行的蒙特卡罗试验，它交次不同. 一般来说，S_1 遵循泊松分布，所以它的方差等于它的均值 $\sigma_{S_1}^2 = S_1$. 对 S_1 改变 δS_1 会使 S_n 改变 $(S_n/S_1)\delta S_1$. 再者，我们有理由假设贡献的方差 σ_n^2 和 σ_ϕ^2 与样本数的方差 $(S_nS_1)^2\sigma_{S_1}^2$ 无关，所以我们只需要把它们加起来就可以得到 S_n 的 S_ϕ 总不确定性（记 δS_n 的 δS_ϕ）：

$$\delta S_n = \sqrt{\frac{\sigma_n^2 + S_n^2}{S_1}}, \delta S_\phi = \sqrt{\frac{\sigma_\phi^2 + S_\phi^2}{S_1}}$$

通常，$\sigma_n \lesssim S_n$ 并且 $\sigma_\phi \lesssim S_\phi$，这里我们可以（在 $\sqrt{2}$ 倍以内）忽略 σ_n 和 σ_ϕ 的贡献，并且把密度和通量分数值的不确定性近似为 $1/\sqrt{S_1}$. 在这个近似中，平方和 S_{n^2} 和 S_{ϕ^2} 都是不必要的.

12.3 习题 12 蒙特卡罗统计

1. 假设一个蒙特卡罗运输问题中有 N_j 种不同的碰撞，每种发生的概率相等. 假设总碰撞数 N_t 对某种碰撞 i 的碰撞数满足 $N_t >> N_j$. 对以下各种情况，分析对碰撞发生率估计的统计不确定性：

（1）每次碰撞，只对一个某种碰撞种类做的贡献记账；

（2）每次碰撞，对每种碰撞种类成比例的（$1/N$）贡献记账；

（3）如果对每个碰撞种类记账需要的计算成本是剩余模拟成本乘以 f，那么对每次碰撞的所有碰撞类型记账，在不做无用功的前提下，f 的值可以取到多大？

2. 考虑有两个粒子范围的运输问题，低能和高能：1，2. 假设每个范围内平均有 n_1 和 n_2 个粒子，而且 $n_1 + n_2 = n$ 是固定的. 这些范围内的粒子和背景材料的平均总反应率是 r_1 和 r_2.

（1）反应速率的蒙特卡罗确定基于在时间 T 内对每个粒子随机抽样，然后确定它是否在这期间发生了反应（令 r_1T，$r_2T << 1$）. 如果分别抽样 n_1 和 n_2 次，估计决定反应率时的统计不确定性.

（2）下面用同样的 $r_{1,2}$，T 和粒子总数 n 确定反应率，不过这时粒子数的分布不同，新的粒子数分别是 n'_1 和 n'_2（仍有 $n'_1+n'_2=n$），反应率的贡献也相应地用 n_1/n'_1 和 n_2 和 n'_2 缩放. 这时反应率确定的统计不确定性又是什么呢？使不确定性最小化的 n'_1（和 n'_2）值是什么呢？

3. 编写一个程序，从指数概率分布 $p(x)=\exp(-x)$ 中随机选择样本，使用自带的均匀随机取样程序或者库函数. 编程得到一列 M 个独立样本（由 j 做下标），每个样本包含分布 $p(x)$ 中的 N 个独立随机变量 x_i. 取决于样本平均值 $\mu_j=\sum_{i=1}^{N}x_i/N$，它们被分配到 K 个直条中. 直条 k 包含 $x_{k-1}\leqslant\mu_j<x_k$ 的所有样本，其中 $x_k=k\Delta$. 它们合起来形成一个分布 n_k，代表直条 k 中有 μ_j 的样本数，其中 $k=1$，…，K. 计算分布 n_k 的均值 $\mu_n=\sum_{k=1}^{K}n_k(k-1/2)\Delta/M$ 和方差 $\sigma_n^2=\sum_{k=1}^{K}n_k[(k-1/2)\Delta-\mu_n]^2/(M-1)$，然后令 $N=100$，$K=30$，$\Delta=0.2$，用计算结果和中心极限定理的预测比较，考虑两种情况 $M=100$，$M=1000$. 结果应该包括：

（1）可执行的计算机程序；

（2）两种情况下的 n_k 和 x_k 图；

（3）均值和方差的数值解比较，简单地讨论它是否和理论预期一致.

第 13 章 下一步

13

本书的目的是为科学家和工程师对数值分析做一个简洁的介绍.我们的想法是，简洁是理解用计算方法解决问题的全局概念的最佳方式. 然而，毫无疑问地是，对于有些读者来说，简洁性对背景知识的熟练程度要求过高，从而造成了短时间内填鸭式的学习. 如果是这样，你可以通过阅读更基本的教科书来补充阅读[㊀].

如果你没有得到额外的帮助，而已经看到这里，祝贺你！如果你通过做习题，把书中的知识都变成自己的了，那么你已经对物理和工程中数值分析的大量应用有了非常根本的认识. 这些知识包括了背景的推导和实际应用，它们会在你将来的工作中对你有很大的帮助. 这些知识对你来说可能已经够用了，但是远远不代表我们所学的知识已经是全面的了.

为了达到简洁的目的，我们略过了很多在实际应用中非常重要的内容. 结尾章的目的是对这些内容的一部分给出一些更加简短的介绍，从而为感兴趣的同学开启一扇大门. 当然，这一章的所有内容都是拓展，它们都要求我们更深入地思考. 如果有些内容你第一次看不明白，也不要丧气，你可以在参考文献的部分找到更多对内容深入的讲解.

13.1 有限元法

目前，我们已经略过了两个在处理复杂边界条件时越来越重要的

㊀ S. C. Chapra and R. P. Canale (2006), Numerical Methods for Engineers, fifth edition or later McGraw - Hill, New York. 就是这样一本书，它包括了大量的工程实例.

方法：无结构网格和有限元法．无结构网格允许我们自然地处理任意复杂的边界条件，它们常常会和有限元法同时出现，这是因为有限元法给出系统地在无结构网格上离散偏微分方程的方式．反观有限差分法，在无结构网格上的实现方法就不是很清楚了．有限元法不像有限差分法那么明显，而且也更复杂．在有结构的网格上，它们没什么可以补偿复杂程度的优势，而且在数学上，它们和有限差分法在有结构的网格上也是等价的．综上，在有结构的网格上没有什么用有限元法的道理．

有限元法最大的不同是对微分方程近似的构造．我们已经看到，在物理和工程中要解的很多问题都是某种*守恒方程*．它们可以写成微分形式或者积分形式．通常它们推导成积分形式，然后注意到守恒定律在任意区域上都是成立的，这只能表明被积函数本身处处为零，这就是微分形式．有限元法把问题转化为对方程有限表示的加权积分求最小值，所以在某种意义下，这是又回归了积分形式，不过又加上了一组特殊的权重，我们马上会解释它们的来历．

考虑来自扩散现象，和其他若干守恒定律的椭圆型方程：

$$\nabla(D\nabla\psi) + s(\boldsymbol{x}) = 0. \tag{13.1}$$

现在用一个权函数 $w(\boldsymbol{x})$ 乘以式（13.1）两边，经整理后得（对可微的 w）

$$w\nabla(D\nabla\psi) = \nabla(wD\nabla\psi) - D(\nabla w)(\nabla\psi). \tag{13.2}$$

在整个解区间体积 V 上积分（表面积是 ∂V），那么使用高斯定理（散度定理），则得

$$\begin{aligned} 0 &= \int_V [w\nabla(D\nabla\psi) + ws]\,\mathrm{d}^3x \\ &= \int_V [-D(\nabla w)(\nabla\psi) + ws]\,\mathrm{d}^3x + \int_{\partial V} wD\nabla\psi\,\mathrm{d}\boldsymbol{S}. \end{aligned} \tag{13.3}$$

如果 ψ 是原方程的精确解，则这个积分方程就会满足所有可能的权函数 w，我们称这个积分是微分方程的“弱形式”．不过，我们要把 ψ 描述成一个只有离散个参数的泛函．一般来说，

$$\psi(\boldsymbol{x}) = \phi_b + \sum_{k=1}^{N} a_k\psi_k(\boldsymbol{x}). \tag{13.4}$$

其中，ϕ_b满足边界条件，是一个已知的函数，ψ_k是一组离散的函数，a_k是要求的未知系数参数. 于是，离散的ϕ表示只能近似地满足微分方程.

表面∂V上的边界条件非常重要，为了避免麻烦，取狄利克雷条件（给定ψ），通过把ψ表达成要求的部分的和，也就是满足边界条件$\psi=0$的齐次部分，和某个满足非齐次条件，但不是原方程解的已知函数ϕ_b，从而简化了ψ_k，它们在边界处都是零.

式（13.3）最终形式右侧的好处之一是只有因变量ψ的一阶导数. 于是，我们可以允许ψ表达中的不连续的梯度，而不必担心使用二阶导数$\nabla(D\nabla\psi)$时可能出现的无穷. 我们通常仍然要求ψ处处连续以避免$\nabla\psi$中的无穷. 有限元的一般方法是通过调整ψ，要求包含式（13.3）右侧的残差尽可能地接近零，这样最优化的解就是我们要的解.

当然，我们需要至少N个方程来确定所有的系数a_k，这些方程来源于对权函数w的不同选择. 自然地，我们也用有限个参数离散地表达这些不同的权函数w，对w最常见的选择是用和ψ一样的表达. 这个选择是有道理的，因为这时它们的自由度和ψ的自由度差不多，使用比ψ更精细和灵活的w函数表示没有什么太大的帮助. 这个选择，叫做伽辽金法，它还可以给出对称矩阵，而这常常是很占优势的.

把ψ的表达式（13.4）代入积分表达式（13.3），并且用ψ_k作为w，就得到了一组N个方程，可以写成矩阵形式

$$\boldsymbol{Ka}=\boldsymbol{f}. \tag{13.5}$$

其中，$\boldsymbol{a}$是要求的未知系数a_k的列向量，$N\times N$矩阵$\boldsymbol{K}$是对称矩阵，其元素是

$$K_{jk}=\int_V \nabla\psi_j\nabla\psi_k D\mathrm{d}^3x, \tag{13.6}$$

列向量f的系数值是

$$f_j=\int_V[\psi_j s-\nabla\psi_j\nabla\phi_b D]\mathrm{d}^3x. \tag{13.7}$$

在力学中，也就是有限元法成长起来的地方，$\boldsymbol{K}$叫作刚性矩阵，f叫作力向量，$\boldsymbol{a}$是位移向量.

这个讨论给出了原则上积分法把偏微分方程简化成矩阵方程的方法，这样，我们就可以用各种矩阵求逆方法求解. 不过，具体来说，我们需要决定用什么样的函数 ψ_k 作为基函数. 它们都定义在整个区域内，不过如果选择局部化的基函数，也就是仅在一个小区域内非零的函数，那么 $\boldsymbol{K}$ 中非零元素的个数就会大大减小。然后当 j 和 k 代表的函数只在不重叠的局部区域上非零时，它们对应的重叠积分 K_{jk} 就是零。局部基函数的选择有很多，不过如果我们把这些函数想成在网格的节点 x_k 处定义的函数，那么就得到了一个由基函数产生的分段线性函数，这里每个基函数与某个节点对应，在该节点处是一，在相邻节点处是零. 在一维空间中，它们就是“三角形函数”（triangle function）（有时也叫作“帐篷函数”（tent function））. 它们的导数是两极的“箱子函数”（box function），如图 13.1 所示. 这样的函数得到的矩阵 $\boldsymbol{K}$ 是三对角矩阵，就像之前一维有限差分中的矩阵. 用更光滑、更高阶的函数作为元有时候是有好处的，三次埃尔米特函数和三次 B－样条就是两个例子. 它们得到的矩阵没有那么稀疏，一般有七条非零对角线（一维空间）. 它们处理更高阶微分方程的能力弥补了额外的计算和复杂程度带来的不足.

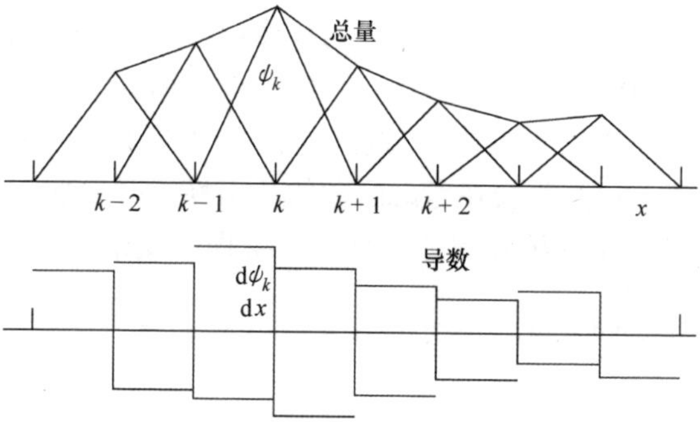

图 13.1 一维中局部化的三角形函数乘以系数然后相加得到分段线性总函数，它们的导数是有正负部分的箱子函数，它们只在相接处重合

在多维空间中，几何变得更加复杂了，不过，用线性分段函数举

例，它们可以向三维空间自然地推广成无结构网格上的四面体. 四面体中的每个点处函数的值取四个角节点处的加权平均，每个角处的权重等于以下的值：把这个角用我们考虑的点替换而得到一个小的四面体，然后用新小四面体的体积除以原四面体的体积，如图 13.2 所示[⊖]. ψ_k 在节点 k 处为 1，然后沿相邻的边，线性地减小到相邻节点处，值为 0. 一个四面体元内的插值公式是

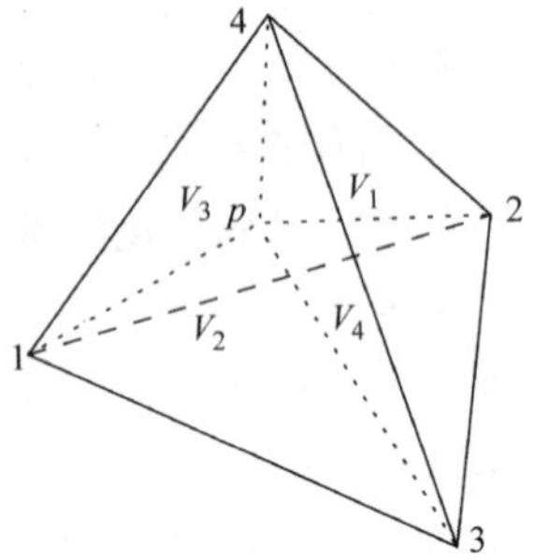

图 13.2 在四面体的线性插值中，从一个点 p 到各个顶点的线段把它分成四个小些的四面体，这四个小四面体的体积相加得到总体积. 顶点 k 的插值权重与相应的体积 V_k 成比例

$$\psi(p) = \sum_{k=1}^{4} V_k a_k / V. \tag{13.8}$$

在所得的矩阵 $\boldsymbol{K}$ 中，j 行的非零重叠积分（元素）是与节点 j 连着的节点 k. 这种相连一般比较少，通常每个节点有大概十个左右，不过具体情况取决于网格的细节. 于是由于 $\boldsymbol{K}$ 非常稀疏，因此通过使用更先进的稀疏距阵技巧，求解时必需的计算量可以大幅减少.

更复杂的网格也是一个选择，我们可以使用其他多面体，例如一般六面体（不是正的立方体）. 此外，我们可以在一个元内对解使用更高阶的插值. 这些都会在考虑问题的几何性质时增加问题的复杂程度（就算不考虑这些额外增加的部分，编程的复杂性也很高）通常，

⊖ 四面体的体积可以用它的四个角的直角坐标（x_k, y_k, z_k）（k = 1, …, 4），写成一个 4×4 行列式

$$V = \frac{1}{6}\begin{vmatrix} 1 & x_1 & y_1 & z_1 \\ 1 & x_2 & y_2 & z_2 \\ 1 & x_3 & y_3 & z_3 \\ 1 & x_4 & y_4 & z_4 \end{vmatrix}.$$

我们用网格生成库或者已有的应用程序构造节点网格和它的连接，然后我们计算重叠积分以构造矩阵 $\boldsymbol{K}$ 和向量 f㊀. 除了开源软件库，很多商用计算软件包也提供了构造网格、积分和方程离散化的功能，它们还常常自带强大的图形用户界面令使用起来更加简便.

13.2 离散傅里叶变换和谱方法

一个定义在有限区间 $0 \leqslant t < T$ 的函数 $f(t)$ 可以由离散频率为 $\omega_n = 2\pi\nu_n = 2\pi n/T$ 的傅里叶级数表达为

$$f(t) = \sum_{n=-\infty}^{\infty} \mathrm{e}^{\mathrm{i}\omega_n t} F_n, \tag{13.9}$$

其中对应整数 n 的傅里叶系数是

$$F_n = \frac{1}{T}\int_0^T \mathrm{e}^{-\mathrm{i}\omega_n t} f(t)\,\mathrm{d}t \tag{13.10}$$

事实上，式（13.9）定义了一个关于 t 的周期函数 $f(t)$，它的周期是 T.

数值表示通常不是连续的，它们是离散的. 假设函数 f 的值只在均匀间隔的点 $t_j = j\Delta t$ 处给出，其中 $j = 0, 1, \cdots, N-1$，$\Delta t = T/N$，记 $f(t_j) = f_j$. 于是，这 N 个离散的值㊁只允许我们算出 N 个傅里叶系数. 直观上，这 N 个系数应该对应（绝对值）频率最低的项，因为我们显然是不能有意义地表达离散网格上高于 $1/\Delta t$ 的频率的. N 个最低的频率满足 $-N/2 < n \leqslant N/2$. 这一观察结果立即改进了在离散网格上表示频率有多高的限定条件. 最高频率㊂是 $|n| = N/2$，于是 $\omega_n = 2\pi\nu_n = 2\pi N/2T = \pi/\Delta t$. 这个上限叫作奈奎斯特频率.

㊀ 这些重要的细节在专门讨论有限元法的书中给出，比如 T. J. R. Hughes（1987），The Finite Flement Method，Prentice Hall，Englewood Cliffs，NJ. 有关的数学背景见 G. Strang and G. J. Fix（1973，2008），An Analysis of the Finite Element Method Reissued by Wellesley - Cambridge，Wellesley，Press，MA.

㊁ 由于 f 是周期函数.

㊂ 如果 N 是奇数，那么最高频率显然是 $(N-1)/2$，但是我们不会再继续重复了.

先不考虑严谨性，我们决定用狄拉克 δ 函数的和 $f(t) \approx \sum_j \Delta t f_j \delta(t - t_j)$ 近似 f（这个形式大致给出正确的积分），那么 F_n［式(13.10)］的积分可以写成如下的和[㊀]：

$$F_n = \frac{1}{T}\int_{0-\varepsilon}^{T-\varepsilon} e^{-i\omega_n t} f(t)\,dt \approx \frac{1}{T}\sum_{i=0}^{N-1} e^{-i\omega_n t_j} f_j \Delta t = \frac{1}{N}\sum_{j=0}^{N-1} e^{-i2\pi nj/N} f_j. \tag{13.11}$$

注意，F_n最后的表达式是以 N 为周期的周期函数；也就是 $F_{n+N} = F_n$. 所以为方便起见，重新对下标进行排序，把每个负 n 用正值 $n+N$ 取代，这时 n 的值取0到 $N-1$. 不过，这个频率范围的上半部分其实是负频率. 刚好，F_n的周期性表明 F_n可以代表任意频率 $\nu = (n+kN)/T$，其中 k 是整数. 这是因为对连续函数 $e^{i2\pi(n+kN)t/T}$ 在 $t = j\Delta t = jT/N$ 的取样与 k 无关. 所以，离散取样的连续信号中比奈奎斯特频率 $\nu = N/2T$ 高的频率都被移到奈奎斯特范围内，并且以更低频率绝对值的形式出现在取样表示中，这种现象叫作混叠（Aliasing).

离散**傅里叶变换**和它的逆变换分别是

$$f_j = \sum_{n=0}^{N-1} e^{i2\pi nj/N} F_n ; F_n = \frac{1}{N}\sum_{j=0}^{N-1} e^{-i2\pi nj/N} f_j. \tag{13.12}$$

把 F_n代入f_j，就得到形如 $\sum_n e^{i2\pi nj/N} e^{-i2\pi nj'/N}$ 的系数. 当 $j \neq j'$时，系数是零，当 $j = j'$时，系数是 N. 所以，这两个方程是精确的，而且我们可以从一开始就把它们作为定义. 离散傅里叶变换不需要被想成是连续变换的近似，不过意识到它们和傅里叶级数都是对连续函数的表达还是很有用的.

当然，我们并不真的对包含许多 δ 函数的量感兴趣. 如果不乘以 Δt，对 $\sum_j f_j \delta(t - t_j)$ 和三角形函数做卷积，这些三角形函数在 $t=0$ 处是1，然后线性地减小到在 $t = \pm\Delta t$ 处为0，这样就重构了一个在 t_j处值为f_j的分段线性函数，这和我们要研究的函数接近多了.

两个函数卷积的傅里叶变换是它们傅里叶变换的积，即

㊀ ε 是一个对尾部节点的小调节，这样我们可以避免 δ 函数.

$$\int_0^T e^{-\omega_n t}\int_0^T f(t')g(t-t')\,dt'dt = \int_0^T e^{-\omega_n t'}f(t')\,dt'\int_0^T e^{-\omega_n t''}g(t'')\,dt''. \tag{13.13}$$

所以，f 的分段线性表达的傅里叶系数 F_n 就是式（13.12）的形式乘以三角形函数缩放的傅里叶变换，也就是

$$K_n = \int_{-\Delta t}^{\Delta t} e^{-i\omega_n t}(1-|t|/\Delta t)\,dt/\Delta t = \frac{\sin^2(\omega_n \Delta t/2)}{(\omega_n \Delta t/2)^2}. \tag{13.14}$$

所以处理连续函数并且使用式（13.9）的逆变换时，我们大概应该过滤信号频率. 用正弦 - 方形函数 $K_n = \sin^2(z_n)/z_n^2$ 相乘等价于做分段线性插值，其中 $z_n = \omega_n \Delta t/2$. 在最高的绝对值频率 $\omega_{N/2}$，过滤器首次达到零值，其中 $\omega_n \Delta t/2 = \pi N \Delta T/T = \pi$. 它适度地限制了信号的频率带宽.

我们发现，计算离散傅里叶变换（连续地把区间对半分）比根据式（13.12）中的加和，计算 $N \times N$ 个乘法快多了，这种把计算减少到 $N\ln N$ 个乘积的算法叫作快速傅里叶变换[⊖]. 自然地，它们在谱分析和滤波中非常重要. 不太明显的是，它们在求解偏微分方程时也非常强大. 我们可以用有限个傅里叶系数表示某个解，而不一定用有限个离散点的值.

谱表示对由于对称性而可以忽略某个坐标方向的线性问题最为有效. 这种情况下，每个傅里叶项都与其他项无关，进一步地，傅里叶项是问题（在对称方向）的特征模. 作为结果，有时候只需要包括很少几项傅里叶项，甚至只有一项，就可以表示解. 在应用中，这就把问题的维度降低了，从而带来了很多计算上的优势. 方程可以通过对称方向的傅里叶项和其他方向的有限差分来解. 对像这样的可分线性方程，我们其实没必要要求傅里叶变换要快，因为只有在求出傅里叶项的解之后才需要对空间解进行重构.

不过，如果要解的方程是非线性的，或者对称性只是近似的，那么不用的傅里叶项就是耦合的. 于是我们就需要很多的项，而且计算优势也不明显. 尽管如此，有时候用谱表示还是会有一定的好处，尤

⊖ 详细的讨论见《Numerical Recipes》，第 12 章. 有很多开源的实现程序.

其是当傅里叶变换比较快的时候，我们下面就来解释这些好处.

假设有一个偏微分方程并且想要用傅里叶展开表示它的 x 坐标方向. 它其他坐标方向的表示和微分与这个问题无关. 考虑一个包括因变量的线性形式$\mathcal{L}(u)$ 和平方形式$\mathcal{M}(u)\mathcal{N}(u)$的方程，于是

$$\mathcal{L}(u)+\mathcal{M}(u)\mathcal{N}(u)=s(x). \tag{13.15}$$

其中，$\mathcal{L}$，$\mathcal{M}$，$\mathcal{N}$是线性 x - 微分算子，例如$\mathcal{L}(u)=\frac{\partial u}{\partial x}+gu$. 我们用 N 个傅里叶项的和 $u=\sum_{n=1}^{N}\mathrm{e}^{ik_nx}U_n$ 来表示 u，对一个长为 X 的 x - 区间，$k_n=2\pi n/X$. 把傅里叶项代入线性算子得到一个代数乘子. 例如，$\left(\frac{\partial}{\partial x}+g\right)\mathrm{e}^{ik_nx}=(ik+g)\mathrm{e}^{ik_nx}$，所以$\mathcal{L}(u)=\sum_n L_n\mathrm{e}^{ik_nx}$，其中 L_n来自于$\mathcal{L}$的 k_n项. U_n可以由原方程的傅里叶变换得到

$$\frac{1}{X}\int_0^X[\mathcal{L}(u)+\mathcal{M}(u)\mathcal{N}(u)]\mathrm{e}^{-\mathrm{i}k_mx}\mathrm{d}x=S_m. \tag{13.16}$$

代入 u 的傅里叶展开，利用傅里叶项的正交性 $\int_0^X\mathrm{e}^{\mathrm{i}k_nx}\mathrm{e}^{-\mathrm{i}k_mx}\mathrm{d}x/X=\delta_{mn}$ 得到

$$L_mU_m\mathrm{e}^{\mathrm{i}k_mx}+\sum_{l+n=m}M_lU_l\mathrm{e}^{\mathrm{i}k_lx}N_nU_n\mathrm{e}^{\mathrm{i}k_nx}=S_m. \tag{13.17}$$

从平方项中产生的和把各个项的方程耦合起来. 如果它们不存在，这些方程就是不耦合的. 耦合项有卷积的形式. 直接求和要求我们平均对每个方程 m 算 $N/2$ 项，也就是每步总共算 $2N^2$ 个乘法计算（每项有四个乘法计算）. 一般来说，非线性方程必须由迭代法求解非线性项，另外一个办法是在每步计算非线性项，然后变换到 x - 空间，在 x - 空间做乘积$\mathcal{M}(u)\mathcal{N}(u)$，然后再对乘积做 FFT 而得到傅里叶项等式的和（13.17）. 计算算子$\mathcal{M}$，$\mathcal{N}$需要一些乘积，假设是 p 步，那么 N 个 U 所需要的总乘法数就是 Np. 这两个 FFT 过程总共只需要 $2N\ln N$ 次计算. 于是这个算法的总计算数是 $N(2\ln N+p)$. 那么，用 FFT 的方法就把计算成本从 $2N^2$ 降低到了 $N(2\ln N+p)$.

有时候混叠也会带来一些额外的问题，但是 FFT 方法毫无疑问在很多应用中都非常有效。

13.3 稀疏矩阵迭代 Krylov 解

我们在第 6 章看到，迭代法解线性问题是绝大多数边值问题的中心，而我们在接触到这个领域当代最重大的发展之间就停了下来，这些重大发展与 Krylov 这个名字密切相关. 这里，我们只给出最简洁的介绍. 请读者通过自行阅读相关教科书得到更深刻的理解. 首先，这个名字表示通过反复乘同一个矩阵得到的向量空间的子空间. k 维的 Krylov 子空间$\mathcal{K}_k$（$\boldsymbol{A}$，$\boldsymbol{b}$）由矩阵 $\boldsymbol{A}$ 和一个初始向量 $\boldsymbol{b}$ 生成，它包括所有形如 $\boldsymbol{A}^j\boldsymbol{b}$，$j=0$，1，…，$k-1$ 的向量的线性组合，$\boldsymbol{A}^j$ 表示对单位矩阵 $\boldsymbol{I}$ 以 $\boldsymbol{A}$ 矩阵相乘 j 次.

这个子空间的重要性在于，它把某个迭代算法中所有可能用到的 $\boldsymbol{A}$ 与向量的乘积，以及它们的线性组合都包括在内. 与稀疏矩阵相乘，比与满阵相乘，或对稀疏矩阵求逆用到的计算少多了. 所以，只用到稀疏矩阵乘法的迭代解方法应该是很快的. 事实上，矩阵本身可能并不需要被具体地构造出来，我们只需要一个乘它的算法. 我们考虑如何构给定 $\boldsymbol{b}$，在

$$\boldsymbol{A}\boldsymbol{x} = \boldsymbol{b} \tag{13.18}$$

中求解 $\boldsymbol{x}$ 的迭代算法. 经过 k 次迭代之后，我们得到了向量 x_k，我们希望它几乎就是要求的解. 它还不是解的程度就是残差 $\boldsymbol{r}_k \equiv (\boldsymbol{b} - \boldsymbol{A}\boldsymbol{x}_k)$ 不是零的程度. 如果矩阵 $\boldsymbol{A}$ 与单位矩阵相差不大，那么求下一个迭代向量 $\boldsymbol{x}_{k+1}$ 的直观算法是在 $\boldsymbol{x}_k$ 上加上残差 $\boldsymbol{r}_k$ 得到 $\boldsymbol{x}_{k+1} = \boldsymbol{x}_k + \boldsymbol{r}_k$. 在实际应用中，最好还是用一个类似 $\boldsymbol{r}_k$ 的增量 $\boldsymbol{p}_k$，不过它与前一步的增量是“共轭”的（我们马上解释它的意义），而且乘以一个系数 α_k 来最小化所得的残差 $\boldsymbol{r}_{k+1}$. 于是有 $\boldsymbol{r}_{k+1} = \boldsymbol{x}_k + \alpha_k\boldsymbol{p}_k$，也就是

$$\boldsymbol{r}_{k+1} = \boldsymbol{r}_k - \alpha_k\boldsymbol{A}\boldsymbol{p}_k. \tag{13.19}$$

不同的算法选择不用的 $\boldsymbol{p}_k$ 和 α_k，我们选择搜索方向 $\boldsymbol{p}_k$

$$\boldsymbol{p}_k = \boldsymbol{P}\boldsymbol{r}_k + \sum_{j=0}^{k-1}\beta_{kj}\boldsymbol{p}_j. \tag{13.20}$$

其中 $\boldsymbol{P}$ 是一个可选择的矩阵，不选时（和用单位矩阵等价）是最简单

的情况. 选择系数 β_{kj} 使得我们马上要定义的共轭条件满足［式(13.23)］.

如果从初始向量 x_0 出发，那么（不失一般性[一]）$\boldsymbol{r}_0=\boldsymbol{b}$，每个迭代产生的 $\boldsymbol{Pr}_k$ 和 $\boldsymbol{p}_k$ 包括类似 $(\boldsymbol{PA})^j\boldsymbol{Pb}$ 项的和，其中 $0\leqslant j<k$. 换句话说，它们是 Krylov 子空间 $\mathcal{K}_k$（$\boldsymbol{PA}$，$\boldsymbol{Pb}$）中的向量. 一般来说，"Krylov" 技巧的描述适用于所有使用这种重复相乘技巧的过程[二].

假设对残差的最小化是在最小化二次型 $\boldsymbol{r}_{k+1}^{\mathrm{T}}\boldsymbol{Rr}_{k+1}$ 的意义下，其中 $\boldsymbol{R}$ 是一个之后选定的对称矩阵. 把这个形式对 α_k 的微分设为零得到

$$(\boldsymbol{Ap}_k)^{\mathrm{T}}\boldsymbol{R}(\boldsymbol{r}_k-\alpha_k\boldsymbol{Ap}_k)=\boldsymbol{p}_k^{\mathrm{T}}\boldsymbol{A}^{\mathrm{T}}\boldsymbol{Rr}_{k+1}=0, \tag{13.21}$$

它的解是

$$\alpha_k=\boldsymbol{p}_k^{\mathrm{T}}\boldsymbol{A}^{\mathrm{T}}\boldsymbol{Rr}_k/\boldsymbol{p}_k^{\mathrm{T}}\boldsymbol{A}^{\mathrm{T}}\boldsymbol{RAp}_k. \tag{13.22}$$

而且我们得到了新的与搜寻方向正交［在式（13.21）的意义下 $\boldsymbol{p}_k^{\mathrm{T}}\boldsymbol{A}^{\mathrm{T}}\boldsymbol{Rr}_{k+1}=0$］的残差 $\boldsymbol{r}_{k+1}$. 搜寻方向的共轭条件是

$$\boldsymbol{p}_j^{\mathrm{T}}\boldsymbol{A}^{\mathrm{T}}\boldsymbol{RAp}_k=0, j\neq k, \tag{13.23}$$

这要求[三]［代入式（3.20）］

$$\beta_{kj}=-\boldsymbol{p}_j^{\mathrm{T}}\boldsymbol{A}^{\mathrm{T}}\boldsymbol{RAPr}_k/\boldsymbol{p}_j^{\mathrm{T}}\boldsymbol{A}^{\mathrm{T}}\boldsymbol{RAp}_j. \tag{13.24}$$

残差最小化过程产生了一系列相互正交的残差和搜寻方向，我们可以用它们向前推进. 第一个性质是相互正交性，也就是

$$\boldsymbol{p}_j^{\mathrm{T}}\boldsymbol{A}^{\mathrm{T}}\boldsymbol{Rr}_k=0 \quad j<k. \tag{13.25}$$

这可以由归纳法得出，假设条件对所有小于 k 的情况都成立. 先用 $\boldsymbol{p}_j\boldsymbol{A}^{\mathrm{T}}\boldsymbol{R}$ 乘式（13.19）得到

$$\boldsymbol{p}_j^{\mathrm{T}}\boldsymbol{A}^{\mathrm{T}}\boldsymbol{Rr}_{k+1}=\boldsymbol{p}_j\boldsymbol{A}^{\mathrm{T}}\boldsymbol{Rr}_k-\alpha_k\boldsymbol{p}_j\boldsymbol{A}^{\mathrm{T}}\boldsymbol{RAp}_k. \tag{13.26}$$

[一] 我们可以减去一个非零的向量 $\boldsymbol{x}_0$，然后把方程通过 $\boldsymbol{x}'=\boldsymbol{x}-bx_0$ 表达.

[二] 我们用到的推导来源于 C. P. Jackson and P. C. Robinson（1985）A numerical study of various algorithms related to the preconditioned conjugate gradient method, *International Journal for Numerical Methods in Engineering*, 21, 1315 - 1338, and G. Markham (1990), Conjugate gradient type methods for indefinite, asymmetric and complex systems, *IMA Journal of Numerical Analysis*, 10, 155 - 170。

[三] 这是一种格拉姆 - 施密特造基法.

对 $j<k$，右侧第一项由归纳假设是零，第二项由共轭条件式（13.23）也是零. 如果 $j=k$，由式（13.21）得式（13.26）左侧为零. 所以，相互正交性对 $k+1$ 也成立，所以对所有 k 都成立.

第二个性质是残差正交性，这可由相互正交性得出. 由于 $\boldsymbol{p}_j$ 和 $\boldsymbol{P}\boldsymbol{r}_j$（$j<k$）张成同一个 Krylov 子空间，一个向量对它们中的一组正交说明对所有其他组也正交. 于是，可以在式（13.25）中用 $\boldsymbol{P}\boldsymbol{r}_j$ 代替 $\boldsymbol{p}_j$ 得到

$$(\boldsymbol{P}\boldsymbol{r}_j)^{\mathrm{T}}\boldsymbol{A}^{\mathrm{T}}\boldsymbol{R}\boldsymbol{r}_k = \boldsymbol{r}_k^{\mathrm{T}}\boldsymbol{R}^{\mathrm{T}}\boldsymbol{A}\boldsymbol{P}\boldsymbol{r}_j = 0, \quad j<k. \tag{13.27}$$

最后一个性质由对式（13.20）乘 $\boldsymbol{r}_k^{\mathrm{T}}\boldsymbol{R}^{\mathrm{T}}\boldsymbol{A}$ 得到，它表明对 $\boldsymbol{r}_k$ 和 $\boldsymbol{p}_k$ 或 $\boldsymbol{P}\boldsymbol{r}_k$ 的非零内积相等，即

$$\boldsymbol{r}_k^{\mathrm{T}}\boldsymbol{R}^{\mathrm{T}}\boldsymbol{A}\boldsymbol{p}_k = \boldsymbol{r}_k^{\mathrm{T}}\boldsymbol{R}^{\mathrm{T}}\boldsymbol{A}\boldsymbol{P}\boldsymbol{r}_k. \tag{13.28}$$

第一个部分就是式（13.22）中 α_k 的分母.

残差正交性允许我们表达一个类似 β_{kj} 分母的条件. 我们先用式（13.19）的以 j 作为下标的版本与 $\boldsymbol{r}_k^{\mathrm{T}}\boldsymbol{R}^{\mathrm{T}}\boldsymbol{A}\boldsymbol{P}$ 相乘得到（$j<k$）

$$\boldsymbol{r}_k^{\mathrm{T}}\boldsymbol{R}^{\mathrm{T}}\boldsymbol{A}\boldsymbol{P}\boldsymbol{r}_{j+1} = \boldsymbol{r}_k^{\mathrm{T}}\boldsymbol{R}^{\mathrm{T}}\boldsymbol{A}\boldsymbol{P}\boldsymbol{r}_j - \alpha_j\boldsymbol{r}_k^{\mathrm{T}}\boldsymbol{R}^{\mathrm{T}}\boldsymbol{A}\boldsymbol{P}\boldsymbol{A}\boldsymbol{p}_j, \tag{13.29}$$

由残差正交性，右侧第一项为零. 左侧由残差正交性，除了 $j=k-1$ 项之外全为零. 于是，除了 $j=k-1$ 之外，所有组合 $\boldsymbol{r}_k^{\mathrm{T}}\boldsymbol{R}^{\mathrm{T}}\boldsymbol{A}\boldsymbol{P}\boldsymbol{A}\boldsymbol{p}_j = \boldsymbol{p}_j^{\mathrm{T}}\boldsymbol{A}^{\mathrm{T}}\boldsymbol{P}^{\mathrm{T}}\boldsymbol{A}^{\mathrm{T}}\boldsymbol{R}\boldsymbol{r}_k$ 都为零. 最后的形式等于 β_{kj} 的分母，只要它满足如下两个条件：

（1）$\boldsymbol{P}$ 和 $\boldsymbol{A}$ 是对称矩阵；

（2）（$\boldsymbol{AP}$）和（$\boldsymbol{AR}$）可交换.

这些条件足以保证只有一个 β_{kj}，也就是 $\beta_{k,k-1}$ 非零. 它可以改写成

$$\beta_{k,k-1} = \boldsymbol{r}_k^{\mathrm{T}}\boldsymbol{R}^{\mathrm{T}}\boldsymbol{A}\boldsymbol{P}\boldsymbol{r}_k / \boldsymbol{r}_{k-1}^{\mathrm{T}}\boldsymbol{R}^{\mathrm{T}}\boldsymbol{A}\boldsymbol{P}\boldsymbol{r}_{k-1}, \tag{13.30}$$

而且 α_k 也可以改写成

$$\alpha_k = \boldsymbol{r}_k^{\mathrm{T}}\boldsymbol{R}^{\mathrm{T}}\boldsymbol{A}\boldsymbol{P}\boldsymbol{r}_k / \boldsymbol{p}_k^{\mathrm{T}}\boldsymbol{A}^{\mathrm{T}}\boldsymbol{R}\boldsymbol{A}\boldsymbol{p}_k. \tag{13.31}$$

只有一个非零的系数 β 有个很大的好处，我们叫它“当前性质”（currency - property）. 它是指迭代时只需要当前的残差和搜寻方向向量，而不是之前所有从零开始的所有向量. 在大的问题中，向量很长，保存所有向量需要很多存储空间和计算量.

在推导了一般二次型的选择 $\boldsymbol{R}$ 和 $\boldsymbol{P}$ 之后，我们可以考虑若干种其他流行的迭代算法㊀，它们的不同之处在于 $\boldsymbol{R}$ 和 $\boldsymbol{P}$ 的选择.

共轭梯度法取 $\boldsymbol{R}=\boldsymbol{A}^{-1}\boldsymbol{P}=\boldsymbol{I}$. $\boldsymbol{A}$ 的逆矩阵不需要计算，因为 $\boldsymbol{R}$（等于 $\boldsymbol{R}^{\mathrm{T}}$）总是与 $\boldsymbol{A}$ 相乘出现的. 于是共轭性就是 $\boldsymbol{p}_j^{\mathrm{T}}\boldsymbol{A}\boldsymbol{p}_k=0$，正交性是 $\boldsymbol{r}_j^{\mathrm{T}}\boldsymbol{r}_k=0$，为保证算法的可行性，我们要求 $\boldsymbol{A}$ 是对称的.

另一个算法叫作**最小残差法**，取 $\boldsymbol{R}=\boldsymbol{I}$ 和 $\boldsymbol{P}=\boldsymbol{I}$，$\alpha$ 的选择使 $\boldsymbol{r}_{k+1}^{\mathrm{T}}\boldsymbol{r}_{k+1}$ 最小，而且共轭性是 $\boldsymbol{p}_j\boldsymbol{A}^{\mathrm{T}}\boldsymbol{A}\boldsymbol{p}_k$，相互正交性是 $\boldsymbol{p}^{\mathrm{T}}\boldsymbol{A}^{\mathrm{T}}\boldsymbol{r}_k=0$. 这个算法又一次满足只有 $\beta_{k,k-1}$ 非零的条件，只要 $\boldsymbol{A}$ 对称，这样，它就和共轭梯度法非常类似了.

如果 $\boldsymbol{A}$ 不是对称的，那么我们希望当前性质还保留着，这允许我们只保留当前的向量，而我们必须使用一个复合矩阵 $\boldsymbol{A}_c$ 对称的复合算法. 通常，最好的办法是用**双共轭梯度法**，其中迭代应用于复合向量 $\boldsymbol{x}_c=\begin{pmatrix}\bar{\boldsymbol{x}}\\ \boldsymbol{x}\end{pmatrix}$，$\boldsymbol{p}_c=\begin{pmatrix}\bar{\boldsymbol{p}}\\ \boldsymbol{p}\end{pmatrix}$，$\boldsymbol{r}_c=\begin{pmatrix}\boldsymbol{r}\\ \bar{\boldsymbol{r}}\end{pmatrix}$，以及 $\boldsymbol{A}_c=\begin{pmatrix}\boldsymbol{0} & \boldsymbol{A}\\ \boldsymbol{A}^{\mathrm{T}} & \boldsymbol{0}\end{pmatrix}$，$\boldsymbol{R}_c=\boldsymbol{A}_c^{-1}$，$\boldsymbol{P}_c=\begin{pmatrix}\boldsymbol{0} & \boldsymbol{I}\\ \boldsymbol{I} & \boldsymbol{0}\end{pmatrix}$. 既然 $\boldsymbol{A}_c\boldsymbol{R}_c=\boldsymbol{I}_c$，则可交换性满足. 这个算法和共轭梯度法相比的额外成本来源于它两倍长的向量㊁，和既能用 $\boldsymbol{A}^{\mathrm{T}}$ 相乘，又能用 $\boldsymbol{A}$

㊀ 对迭代算法全面而简洁的介绍请看 R. Barrett，M. Berry，T. F. Chan，et al.（1994）Templates for the Solutions of Linear Systems：Building Blocks for Iterative Methods，second edition，SIAM，Philadelphia，读者也可以打开链接：http：//www. netlib. org/linalg/html_ templates/report. html. 实现 Krylov 算法的开源库到处都是. 其中比较全面的一个是“SLATEC”，在 http：//www. netlib. org/slatec/.

㊁ 双共轭梯度法的迭代用到两个残差和两个搜寻方向向量，每步要求乘 $\boldsymbol{A}^{\mathrm{T}}$ 和 $\boldsymbol{A}$ 各一次：

（1）初始化：选择 $\boldsymbol{x}_0$，$\boldsymbol{r}_0=\boldsymbol{b}-\boldsymbol{A}\boldsymbol{x}_0$，$\boldsymbol{p}_0=\boldsymbol{r}_0$，选择 $\bar{\boldsymbol{r}}_0$，$\bar{\boldsymbol{p}}_0=\bar{\boldsymbol{r}}_0$，令 $k=1$；

（2）计算 α：$\alpha_{k-1}=\boldsymbol{r}_{k-1}^{\mathrm{T}}\bar{\boldsymbol{r}}_{k-1}/\boldsymbol{p}_{k-1}^{\mathrm{T}}\boldsymbol{A}\bar{\boldsymbol{p}}_{k-1}$；

（3）更新 $\boldsymbol{r}_s$，$\boldsymbol{x}$：$\boldsymbol{r}_k=\boldsymbol{r}_{k-1}-\alpha_{k-1}\boldsymbol{A}\boldsymbol{p}_{k-1}$，$\bar{\boldsymbol{r}}_k=\bar{\boldsymbol{r}}_{k-1}-\alpha_{k-1}\boldsymbol{A}^{\mathrm{T}}\bar{\boldsymbol{p}}_{k-1}$，$\boldsymbol{x}_k=\boldsymbol{x}_{k-1}-\alpha_{k-1}\boldsymbol{A}\boldsymbol{p}_{k-1}$；

（4）计算 β：$\beta_{k,k-1}=\bar{\boldsymbol{r}}_k^{\mathrm{T}}\boldsymbol{r}_k/\bar{\boldsymbol{r}}_{k-1}^{\mathrm{T}}\boldsymbol{r}_{k-1}$；

（5）更新 $\boldsymbol{p}_s$：$\boldsymbol{p}_k=\boldsymbol{r}_k-\beta_{k,k-1}\boldsymbol{p}_{k-1}$ 和 $\bar{\boldsymbol{p}}_k=\bar{\boldsymbol{r}}_k-\beta_{k,k-1}\bar{\boldsymbol{p}}_{k-1}$；

（6）是否收敛？如果不收敛，增加 k，从第二步开始重复.

共轭梯度法是一样的，只不过加横线的量不予计算，用不加横线的量取代它们.

相乘的要求. 一般来说，它要比其他对称化的方法更有效，比如写成 $\boldsymbol{A}^{\mathrm{T}}\boldsymbol{A}\boldsymbol{x}=\boldsymbol{A}^{\mathrm{T}}\boldsymbol{b}$，尽管 $\boldsymbol{A}^{\mathrm{T}}\boldsymbol{A}$ 保留了稀疏性. 双共轭梯度法本质上和原矩阵有相同的特征向量，但是 $\boldsymbol{A}^{\mathrm{T}}\boldsymbol{A}$ 使特征值平方.

可惜，同样的矩阵对称化方法不适用于最小残差算法，因为可交换性质不再成立. 对非对称矩阵，我们需要用**广义最小残差法**(GMRES). ㊀它不对称化矩阵，也不具备当前性质. 所以为了使用共轭性，它需要存储若干之前步骤的向量，所以也需要更多的存储空间. 为了限制存储要求的增长，它需要隔几步就重新启动，这种迭代常常以它的发明者 Arnoldi 命名，所以 GMRES 是一个“重启 Arnoldi”法. 它给出一个相对复杂但是可靠的算法.

一组在有 N 个网格点的大区域上的非线性微分方程本身不仅仅是一个线性系统的解. 假设整个区域上的方程可以写成

$$\boldsymbol{f}(\boldsymbol{v}) = 0. \tag{13.32}$$

其中 $\boldsymbol{f}$ 是一个向量函数，它的 N 个分量（例如）代表所有网格点要满足的有限差分方程，$\boldsymbol{v}$代表 N 个要求的未知量（通常是网格点处的值），这种系统最有特点的解是多维牛顿法. 定义 f 的雅可比矩阵是如下的 $N\times N$ 方阵

$$J(\boldsymbol{v}) = \frac{\partial \boldsymbol{f}}{\partial \boldsymbol{v}}. \tag{13.33}$$

那么牛顿法就是一系列如下形式的迭代：

$$\boldsymbol{J}\delta\boldsymbol{v} = -\boldsymbol{f}(\boldsymbol{v}). \tag{13.34}$$

其中 $\delta\boldsymbol{v}$是牛顿法中从一步到下一步的变化，$\boldsymbol{J}$ 在当前$\boldsymbol{v}$处求值. 问题是要如何求得 $\delta\boldsymbol{v}$? 现在，牛顿法的每一步都是线性问题了，所以我们讨论的方法可以用在这里. 对从微分方程中得到的大稀疏矩阵，我们想要对每个解 $\delta\boldsymbol{v}$采用迭代算法，所以我们处理的就是一个等级较低的迭代（对迭代解的牛顿迭代）. 如果解 $\delta\boldsymbol{v}$时用了 Krylov 迭代技巧，那么只需要用雅可比矩阵相乘. 我们其实不需要具体地构造它，$\boldsymbol{v}$附近的任何向量 $\boldsymbol{u}$ 与雅可比矩阵相乘时可以近似地计算为

㊀ 比如，S. Jardin（2010）Computational Methods for Plasma Physics，CRC Press，Boca Raton，FL，3.7.2 节给出了一个简洁的数学描述.

$$\boldsymbol{Ju} \approx [-\boldsymbol{f}(\boldsymbol{v}+\varepsilon\boldsymbol{u})-\boldsymbol{f}(\boldsymbol{v})]/\varepsilon. \tag{13.35}$$

其中 ε 是一个合适的小参数. 于是，与其计算并且存储大雅可比矩阵，用向量与之相乘时，我们只需要对函数 $\boldsymbol{f}$ 在两个附近的 $\boldsymbol{v}$ 处求值，而它们被与 $\boldsymbol{u}$ 成正比的向量相隔. 这个方法叫作“无雅可比牛顿 Krylov”算法.

在这节的开头，迭代解由 $\boldsymbol{A}$ 和单位矩阵相差不远这个假设来推动，所以更新的矩阵自然是 $\boldsymbol{r}$. 任何 Krylov 迭代法，都是矩阵越接近 $\boldsymbol{I}$ 它的收敛速度越快㊀. 所以花力气转化系统使得 $\boldsymbol{A}$ 更接近单位矩阵是值得的，这个过程叫做预处理. 它包括寻找一个改良的等价方程的解

$$\boldsymbol{C}^{-1}\boldsymbol{Ax} = \boldsymbol{C}^{-1}\boldsymbol{b}. \tag{13.36}$$

其中 $\boldsymbol{C}$ 很容易求逆并且“与 $\boldsymbol{C}$ 相似”，也就是 $\boldsymbol{C}^{-1}$ 可以很好地近似 $\boldsymbol{A}$ 的逆. 其实，一般情况下，处理方法已经包括了预处理的可能性. 矩阵 $\boldsymbol{P}$ 刚好就是 $\boldsymbol{C}^{-1}$，我们不直接乘以 $\boldsymbol{C}^{-1}$，甚至都不会构造它的具体形式. 相反，通过找到预处理的残差 $\boldsymbol{z}$ 我们把预处理镶嵌在迭代解中，这个预处理残差形式上等于 $\boldsymbol{Pr}$，但是在实际中我们用 $\boldsymbol{Cz}=\boldsymbol{r}$ 的解. 于是，组合起来的迭代算法就是：

(1) 更新残差 $\boldsymbol{r}(=\boldsymbol{b}-\boldsymbol{Ax})$，通过 $\boldsymbol{r}_k=\boldsymbol{r}_{k-1}-\alpha_{k-1}\boldsymbol{Ap}_{k-1}$；

(2) 解系统 $\boldsymbol{Cz}_k=\boldsymbol{r}_k$ 来求预处理残差 $\boldsymbol{z}_k$；

(3) 用 $\boldsymbol{z}_k$，通过 $\boldsymbol{p}_k=\boldsymbol{z}_k-\beta_{k,k-1}\boldsymbol{p}_{k-1}$ 更新搜寻方向.

(4) 增加 k，从第一步重复以上过程.

我们已经见过了预处理因子，在双共轭梯度算法中，形式上它就是复合矩阵 $\boldsymbol{C}_c=\boldsymbol{P}_c^{-1}=\begin{pmatrix}\boldsymbol{0} & \boldsymbol{I}\\ \boldsymbol{I} & \boldsymbol{0}\end{pmatrix}$. 这个矩阵使 $\boldsymbol{C}_c^{-1}\boldsymbol{A}_c=\begin{pmatrix}\boldsymbol{A} & \boldsymbol{0}\\ \boldsymbol{0} & \boldsymbol{A}^{\mathrm{T}}\end{pmatrix}$，所得

㊀ 对不同的特征值，收敛到给定的精确度所需要的迭代步骤大概与矩阵的条件数成正比. 条件数是最大特征值和最小特征值的比. 对单位矩阵，它是1，因为所有的特征值都是1. 对代表各向同性有限差分拉普拉斯的矩阵，特征值是空间傅里叶模的波数平方. 于是条件数就是各维网格数平方的和. 迭代所需的总数于是就与网格数最大的维度成正比. 这和逐次超松弛迭代法（SOR）的要求一样. 找到 SOR 的最优松弛参数对立方体上的直角网格相对简单. 于是，没有预处理的 Krylov 算法对有限差分方程在简单的区域内没有比 SOR 快很多，Krylov 算法在矩阵更复杂而且不能最优化 SOR 时自然会出现，比如在无结构网格上用有限元法时.

的结果跟 $\boldsymbol{A}_c$ 相比更接近 $\boldsymbol{I}$，而且跟 $\boldsymbol{I}$ 比和 $\boldsymbol{A}_c$ 一样接近. 这就是双共轭梯度法和原来的不对称矩阵 $\boldsymbol{A}$ 的条件数相同的原因. 我们甚至能做得更好，令 $\boldsymbol{C}_c = \begin{pmatrix} \boldsymbol{0} & \boldsymbol{C} \\ \boldsymbol{C}^{\mathrm{T}} & \boldsymbol{0} \end{pmatrix}$，那么有 $\boldsymbol{C}_c^{-1}\boldsymbol{A}_c = \begin{pmatrix} \boldsymbol{C}^{-1}\boldsymbol{A} & \boldsymbol{0} \\ \boldsymbol{0} & (\boldsymbol{C}^{\mathrm{T}})^{-1}\boldsymbol{A}^{\mathrm{T}} \end{pmatrix}$. 其中 $\boldsymbol{C}$ 是额外的预处理因子，我们选它作为 $\boldsymbol{A}$ 的容易求逆的近似.

Krylov 算法还有很多其他可能的预处理因子. 预处理的第 2 步甚至可能本身也包括了需要若干步的迭代矩阵解法，例如求 $\boldsymbol{A}$ 的 SOR 近似逆. 那么从某种意义上来说，预处理把两种矩阵近似求解方法揉在一起，从而得到两种方法的长处. 为了保留当前性质并且避免存储之前的残差，我们必须考虑可交换性和对称性的要求. 共轭梯度法取 $\boldsymbol{AR} = \boldsymbol{I}$，所以总是可交换的. 其他唯一的要求是预处理矩阵（和 $\boldsymbol{A}$）是对称的，所以 $\boldsymbol{P} = \boldsymbol{C}^{-1}$是对称的（要求 $\boldsymbol{C}$ 是对称的）. GMRES 算法不具备当前性质，所以它不需要用对称预处理.

至少，任何 Krylov 系统都应该是雅可比预处理过的. 雅可比 $\boldsymbol{C}$ 包括一个对角矩阵，它的对角元素为 $\boldsymbol{A}$ 的对角线. 雅可比预处理，和通过缩放系统的行而令矩阵对角元全部变成完全等价的. 一般来说，最高效的方法是直接缩放，而不是用显式的雅可比预处理因子. 当对角元素已经全部相等时，系统其实就相当于已经雅可比预处理了，这种情况在很多 $\boldsymbol{A}$ 代表对空间有限差分的情况都成立. 其他预处理因子一般要求具体稀疏矩阵的部分分解来最小化它们的计算成本. 它们的计算优势很难预测，有时候它们戏剧性地减少迭代次数，但是对稀疏矩阵，它们也常常极大地增加每次迭代中的计算次数.

13.4 流体进化算法

13.4.1 不可压缩流体和压强修正

在第 7 章中我们看到，对流速与声速 $c_s = \sqrt{\gamma p_0 / \rho_0}$ 相比很小的流体，CFL 条件要求我们取短的时间步长. 所以，随着声速的增大（和其他我们感兴趣的速度相比），某个时间段内的显式解要求越来越多和越来越小的时间步. 它变成了一个2.3节中讨论过的刚性系统，不同模之间尺寸的差别很大. 如果γ变大，那么c_s增加. 不要忘记我们已经把状态方程写成了$p \propto \rho^{\gamma}$. 如果考虑的流体非常不可压缩，那么就有一个很大的γ值. 形式上看，完全不可压缩的流体由极限情况$\gamma \to \infty$表示，这里声波变成了无穷. 对大的γ，造成密度上小量的增加需要大量的压力增加. 用类似Lax－Wendroff的显式算法求解几乎不可压缩的流体计算成本会非常高. 这是一个所有双曲型方程都有的问题. 它的源头是，从我们感兴趣的波速一直到问题中最快的波的传播速度，我们需要代表很大范围内的各种波速（在我们声波的例子里）.

不过，我们其实常常并不在乎传播很快的声波. 例如，在很多考虑液态流体的问题中，我们对它们并不感兴趣㊀. 在这种情况下，我们不希望需要代表声波，而只希望它们消失. 但是如果显式地解流体方程，并且用合理的步长，它们并不会消失；反之，它们会变得不稳定. 该怎么办呢？我们用隐式的数值算法求解声波，而不是显式的.

N－S方程（7.8）是

$$\frac{\partial}{\partial t}(\rho \boldsymbol{v}) + \nabla p = \nabla(\rho \boldsymbol{v}\boldsymbol{v}) - \mu \nabla^2 \boldsymbol{v} + \boldsymbol{F} = \boldsymbol{G}. \tag{13.37}$$

为了方便起见，把平流项、黏性项和接触力都放在$\boldsymbol{G}$项里. 线性声波可以由令$\boldsymbol{G}=\boldsymbol{0}$，取余下部分的散度，然后代入连续性方程得到$\partial^2\rho/\partial t^2 = \nabla^2 p$来推导. 因为状态方程把变量$\rho$转化成变量$p$，因此就得到了一个简单的波动方程. 这个观察表明式（13.37）左侧p和$\rho\boldsymbol{v}$的关系是需要用隐式算法稳定声波的原因. 如果将式（13.37）在时间上以Δt推进，那么显式算法就可以写成

$$(\rho \boldsymbol{v})^{(n+1)} - (\rho \boldsymbol{v})^{(n)} = \Delta t(-\nabla p^{(n)} + \boldsymbol{G}^{(n)}). \tag{13.38}$$

当流体本质上不可压缩时，状态方程可以想成是㊁$\nabla(\rho\boldsymbol{v})=0$. 如果$\rho\boldsymbol{v}$在时间步$n+1$满足连续性方程$\nabla(\rho\boldsymbol{v})=0$，那么式（13.38）的散度

㊀ 一些液体的问题中声波是很重要的，不过它们只占少数.

㊁ 这个方程来源于把ρ＝常数代入（无源）连续性方程，所以$0=\partial\rho/\partial t=-\nabla(\rho\boldsymbol{v})$. 如果$\nabla\rho$非零，那么尽管$\nabla v=0$，$\nabla(\rho\boldsymbol{v})$就是非零，那么压强方程项就有额外的一项.

给出 $p^{(n)}$ 的泊松方程

$$\nabla^2 p^{(n)} = \nabla \boldsymbol{G}^{(n)} + \nabla(\rho\boldsymbol{v})^{(n)}/\Delta t. \tag{13.39}$$

压强 $p^{(n)}$ 由泊松方程得出. 注意到，如果之前步骤的计算都是精确的，那么右侧的第二项就是零. 它可以被看成是一个防止散度误差积累的修正项. 一旦求出 $p^{(n)}$ 我们就可以求出 $(\rho\boldsymbol{v})^{(n+1)}$，故这是个显式算法.

要得到一个隐式算法，我们想要在式（13.38）右侧用 $n+1$ 步处的值，尤其是对 p. 问题是（跟所有隐式算法的问题一样）在时间推进完成之前，我们并不知道新的（$n+1$）步处的值，所以没办法直接把它们代入. 不过，我们可以用一个两步过程隐式地近似压强. 首先，用动量方程估计中间步新通量密度的 $(\rho\boldsymbol{v})^{(n*)}$，这里，用旧的压强梯度 $\nabla p^{(n)}$（这步对压强是显式的），也就是 $(\rho\boldsymbol{v})^{(n*)} = (\rho\boldsymbol{v})^{(n)} + \Delta t(-\nabla p^{(n)} + \boldsymbol{G}^{(n)})$. 然后，通过解泊松方程 $\nabla^2 \Delta p^{(n)} = \nabla[(\rho\boldsymbol{v})^{(n*)} - (\rho\boldsymbol{v})^{(n)}]/\Delta t$ 计算压强的修正项 Δp，从而使压强基本上为隐式. 然后，在近似隐式表达 $(\rho\boldsymbol{v})^{(n+1)} = (\rho\boldsymbol{v})^{(n*)} - \Delta t \nabla(\Delta p^{(n)})$ 中更新通量. 数值流体算法中还有若干其他形式的“压强修正”[㊀]当把等离子体作为流体处理时，例如用磁流体，若干各向异性的快波和慢波会出现，市面上有好几种去掉不想要的快波的方法[㊁].

13.4.2 非线性、冲击波、迎风和限流差分

当流动速度在声速附近时，数值求解可压缩流体有另外一个难题. 非线性变得更重要，流体可能会在很短距离内突然改变参数值，这叫作冲击波（或激波）. Lax - Wendroff 和类似算法这时由于突然改变的流体结构而造成了伪振荡. 发生的原因是这样的二阶精确算法是色散（*dispersive*）的。短波长的波经历离散近似带来的数值相位移动. 这些色散的相位移动造成了振荡.

迎风差分是一类避免引起伪振荡的算法. 这类算法用单侧有限空

㊀ 比如见 J. H. Ferziger and M. Perić（2002），Computational Methods for Fluid Dynamics, third edition，Springer，Berlin.

㊁ 见 S. Jardin（2010），已引用.

间差分，并且总是用问题的迎风侧的位置. 换句话说，如果流体速度是向正 x 方向，那么数量 Q 的梯度在节点 i 处就由 $(Q_i - Q_{i-1})/\Delta x$ 计算. 不过，如果速度是向负方向的，那么就取（$Q_{i+1} - Q_i$）$/\Delta x$. 迎风算法的效果是稳定时间推进，而这是很有好处的. 它们还可以避免引起伪不单调（振荡）现象. 可惜的是，这种算法的精确性不是很好. 它们只有一阶空间精度，而且会对扰动产生很强的人工（数值）耗散，但在实际物理情况中，扰动应该是没有阻尼的.

我们可以用非线性的方法得到高阶精确度并且保留单调现象（从而避免伪振荡）. 我们限制梯度从而阻止振荡的发生. 一般来说振荡由“全变差” $\sum_i |Q_i - Q_{i-1}|$ 测量. 如果数列是单调的，这个数量等于两端的差，但是如果区间有不单调的现象，这个值就更大. 当全变差不增加时，限流法可以避免引入额外的振荡；也就是说它是“全变差下降”的（TVD）. 当这些想法都合并在一起，用网格上的平均值代表流体变量，然后用网格内的梯度（不代表网格边界的连续性），我们就可以定义一个相容的算法，它可以更真实地表达流体的突然变化[㊀]. 总之，在与网格尺寸接近的区间附近考虑流体的运动时，我们必须要小心. 如果可以通过网格解决流体的变化，那总是更安全的. 如果是这样的，那么 Lax - Wendroff 算法给出二阶精确的结果.

13.4.3 湍流

湍流是指流体流动得足够快以产生流动不稳定性的不稳定行为. 对长度尺度可以解决的湍流，直接数值模拟（DNS）是最直接的方法. 它需要选择足够大的区间来包括问题中最大的湍流长度，而且可以分成足够精细的网格来包括问题中最小的湍流长度. 最小的长度一般是黏度 μ 的阻尼使流体漩涡消失的长度. 我们把梯度的数量级表达为 $1/L$：用长度尺度 L. 那么当 $Re_L \equiv \rho v_L L/\mu$ 数量级是单位时，非线性惰性项 $\nabla(\rho \boldsymbol{vv})$ 可以由黏性项近似. 其中 v_L 是长度尺度为 L 的漩涡的

㊀ 关于限流法更全面的介绍见 R. J LeVeque（2002），Finite Volume Methods for Hyperbolic Problems，Cambridge University Press，Cambridge.

速度，Re_L是比例L对应的“雷诺”数. 对问题中最精细的流体尺寸，它大约是单位长度. 宏观的流量的雷诺数（Re）由在这个定义中代入典型的大尺度和流动速度得到. 湍流稳定下来的Re临界值一般在几千到十万左右，具体取决于几何形状. 典型的情况常常给出10^6或者更高的宏观雷诺数。[㊀] 由于最大和最小的漩涡尺寸比可能会非常大（常常大约为$Re^{3/4}$），DNS方法最终变得计算上很观实现.

大漩涡模拟（LES）寻找的是通过近似调整计算需求的方法，这里近似可以过滤掉小于某个长度尺寸的所有现象，图13.3可以帮助我们解释这个过程. 湍流尺度的长度可以用扰动的傅里叶变换，表达成波数$k \sim 2\pi/L$. 湍流k－谱底部远低于物理上湍流中体现的范围，也就是远低于黏性耗散范围$Re_L \sim 1$时，就被人为的隔断. 这样的空间过滤器允许我们使用不那么精细的网格来表达这个问题. 之前人为隔断的范围可以在求解完方程之后再近似地重新引入. 在N－S方程中，这种方法最常用来增加漩涡黏性. 不过，对漩涡黏性的合理估计常常很难确保[㊁]. 事实上，离散网格上的有限解总会给出相当于是k－隔断的情况. 如果用了导致够多耗散（不仅仅是混叠和色散）的差分方法，有时可以假设额外的过滤器并不是必不可少的.

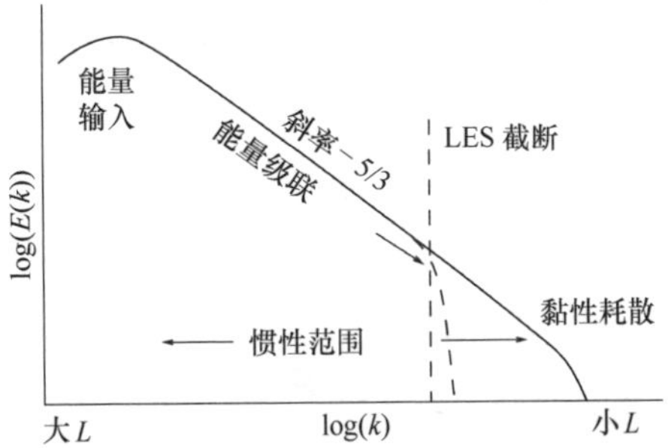

图13.3 扰动算法的能量谱$E(k)$是波数$k=2\pi/L$的函数. 理论（和实验）表明有个惯性范围朝较小尺度的能量级联会产生幂定律$E(k) \propto k^{-5/3}$，最终黏性终止了级联. 我们把LES在较小的k处截断

㊀ 一架大喷气式飞机可以达到10^9.

㊁ 例如见 U. Piomelli（1999），Large－eddy simulation：achievements and challenges，Progress in Aerospace Sciences，35，335－362.

雷诺平均 N－S（RANS）法是一个更加近似的处理方法，这里我们对所有有关的时间尺度求平均，之后只剩下定常流动. 于是，基本上所有的湍流效应都必须由有效的运输系数表示. 如果为了简便而忽略密度 ρ 的任意变化，那么当对 N－S 方程（13.37）求时间平均时，除∇（$\rho\boldsymbol{vv}$）之外所有的项都是线性的. 于是，它们的平均就仅仅是对应量的平均值. 不过，除了平均量的乘积之外，非线性项也做出了贡献，包括$\boldsymbol{v}$的浮动项平均的平方，也就是 $\rho\langle\widetilde{\boldsymbol{v}}\widetilde{\boldsymbol{v}}\rangle$ 的散度，其中 ~ 表示浮动的部分，〈〉表示时间平均. 某个量浮动部分的平均是零，但是浮动平方的平均㊀通常不是零. 这个额外（张量）项 $\rho\langle\widetilde{\boldsymbol{v}}\widetilde{\boldsymbol{v}}\rangle$叫作雷诺应力. 为了解 RANS 方程，我们需要由时间平均解的性质估算雷诺应力项的方法. 考虑高阶力矩方程的平均，它给出雷诺应力张量的进化方程. 这个方程包括了若干其他项，包括一个形如〈$\widetilde{\boldsymbol{v}}\widetilde{\boldsymbol{v}}\widetilde{\boldsymbol{v}}$〉的三阶张量. 只要使用一个雷诺应力进化方程的近似，这个方程系统就是“封闭的”，这里所有的项都可以用流动量和雷诺应力计算㊁. 这个方程由理论建立，但是其系数由实验拟合. 这种拟合叫作“相关”并且通常会引出复杂的张量进化方程. 时间平均 N－S 方程和雷诺应力张量进化方程一起组成一个复合体统，然后我们对它数值求解.

㊀ 或者两个不同浮动量的乘积.

㊁ 见 B. E. Launder，G. J. Reece，W. Rodi（1975），*Progress in development of a Reynolds－stress turbulence closure*，Journal of Fluid Mechanics，68，537－566.

附 录

线性代数总结

附录 A　向量和矩阵乘积

考虑长为 J 的向量$\boldsymbol{v}$(在 J 维的抽象向量空间中)，它是一列长为 J 的有序数字[㊀]．向量可以由列

$$\boldsymbol{v}=\begin{pmatrix} v_1 \\ v_2 \\ \vdots \\ v_J \end{pmatrix}. \tag{A.1}$$

或者行来表示，我们把行看成是列的转置：

$$\boldsymbol{v}^{\mathrm{T}}=(v_1,v_2,\cdots,v_J). \tag{A.2}$$

长度相同的向量可以相加，$\boldsymbol{u}+\boldsymbol{v}$的第 j 个元素是 u_j+v_j.

两个向量 $\boldsymbol{u}$ 和$\boldsymbol{v}$的数量积在向量记法中用一个点表示，但在矩阵记法中常常把点省略掉，记作

$$\boldsymbol{u}^{\mathrm{T}}\boldsymbol{v}=\sum_{j=1}^{J}u_jv_j. \tag{A.3}$$

如果有一组 K 个列向量$\boldsymbol{v}_k$，其中 $k=1$，…，K，第 k 个向量的第 j 个元素记作 V_{jk}，则可以把它们简洁地一个个排列成

㊀ 当然，向量空间有更深刻的理解方法，不过我们在这里选择最简单的方法.

$$\boldsymbol{V} = \begin{pmatrix} V_{11} & V_{12} & \cdots & V_{1K} \\ V_{21} & V_{22} & \cdots & V_{2K} \\ \vdots & \vdots & & \vdots \\ V_{J1} & V_{J2} & \cdots & V_{JK} \end{pmatrix}. \tag{A.4}$$

这是一个矩阵．我们可以把矩阵乘积看成是数量积的推广．所以，用长为 J 的行矩阵 $\boldsymbol{u}^{\mathrm{T}}$ 左乘 $J \times K$ 的矩阵 $\boldsymbol{V}$ 得出一个新的长为 K 的行矩阵

$$\boldsymbol{u}^{\mathrm{T}}\boldsymbol{V} = \left(\sum_{j=1}^{J} u_j V_{j1}, \sum_{j=1}^{J} u_j V_{j2}, \cdots, \sum_{j=1}^{J} u_j V_{jK}\right). \tag{A.5}$$

更进一步地，若有一组 M 个行向量，则可以把它们写成一个矩阵：

$$\boldsymbol{U} = \begin{pmatrix} U_{11} & U_{12} & \cdots & U_{1J} \\ U_{21} & U_{22} & \cdots & U_{2J} \\ \vdots & \vdots & & \vdots \\ U_{M1} & U_{M2} & \cdots & U_{MJ} \end{pmatrix}. \tag{A.6}$$

为了简洁和一致，省略了转置符号．然后矩阵 $\boldsymbol{U}(M \times J)$ 和 $\boldsymbol{V}(J \times K)$ 的乘积可以看作一个 $M \times K$ 矩阵

$$\boldsymbol{UV} = \begin{pmatrix} \sum_{j=1}^{J} U_{1j}V_{j1} & \sum_{j=1}^{J} U_{1j}V_{j2} & \cdots & \sum_{j=1}^{J} U_{1j}V_{jK} \\ \sum_{j=1}^{J} U_{2j}V_{j1} & \sum_{j=1}^{J} U_{2j}V_{j2} & \cdots & \sum_{j=1}^{J} U_{2j}V_{jK} \\ \vdots & \vdots & & \vdots \\ \sum_{j=1}^{J} U_{Mj}V_{j1} & \sum_{j=1}^{J} U_{Mj}V_{j2} & \cdots & \sum_{j=1}^{J} U_{Mj}V_{jK} \end{pmatrix}. \tag{A.7}$$

这是矩阵乘法的定义．矩阵（或者向量）也可以与一个数字相乘：一个标量，比如 $\boldsymbol{\lambda}$．$\boldsymbol{\lambda V}$ 的第（jk）个元素是 $\boldsymbol{\lambda} V_{jK}$．矩阵 $\boldsymbol{A} = (A_{ij})$ 的转置只是把下标交换[㊀]得到的矩阵 $\boldsymbol{A}^{\mathrm{T}} = (A_{ij})^{\mathrm{T}} = (A_{ji})$．两个矩阵乘积的转置于是是转置的乘积，但是乘积顺序交换，即

$$(\boldsymbol{AB})^{\mathrm{T}} = \boldsymbol{B}^{\mathrm{T}}\boldsymbol{A}^{\mathrm{T}}. \tag{A.8}$$

㊀ 所以列向量可以想成 $J \times 1$ 矩阵，行向量是 $1 \times J$ 矩阵.

附录B　行　列　式

方阵的行列式是一个标量，它代表了方阵的重要特点. 行列式可以由归纳法定义，假设已经定义了$(M-1)\times(M-1)$阶矩阵的行列式. $M\times M$阶矩阵$\boldsymbol{A}$的第ij个元素是A_{ij}，它的行列式定义如下：

$$\det(\boldsymbol{A}) = |\boldsymbol{A}| = \sum_{j=1}^{M} A_{1j}\mathrm{Co}_{1j}(\boldsymbol{A}) \tag{B.1}$$

其中Co_{ij}（$\boldsymbol{A}$）是矩阵$\boldsymbol{A}$的ij代数余子式. $M\times M$阶矩阵的ij代数余子式是$(-1)^{i+j}$乘以$(M-1)\times(M-1)$阶矩阵的行列式，$(M-1)\times(M-1)$阶矩阵由去掉原矩阵的i行和j列得到：

$$\mathrm{Co}_{ij}(\boldsymbol{A}) = (-1)^{i+j}\left|\begin{pmatrix} A_{11} & \cdots & A_{1,j-1} & A_{1,j+1} & \cdots & A_{1M} \\ \vdots & & \vdots & \vdots & & \vdots \\ A_{i-1,1} & \cdots & A_{i-1,j-1} & A_{i-1,j+1} & \cdots & A_{i-1,M} \\ A_{i+1,1} & \cdots & A_{i+1,j-1} & A_{i+1,j+1} & \cdots & A_{i+1,M} \\ \vdots & & \vdots & \vdots & & \vdots \\ A_{M1} & \cdots & A_{M,j-1} & A_{M,j+1} & \cdots & A_{MM} \end{pmatrix}\right| \tag{B.2}$$

归纳法定义在定义完1×1阶矩阵之后就完整了，而1×1阶矩阵的值就是元素本身. 2×2阶矩阵的行列式是$A_{11}A_{22}-A_{12}A_{21}$，$3\times3$阶矩阵的行列式是$A_{11}(A_{22}A_{33}-A_{23}A_{32})+A_{12}(A_{23}A_{31}-A_{21}A_{13})+A_{13}(A_{21}A_{32}-A_{22}A_{31})$.

$M\times M$阶矩阵的行列式也可以等价地定义如下. 考虑正整数1，…，M的所有$M!$种可能的全排列P，把对应每种全排列的元素相乘$\prod_i A_{i,P(i)}$，然后再乘以P的正负号（减1或者加1，依P的奇偶性），最后把它们全部相加：

$$|\boldsymbol{A}| = \sum_P \mathrm{sgn}(P) A_{1,P(1)}A_{2,P(2)}\cdots A_{M,P(M)} \tag{B.3}$$

从式（B.3）可以看出，式（B.1）中的第一行其实没什么特殊之处.我们完全可以用随便哪一行 i，得到 $\det(\boldsymbol{A}) = |\boldsymbol{A}| = \sum_{i=1}^{M} A_{ij}\mathrm{Co}_{ij}(\boldsymbol{A})$.结果全都是一样的.

矩阵 $\boldsymbol{A}$ 转置的行列式等于它的行列式，即 $|\boldsymbol{A}^{\mathrm{T}}| = |\boldsymbol{A}|$. 两个矩阵乘积的行列式等于行列式的乘积：$|\boldsymbol{AB}| = |\boldsymbol{A}||\boldsymbol{B}|$. 如果矩阵的行列式为零，那么矩阵为奇异矩阵，否则是非奇异矩阵. 如果矩阵的两行或者两列完全相同（或者成比例，也就是不线性独立），那么它的行列式为零，它是一个奇异矩阵[㊀].

附录 C 逆

单位矩阵是方阵，即

$$\boldsymbol{I} = (\delta_{ij}) = \begin{pmatrix} 1 & 0 & \cdots & 0 \\ 0 & 1 & \cdots & 0 \\ \vdots & \vdots & & \vdots \\ 0 & 0 & \cdots & 1 \end{pmatrix} \tag{C.1}$$

它的对角元素是 1，其他元素是 0. 它可能是任何阶 N，而且有时候记作 $\boldsymbol{I}_N$. 对任意 $M \times N$ 阶矩阵 $\boldsymbol{A}$，

$$\boldsymbol{I}_M\boldsymbol{A} = \boldsymbol{A} \text{ 和 } \boldsymbol{A}\boldsymbol{I}_N = \boldsymbol{A}. \tag{C.2}$$

方阵 $\boldsymbol{A}$ 的逆矩阵如果存在，就是另一个矩阵，记为 $\boldsymbol{A}^{-1}$，它满足[㊁]

$$\boldsymbol{A}^{-1}\boldsymbol{A} = \boldsymbol{A}\boldsymbol{A}^{-1} = \boldsymbol{I}. \tag{C.3}$$

非奇异方阵有逆矩阵，奇异方阵没有逆矩阵.

矩阵的逆可以由单位矩阵得到，即

$$\sum_{j=1}^{M} A_{ij}\mathrm{Co}_{kj}(\boldsymbol{A}) = \delta_{ik}|\boldsymbol{A}|. \tag{C.4}$$

㊀ 选择不相同的行，考虑迭代地展开行列式和之后的代数余子式，最终得到行完全相同的 2×2 阶的代数余子式，它们都是零.

㊁ 满足 $\boldsymbol{A}^L\boldsymbol{A} = \boldsymbol{I}$ 的左逆 $\boldsymbol{A}^L$ 一定也必须是满足 $\boldsymbol{A}\boldsymbol{A}^R = \boldsymbol{I}$ 的右逆 $\boldsymbol{A}^R$，这是因为 $\boldsymbol{A}^L = \boldsymbol{A}^L\boldsymbol{I} = \boldsymbol{A}^L(\boldsymbol{A}\boldsymbol{A}^R) = (\boldsymbol{A}^L\boldsymbol{A})\boldsymbol{A}^R = \boldsymbol{I}\boldsymbol{A}^R = \boldsymbol{A}^R$.

当 $i=k$ 时，沿第 i 行的行列式展开得到等式. 当 $i\neq k$ 时，和是一个矩阵的行列式，它的第 k 行由第 i 行替换，然后沿第 k 行展开. 替换之后的矩阵两行完全相同，所以行列式的值为零，δ_{ij} 当 $i\neq j$ 时也一样. 现在，如果把 $\mathrm{Co}(\boldsymbol{A})$ 看成矩阵，它的元素包括所有的代数余子式. 那么可以把 $\sum_{j=1}^{M} A_{ij}\mathrm{Co}_{kj}(\boldsymbol{A})$ 看成是 $\boldsymbol{A}$ 和代数余子式转置 $\boldsymbol{A}\mathrm{Co}(\boldsymbol{A})^{\mathrm{T}}$ 的矩阵积. 所以如果 $|\boldsymbol{A}|$ 非零，则在式（C.4）两端同时除以它，则得

$$\boldsymbol{A}[\mathrm{Co}(\boldsymbol{A})^{\mathrm{T}}/|\boldsymbol{A}|]=\boldsymbol{I}. \tag{C.5}$$

式（C.5）说明

$$\boldsymbol{A}^{-1}=\mathrm{Co}(\boldsymbol{A})^{\mathrm{T}}/|\boldsymbol{A}|. \tag{C.6}$$

所以，非奇异矩阵方程 $\boldsymbol{Ax}=\boldsymbol{b}$ 的解是

$$\boldsymbol{x}=\frac{\mathrm{Co}(\boldsymbol{A})^{\mathrm{T}}\boldsymbol{b}}{|\boldsymbol{A}|}. \tag{C.7}$$

而这正是列向量 $\boldsymbol{x}$ 和 $\boldsymbol{b}$ 的克拉默法则.

两个非奇异矩阵乘积的逆是它们各自的逆交换顺序的乘积，即

$$(\boldsymbol{AB})^{-1}=\boldsymbol{B}^{-1}\boldsymbol{A}^{-1}. \tag{C.8}$$

附录 D 特征分析

方阵 $\boldsymbol{A}$ 把列向量的线性空间通过 $\boldsymbol{Ax}=\boldsymbol{y}$ 映射到它本身，其中 $\boldsymbol{y}$ 是 $\boldsymbol{x}$ 的像. 特征向量是映射到它本身和数量乘积的向量，也就是

$$\boldsymbol{Ax}=\lambda\boldsymbol{x} \tag{D.1}$$

其中 λ 是一个标量，它叫作特征值. 一般来说，N 阶方阵有 N 个不同的特征向量. 显然，特征向量乘以一个标量仍然是特征向量，我们不认为它们是不同的.

因为式（D.1），$(\boldsymbol{A}-\lambda\boldsymbol{I})\boldsymbol{x}=\boldsymbol{0}$ 是一个关于 $\boldsymbol{x}$ 的齐次方程，为了得到非零解 $\boldsymbol{x}$，则系数矩阵的行列式必须为零：

$$|\boldsymbol{A}-\lambda\boldsymbol{I}|=0. \tag{D.2}$$

对一个 $N\times N$ 矩阵，它的行列式是一个关于 λ 的 N 次多项式，多项式

的 N 个根就是 N 个特征值.

如果 $\boldsymbol{A}$ 是对称矩阵，也就是 $\boldsymbol{A}^{\mathrm{T}}=\boldsymbol{A}$，那么对应不同特征值的特征向量就是正交的，也就是说，它们的数量积为零. 考虑两个对应不同特征值 λ_1 和 λ_2 的特征向量 $\boldsymbol{e}_1$ 和 $\boldsymbol{e}_2$，分别对它们用式（A.20）和转置的性质，得

$$\boldsymbol{e}_2^{\mathrm{T}}\boldsymbol{A}\boldsymbol{e}_1=\boldsymbol{e}_2^{\mathrm{T}}\lambda_1\boldsymbol{e}_1,\boldsymbol{e}_2^{\mathrm{T}}\boldsymbol{A}^{\mathrm{T}}\boldsymbol{e}_1=(\boldsymbol{e}_1^{\mathrm{T}}\boldsymbol{A}\boldsymbol{e}_2)^{\mathrm{T}}=(\boldsymbol{e}_1^{\mathrm{T}}\lambda_2\boldsymbol{e}_2)^{\mathrm{T}}=\boldsymbol{e}_2^{\mathrm{T}}\lambda_2\boldsymbol{e}_1. \tag{D.3}$$

所以，式（D.3）中两式相减，得

$$0=\boldsymbol{e}_2^{\mathrm{T}}(\boldsymbol{A}-\boldsymbol{A}^{\mathrm{T}})\boldsymbol{e}_1=(\lambda_1-\lambda_2)\boldsymbol{e}_2^{\mathrm{T}}\boldsymbol{e}_1. \tag{D.4}$$

如果有若干独立的特征向量对应相同的特征值，那么它们可以选成正交的向量. 在标准情况下，特征向量全都是正交的，则有 $\boldsymbol{e}_i^{\mathrm{T}}\boldsymbol{e}_j=0$，$i\neq j$.

如果单位化特征向量使得 $\boldsymbol{e}_j^{\mathrm{T}}\boldsymbol{e}_j=1$，则可以构造一个方阵 $\boldsymbol{U}$，它的列就是这些特征向量（像式（A.4）中那样）. 列向量单位正交的矩阵 $\boldsymbol{U}$ 叫作单位正交矩阵（有时候简称为正交矩阵）. $\boldsymbol{U}$ 的逆是它的转置，即 $\boldsymbol{U}^{-1}=\boldsymbol{U}^{\mathrm{T}}$. 其中 $\boldsymbol{U}$ 是对角化 $\boldsymbol{A}$ 的单位基变换. 这是因为 $\boldsymbol{A}\boldsymbol{U}=\boldsymbol{D}\boldsymbol{U}=\boldsymbol{U}\boldsymbol{D}$，其中 $\boldsymbol{D}$ 是特征值构成的对角矩阵

$$\boldsymbol{D}=\begin{pmatrix}\lambda_1 & 0 & \cdots & 0\\ 0 & \lambda_2 & \cdots & 0\\ \vdots & \vdots & & \vdots\\ 0 & 0 & \cdots & \lambda_N\end{pmatrix}, \tag{D.5}$$

于是

$$\boldsymbol{U}^{\mathrm{T}}\boldsymbol{A}\boldsymbol{U}=\boldsymbol{U}^{\mathrm{T}}\boldsymbol{D}\boldsymbol{U}=\boldsymbol{D}. \tag{D.6}$$

参考文献

[1] B. J. Alder and T. E. Wainwright (1957), Phase transition for a hard sphere system, *J. Chem. Phys.* 27, 1208 – 1209.

[2] R. Barrett, M. Berry, T. F. Chan, et al. (1994), *Templates for the Solution of Linear Systems: Building Blocks for Iterative Methods*, second edition, SIAM, Philadelphia, 在以下链接可以看到: http://www.netlib.org/linalg/html templates/report.html.

[3] C. K. Birdsall and A. B. Langdon (1991), *Plasma Physics via Computer Simulation*, IOP Publishing, Bristol.

[4] S. Brandt (2014), *Data Analysis: Statistical and Computational Methods for Scientists and Engineers*, fourth edition, Springer, New York.

[5] S. C. Chapra and R. P. Canale (2006), *Numerical Methods for Engineers*, fifth edition, or later, McGraw – Hill, New York.

[6] J. H. Ferziger and M. Perić (2002), *Computational Methods for Fluid Dynamics*, third edition, Springer, Berlin.

[7] A. Hébert (2009), *Applied Reactor Physics*, Presses Internationales Polytechnique, Montréal.

[8] R. W. Hockney and J. W. Eastwood (1988), *Computer Simulation using Particles*, Taylor and Francis, New York.

[9] T. J. R. Hughes (1987), *The Finite Element Method*, Prentice Hall, Englewood Cliffs, NJ.

[10] C. P. Jackson and P. C. Robinson (1985), A numerical study of various algorithms related to the preconditioned conjugate gradient method, *International Journal for Numerical Methods in Engineering* 21, 1315 – 1338.

[11] F. James (1994), *Computer Physics Communications* 79, 111.

[12] S. Jardin (2010). *Computational Methods for Plasma Physics*, CRC Press, Boca Raton.

[13] B. E. Launder, G. J. Reece, and W. Rodi (1975), Progress in development of a Reynolds – stress turbulence closure, *Journal of Fluid Mechanics* 68, 537 – 566.

[14] R. J. Leveque (2002), *Finite Volume Methods for Hyperbolic Problems*, Cambridge University Press, Cambridge.

[15] M. Luscher (1994), *Computer Physics Communications* 79, 100.

[16] G. Markham (1990), Conjugate gradient type methods for indefinite, asymmetric, and complex systems *IMA Journal of Numerical Analysis* 10, 155 – 170.

[17] U. Piomelli (1999), Large – eddy simulation: achievements and challenges, *Progress in Aerospace Sciences* 35, 335 – 362.

[18] W. H. Press, B. P. Flannery, S. A. Teukolsky, and W. T. Vettering (1989), *Numerical Recipes*, Cambridge University Press, Cambridge.

[19] G. D. Smith (1985), *Numerical Solution of Partial Differential Equations*, Oxford University Press, Oxford, p. 275ff.

[20] G. Strang and G. J. Fix (1973, 2008), *An Analysis of the Finite Element Method*, Reissued by Wellesley – Cambridge Press Wellesley, MA.

图书在版编目（CIP）数据

大学生理工专题导读．数值方法/（美）伊恩·H. 哈钦森（Ian H. Hutchinson）著；安亚俊译．—北京：机械工业出版社，2020. 10
书名原文：A Student's Guide to Numerical Methods
ISBN 978-7-111-66526-7

Ⅰ．①大…　Ⅱ．①伊…　②安…　Ⅲ．①数值方法　Ⅳ．①O

中国版本图书馆 CIP 数据核字（2020）第 174529 号

机械工业出版社（北京市百万庄大街 22 号　邮政编码 100037）
策划编辑：汤　嘉　责任编辑：汤　嘉　李　乐
责任校对：张　薇　封面设计：张　静
责任印制：张　博
三河市宏达印刷有限公司印刷
2021 年 1 月第 1 版第 1 次印刷
148mm×210mm · 6. 625 印张 · 1 插页 · 182 千字
标准书号：ISBN 978-7-111-66526-7
定价：49. 80 元

电话服务	网络服务
客服电话：010 – 88361066	机　工　官　网：www. cmpbook. com
010 – 88379833	机　工　官　博：weibo. com/cmp1952
010 – 68326294	金　　书　　网：www. golden – book. com
封底无防伪标均为盗版	机工教育服务网：www. cmpedu. com

A STUDENT'S GUIDE TO
NUMERICAL METHODS

大学生理工专题导读
——波

大学生理工专题导读
——熵

大学生理工专题导读
——信息与编码理论

大学生理工专题导读
——数据与误差分析

大学生理工专题导读
——矢量与张量分析

大学生理工专题导读
——地球物理方程

大学生理工专题导读
——数值方法

大学生理工专题导读
——量纲分析

大学生理工专题导读
——天文学中的数学

大学生理工专题导读
——傅里叶变换及应用

大学生理工专题导读
——拉格朗日量和哈密顿量

……

关于大学生理工专题导读系列书籍

大学生理工专题导读系列书籍是引进自剑桥大学出版社的 A Student's Guide 系列丛书。该系列前期规划 10 余个品种，内容涉及数学、物理、力学等学科。系列中的各单本书就一个专题或者一个方向进行详细讲解，是对传统教材的补充以及拓展，如数值方法、矢量与张量分析；一些是工程实践中常用的知识，如傅里叶变换及应用；还有一些是大学生学习中的重点难点知识精讲，如波、熵等。

对数学、物理或工程中某一个专题或方向感兴趣的读者，或是对学习工作中需要深究的读者来说，本套丛书将是你查缺补漏的不二选择。同时本丛书也可以作为专业技术人员的实用手册，以及教师的教学参考书。

CAMBRIDGE UNIVERSITY PRESS
www.cambridge.org

机工教育微信服务号

ISBN 978-7-111-66526-7

ISBN 978-7-111-66526-7
策划编辑◎汤嘉 / 封面设计◎张静

定价：49.80元

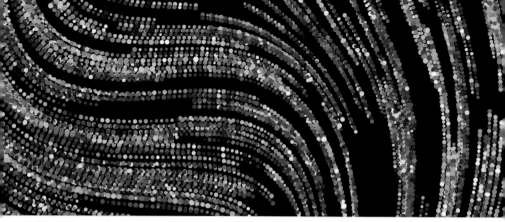